JN336233

メソスコピック物理入門

Y. イムリー 著
樺沢宇紀 訳

物理学叢書
85

吉岡書店

INTRODUCTION TO MESOSCOPIC PHYSICS

Yoseph Imry

Copyright © 1997 by Oxford University Press, Inc, New York, N. Y. U.S.A.
This translation of Introduction to Mesoscopics, orinally published in English in 1997, is published by arrangement with Oxford University Press, Inc.

New York   Oxford
Oxford University Press
1997

序

　メソスコピック系の物理学は比較的新しい研究分野である．この分野の研究は約15年前に始まり，刺激的で興味深い数多くの成果を上げてきた．メソスコピック物理は物理学の基礎的な諸問題に解答を与えるものであると同時に，遠くない将来のエレクトロニクスにも深い関わりを持つ．この分野の実験のための試料作製技術の多くは，半導体素子の寸法を縮小するための技術として生まれてきたものである．物理学と工学の交流によるこの分野の発展は今後も継続していくものと思われる．我々はすでに巨視的な寸法と微視的な寸法の中間領域について，ある程度の部分を理解できるようになってきた．巨視的領域において量子論がもたらす効果はすでにおおむね明らかになっている．今後，人工的な構造物から分子のレベルに至るまでの全領域を自在に扱うことが可能となり，将来に向けて更に包括的な理解が進むことが期待される．次の段階に向けたナノスケールの技術が現在進展しつつある．

　本書はメソスコピック系の興味深い諸問題を，物理学者，化学者，エレクトロニクスおよびオプトエレクトロニクスの技術者に分かりやすく提示する意図をもって執筆したものである．読者は物理学の基礎をよく理解していなければならないが，高いレベルの理論形式に精通している必要はない．本書によってメソスコピック物理の根底にある物理概念を把握し，適切な見通しを持つことは，実験研究者や技術者にとっても有益であろう．同時に本書は物理学科や化学科の大学院生が，すでに学んだ量子力学，統計力学，電磁気学，物性物理学などの知識を統合し，それらに対する理解を確かなものにすることにも役立つであろう．

　著者はこの分野で共同研究を行ってきた多くの研究者たちに恩義を負っ

ており，彼らとの研究から得た知見は本書の内容の主要部分を構成している．その人たちとは Y. Aharonov, A. Aharony, B. L. Altshuler, N. Argaman, A. G. Aronov, M. Ya Azbel, D. J. Bergman, M. Büttiker, G. Deutscher, O. Entin-Wohlman, B. Gavish, Y. Gefen, L. Gunther, C. Hartzstein, I. Kander, R. Landauer, N. Lang, I. Lerner, Y. Levinson, S. Mohlecke, G. Montambaux, M. Murat, Z. Ovadyahu, J. L. Pichard, S. Pinhas, E. Pytte, A. Shalgi, D. J. Scalapino, A. Schwimmer, N. S. Shiren, N. Shmueli, U. Sivan, U. Smilansky, A. Stern, A. D. Stone, M. Strongin, D. J. Thouless, A. Yacoby, N. Zanon の諸氏である．

他にも以下に示す方々には，有益な議論をしていただいたことに謝意を表したい．その方々とは E. Abrahams, E. Akkermans, S. Alexander, E. L. Altshuler, A. Altland, V. Ambegaokar, T. Ando, Y. Avishai, Y. Bar-Joseph, A. Baratoff, C. Beenakker, E. Ben-Jacob, A. Benoit, M. Berry, F. Bloch, H. Bouchiat, E. Brezin, M. Brodsky, C. Bruder, J. Chalker, P. Chaudhari, C.-s. Chi, M. Cyrot, D. Divincenzo, V. Eckern, K. B. Efetov, A. L. Efros, W. A. B. Evans, A. Finkel'stein, A. Fowler, E. Fradkin, H. Fukuyama, N. Garcia, L. Glazman, G. Grinstein, D. Gubser, B. I. Halperin, M. Heiblum, S. Hikami, A. Houghton, A. Kameneev, M. A. Kastner, D. E. Khmel'nitskii, S. Kirkpatrick, S. Kivelson, S. Kobayashi, W. Kohn, B. Kramer, A. Krichevsky, R. Kubo, J. Langer, A. L. Larkin, D.-H. Lee, P. A. Lee, A. J. Leggett, S. Levit, L. P. Levy, H. J. Lipkin, D. Loss, S.-k. Ma, A. MacDonald, A. MacKinnon, D. Mailly, R. S. Markiewicz, Y. Meir, P. A. Mello, U. Meirav, M. Milgrom, J. E. Mooij, B. Mühlschlegel, D. Mukamel, D. Newns, Y. Ono, D. Orgad, I. Pelah, J. P. Pendry, M. Pepper, D. Prober, N. Read, H. Rohrer, T. M. Rice, M. Sarachik, M. Schechter, A. Schmid, G. Schön, T. D. Schultz, Z. Schuss, M. Schwartz, S. Shapiro, B. I. Shklovskii, N. Sivan, C. M. Soukoulis, B. Z. Spivak, F. Stern, C.-c. Tsuei, D. C. Tsui, B. van Wees, D. Vollhardt, K. von Klitzing, S. von Molnar, R. Voss, S. Washburn, R. Webb, F. Wegner, H. Weidenmüller, R. Wheeler, P. Wiegman, J. Wilkins, N. Wingreen, S. Wolf and P. Wölfle である．

著者の研究室における最近の4人の学位取得者，Yuval Gefen, Uri Sivan, Ady Stern, Nathan Argaman（年度順）と Amir Yacoby に重ねて感謝の意を表したい．彼らは同僚となってこの分野の仕事を為し，重要な貢献をしてくれた．晩年の A. G. Aronov, および S.-k. Ma, I. Pelah との共同研究は特に記憶に残るものであった．物理的な理解を深める数々の概念や洞察を提示してくれた Rolf Landauer には特に感謝を申し上げる．本書の記述にもし何らかの誤り，欠落，誤解が含まれているとしたら，それはひとえに著者の責任に帰するものであるが，R. Landauer, C. Bruder, M. Heiblum, D. Orgad, U. Sivan, U. Smilansky, A. Stern の諸氏には，原稿の内容に関して的確なコメントを頂いたことに感謝している．

著者は研究の各段階において，多くの研究機関すなわち Soreq Nuclear Research Center, Cornell University, Tufts University, Tel-Aviv University, University of California at Santa Barbara and San Diego, Brookhaven National Laboratory, IBM Yorktown Research Center, CEN Saclay, the University of Karlsruhe and the Humboldt Foundation, the Wissenschaftskolleg of Berlin, Ecole Normale Supérieuer, Weizmann Institute of Science 等による支援を受けたことに感謝申し上げたい．最近の研究を支援してくれている BSF (U.S.-Israel Binational Science Foundation), GIF (German-Israeli Binational Science Foundation), Israel Academy of Sciences, Minerva Foundation の諸機関にも御礼を申し上げる．原稿をタイプしてくれた Naomi Cohen に対しても感謝の意を表する．

目次

序 i

第1章 序論 1
  1.1 メソスコピック物理概観 1
  1.2 メソスコピック系の作製方法 5

第2章 量子輸送とAnderson局在 13
  2.1 基本概念 13
      局在の概念 16
  2.2 強局在領域における熱励起伝導 21
  2.3 Thoulessの描像：細線における局在と温度の効果 25
  2.4 局在系のスケーリング理論 31
      スケーリングの一般論 31
      $d \leq 2$の場合 33
      $d > 2$の場合：金属−絶縁体（M-I）転移 35
  2.5 弱局在領域 41

第3章 位相緩和と電子間相互作用 45
  3.1 位相緩和の原理 45
  3.2 電子間相互作用による位相緩和 54
  3.3 各次元の位相緩和特性 59
  3.4 位相緩和時間と電子−電子散乱時間 66

第4章 平衡系のメソスコピックな効果と静的特性 71
  4.1 熱力学的ゆらぎの効果 71

- 4.2 平衡状態の量子干渉：永久電流 77
  - リング形試料の一般的性質 77
  - 不規則性を持つリングの中の自由電子 84
  - 半古典的描像 90
  - N が定数の集団で平均化された永久電流の性質 95
  - スペクトル相関の半古典的な理論とリングへの適用 ... 97
  - 永久電流に対する電子間相互作用の効果 100

第 5 章 量子干渉効果と Landauer 形式　　　107
- 5.1 有限系の久保導電率 107
- 5.2 Landauer 公式とその一般化 112
  - "単一チャネル"の場合 112
  - 多チャネル系の Landauer 形式 116
  - 磁場中の Onsager の関係：多チャネルコンダクタンスの一般化 125
- 5.3 Landauer 公式の応用 129
  - 量子抵抗体の直列結合：1 次元局在 129
  - 量子抵抗体の並列結合：コンダクタンスの AB 振動 ... 133
  - 普遍コンダクタンスゆらぎ 145

第 6 章 量子 Hall 効果　　　151
- 6.1 基本概念 151
- 6.2 一般的な議論 157
- 6.3 強磁場下の局在と量子 Hall 効果 163
- 6.4 分数量子 Hall 効果 170

第 7 章 超伝導メソスコピック系　　　181
- 7.1 超伝導とメソスコピック物理 181
- 7.2 超伝導リングと超伝導細線 186
- 7.3 弱く結合した超伝導体：Josephson 効果と SNS 接合 197
  - Bloch の描像 197
  - Josephson 接合と他の弱結合 200

7.4	渦糸	204
7.5	Andreev 反射・NS 接合・SNS 接合	206

第 8 章　メソスコピック系の雑音　　217

8.1	雑音の概念	217
8.2	熱浴から放射する粒子の散弾雑音	219
8.3	粒子溜めの熱ゆらぎの効果：熱平衡の極限	223
8.4	低周波の $1/f$ 雑音	227

第 9 章　結言　　235

付　録　　241

A	久保の線形応答理論	241
B	久保-Greenwood の公式と Edwards-Thouless の関係	244
C	Aharonov-Bohm 効果と Byers-Yang の定理（Bloch の定理）	246
D	拡散領域における行列要素の導出	248
E	低温における 2 次元系の位相緩和	248
F	Coulomb 相関による状態密度の修正	249
G	スペクトル相関の準古典論	252
H	4 端子形式	255
I	透過固有値の普遍相関による普遍コンダクタンスゆらぎ	256
J	バリスティックなポイントコンタクトのコンダクタンス	258

参考文献　　261

記号一覧（訳者補遺）　　285

訳者あとがき　　291

索引　　294

第1章 序論

1.1 メソスコピック物理概観

固体物理と統計物理の多くの部分は巨視的な系の性質に関するものである．系は通常"熱力学的な極限"（系の体積 Ω と粒子数 N を，$n = N/\Omega$ を定数に保ってそれぞれ無限大とする）の仮定の下で扱われるが，この手法はバルクの性質を調べるには便利なものである．系が何らかの相関長 ξ（一般には，考え得るすべての距離相関の指標）よりも十分大きい場合，系の性質は巨視的な極限のそれに近いものになる．多くの場合 ξ は非常に短いが（たとえば $\sim n^{-1/3}$），2 次相転移の近傍のような特殊な状況では ξ が長くなり，比較的大きな試料でも巨視的極限とは異なる振舞いが見られるようになる（Imry and Bergman 1971）．また微小な導電体試料を扱う場合，低温において巨視的な領域と微視的な領域の間に，特別な寸法領域を見いだすことができる．そのような領域では 2 つの重要な要因が働く．第 1 に電子状態のスペクトルが離散的なものになる（実際には外界の影響によって各準位が拡がりを持つ．このことは後から論じる）．第 2 に電子がほとんど非弾性散乱を受けずに系全体を通過することができ，波動関数が位相の確定した状態を維持するような，コヒーレントな輸送が生じる．したがって系の電子は干渉効果を示すことになる．本書では後者のタイプの系を扱う．

微視的領域と巨視的領域の中間領域（メソスコピック mesoscopic な領域と呼ばれる．van Kampen 1981 の造語）の研究は，単純に"分子的"なものから"バルク"のような巨視的極限への移行の様子を調べるというだけのものではない．メソスコピック領域だけに特有な多くの現象が見いだされるのである．メソスコピック系はある面で単独の巨大分子と似ている

が，大抵はフォノンなどの多体系の励起を通じて，無限に大きな系と弱く結合しており，そのような外界との結合の強さが制御できる場合もある．考え方の上では外界との結合の強さを連続的に変えることによって，エネルギーや粒子数などに関して開放系と孤立系の間に新たな領域を設定することができるはずであり，このような領域で生じる諸現象はそれ自体興味の尽きないものとなる．我々は量子力学の基本原理（波動関数の位相に関係する部分）と統計物理の基本原理（ただし試料寸法は小さく，非弾性散乱や熱的緩和が速くないことによる効果が伴う）に基づく理論的予見がどのようになされ，実験においてどのように検証されるかを見ていくことにする．

　メソスコピック系を考える上で明確に意識しなければならない概念のひとつは"不純な統計集団"（impurity ensemble）— 同じ"巨視的"変数（たとえば種々の欠陥の平均密度など）の値を持つけれども，詳しく見ると不規則性が異なる系の集団 — という概念である．巨視的極限ではこのような集団に関する平均化が起こるため，対称性の高い状態だけを扱うことになる．しかしメソスコピック系において特徴的な点は，実際に用いられる試料が，集団平均の性質とは異なる，その試料に固有の性質を持つことである（Landauer 1970, Azbel 1973, Imry 1977, Anderson et al. 1980, Azbel and Soven 1983, Gefen 私信 1984）．個々のメソスコピック系の特性に見られるこのような"指紋"は興味深いものであり，系の不規則性の性質を調べるために利用される（Azbel 1973）．また不規則性の時間変化（通常長い時間に及ぶ）は低周波雑音を生じる（Feng et al. 1986）．

　"メソスコピック系"では巨視系で用いられてきた多くの法則が成立しなくなる．たとえば直列抵抗（Landauer 1970, Anderson et al. 1980）や並列抵抗（Gefen et al. 1984a, b）の計算規則は巨視系よりも複雑になる．電子の輸送は波動的な性格が強くなり，不規則性による効果を除けば，導波路中の電磁場の伝播と似たものになる．電子の波動性は従来型のエレクトロニクス素子の縮小限界を決める要因となるが，その一方でオプトエレクトロニクス素子や導波路，SQUID（superconducting quantum interference devices：超伝導量子干渉素子）などのJosephson効果素子に類似した動作原理を持つ，微小な常伝導体素子に関する多数の新概念が提

示されている（たとえば Hahlbohm and Lübbig 1985）．

　微細加工技術は急速に進展しており（たとえば Howard and Prober 1982, Prober 1983, Laibowitz 1983, Broers 1989），多くの量子論的な予言が実験によって検証できるようになってきた．たとえば MBE 法などによる高度に制御された薄膜形成法（たとえば Herman and Sitter 1989）や，紫外線，X 線，電子線などを用いた高度なリソグラフィー（lithography）技術が利用できる．半導体の場合，量子井戸の概念に基づいて 1 方向の自由度を制限した良質な 2 次元系を作ることができ（Ando et al. 1982），そのような 2 次元層に対して微細加工を施すと，電子数や量子状態数の少ない系が得られる（次節に作製可能な系や作製方法の概説と参考文献を示す）．他方 STM 技術のブレイクスルー（Binning et al. 1982）によって，原子的な寸法を持つ試料の作製，分析，測定の手段が確立されてきた（最近の例としては Crommie et al. 1993）．これからは巨視系から微視的な分子系までの任意のスケールの試料を人工的に作製して，自在に実験に用いることができるようになるかも知れない．このような試料ももちろん我々にとって興味の尽きない研究の対象となるであろう．

　メソスコピック系ではフォトンも電子と同様に"閉じ込められ"，電磁波が電子と似たような挙動を見せることも注目に値する．当然，色々な種類の電子－フォトン結合が生じることになる．電子のメソスコピック物理と，不規則性を持つ媒質中の光の伝播に関する研究は，相互の触発によって進展した（John et al. 1983, Feng and Lee 1991, Sheng 1995）．関連文献については van Haeringen and Lenstra 1991 を参照されたい．

　本書は主にメソスコピック系に対する理論を扱う．しかし高度に形式的な理論の方法を強調するよりも，むしろ物理的描像を明示する簡潔な説明や簡便な半定量的計算を示すように心がけた．本書で示した物理的な本質の理解の仕方によって，新たに多くの実験研究が触発されることを望んでいる．

　物理系に現れる"普遍性"，すなわち系の詳細な微視的特徴に依存しない性質の概念は重要である．この概念は臨界現象に対して Kadanoff によって導入されたものであるが，臨界状態近傍にある系の巨視的な性質は，微視的な特徴には依存せずに決まる．古くから知られている普遍性の例とし

ては (a) Hall 係数，これは最も単純な描像によれば，有効質量にも散乱時間にも依存しない，(b) Debye の T^3 比熱，などがある．後者はある種の演算子（Debye 則で想定されるフォノンのハミルトニアン）のスペクトル（状態密度）の一般的性質に基づく普遍性の例である．このような普遍性は我々の主題にも大いに関係がある．臨界現象を扱う際には実効的に清浄な系が想定されるが，メソスコピック系では汚れた系そのものを対象とした普遍性が見いだされる点が注目に値する．

　実験技術については主として何ができて，何が制約となるのかという要点を理解するための簡単な紹介を次節で行う．理論的には単一電子系から，相互作用が重要になる多体系への移行に伴って難しくかつ興味深いものになる（最近の文献としては Imry and Sivan 1994）．本書では平衡状態と非平衡輸送状態をともに重視する．光学的な効果に関する適当なレビューとしては Schmitt-Rink et al. 1989 を挙げておく．Bastard et al. 1991 には半導体ヘテロ構造の電気特性と光学特性に関する優れたレビューが含まれている．光学と電子輸送の類似性は van Haeringen and Lenstra 1991 において議論されている．本書ではバリスティック伝導について限られた側面だけを扱い (Heiblum et al. 1985, Beenakker and van Houten 1991d)，"Coulomb ブロッケイド"に関する話題も簡単に済ませることにする（第 5 章の問題 5 と Grabert and Devoret 1992 や Hekking et al. 1994 の参考文献を参照）．最近現れた電子輸送と流体力学の類似性に関する指摘 (de Jong and Molenkamp 1995) も言及に値するものであろう．

　次節で種々の実験試料とその作製方法の簡単な紹介を行う．第 2 章では，通常の準古典的な輸送描像の限界と，輸送に対立する現象である Anderson 局在について議論する．メソスコピック系では位相干渉が重要となるが，第 3 章ではその干渉性を破壊する要因を，いくつかの具体例を用いて明らかにする．第 4 章では平衡系の性質，第 5 章ではメソスコピック系の輸送を論じる．第 6 章では強磁場下の輸送特性と量子 Hall 効果，第 7 章では超伝導体を含むメソスコピック系，第 8 章では種々の雑音を議論し，第 9 章を本書の結びとする．付録で種々の細かい議論を扱うことにする．

1.2 メソスコピック系の作製方法

メソスコピック系の電気伝導の実験に用いられる材料は，以下に示す3種類に分類される．

1. "金属"：$10^{22}/cm^3$ 程度の高いキャリヤ密度を持ち，平均自由行程の値は純度に依存して大きく変わる．多くの金属は低温で超伝導転移するが，これは系に別の自由度をもたらす．

2. "半導体"：キャリヤ濃度が $10^{15} - 10^{19}/cm^3$ の範囲にあり，キャリヤの種類（電子もしくは正孔）と密度を，不純物の添加（ドーピング：doping），光学的なキャリヤの励起，静電的な"ゲート電圧"の印加などによって制御することができる．高移動度のキャリヤやヘテロ接合（異種材料界面）などの特別な性質も利用することができる．

3. "半金属"：キャリヤ濃度が $10^{19} - 10^{20}/cm^3$ の導電体が有用となる場合がある．半金属は電子と正孔を同時に含んでいる．特にビスマスは顕著な量子効果を示すことが早くから知られてきた．半金属は低温で非常に長い，巨視的な平均自由行程の値を持ち得る．

試料の特定方向の寸法を制限して低次元化する際に（一般的な参考文献としてはIBM J. Research and Development, **32**, 4, 1988），"厚さ方向"と"面内方向"（薄膜に平行な方向）を区別しておく必要がある．薄膜試料は蒸着やスパッタ成膜などの方法で形成される．これらの成膜方法は導電層だけでなく絶縁層の形成にも適用される．各パラメーターを入念に制御して格子層単位の結晶成長を行う"分子線エピタキシー"（molecular beam epitaxy：MBE）と呼ばれる蒸着方法によって2次元導電層を含む高品質の半導体積層膜が作製できるが（たとえばEsaki 1984, 1986, Gossard 1986, Herman and Sitter 1989），これについてはすぐ後で簡単に紹介する．MBEを用いると，格子定数が互いに整合する2種類の半導体層を交互にエピタキシャル成長させることができる[1]．代表的な例はGaAsと

---

[1] しかし厳密な格子整合が不可欠というわけではない．van der Merwe 1963 参照．このことから興味深い"応力を持つ層"の形成も可能である．

AlAs，もしくはそれらの混晶を組み合わせた多層膜であるが，他の組み合わせも可能である．最近 Ge 基板上での SiGe 層のエピタキシャル成長が可能になった（Meyerson et al. 1990, Ismail et al. 1991）．

異なる物質が互いに接すると，その界面ではバンド構造（主としてエネルギーギャップ E_g）と仕事関数（バルクの Fermi 準位と外部の真空準位の差）の違いによって，両者の静電ポテンシャルを等しくするような方向に電荷の移動が起こる．電子と残された正孔の間には引力が働くので，界面には結果的に静的な"分極層"が形成される（たとえば Ashcroft and Mermin 1976）．分極層は界面において"バンド歪み"（band bending）を生じ，界面から離れた領域に対しては位置に依存しない平坦なポテンシャルエネルギーを与える．この現象を利用してポテンシャル井戸やポテンシャル障壁を作ることができる．単一界面の近傍に形成される蓄積層や反転層を2次元系として用いることも可能であるし，別種の半導体層を上下に配した積層構造を形成することで，任意のポテンシャル井戸やポテンシャル障壁を作製することもできる．そのような構造を繰り返して形成することにより，厚さ方向に周期的な超格子構造を持たせることも可能である（Esaki 1984, 1986）．これらの技術を用いることによって，材料とその組み合わせによる系の性質の様々な制御が可能である．更にゲート電極を設けて静電的な電位制御を行うこともできる．レビューとしては Ando et al. 1982, Sze 1986, Esaki 1986, Gossard 1986 などがある．

金属系の材料でも MBE 法と同様に高真空中で，純度や結晶成長過程を制御した薄膜形成が行われるようになった（Haviland et al. 1989）．金属を用いる場合は不純物添加や異種材料の多層化，ゲート電極からの電位制御などによる系の性質の変更ができない（最後の"電界効果"は原理的には可能であるが，実際には難しい）．金属系試料では得られない半導体のもうひとつの利点は，狭いバンドギャップのところで，キャリヤの有効質量が小さくなる（高い移動度が得られる）ことである．MBE 装置ほど高価ではない成膜装置もいろいろあり，それぞれに有用であることも付け加えておく（たとえば Razeghi 1989）．

MBE の概念は超高真空（一般に 10^{-11} torr）と，結晶成長の下地となる単結晶基板の存在を前提として成立する．基板に到達した原子が結晶表

面で十分に動きまわれるように，基板温度は高温に保たれる．原子の蒸発は，蒸発源のシャッターによって制御される（2元素化合物の場合，たとえばGaの蒸発を制御し，もう一方のAsなどの蒸発をその合間に行うようにして，化学量論組成を調節する）．高エネルギー電子線回折をリアルタイムに用いて，成膜中に結晶構造をモニターすることもでき，原子レベルで平坦な純度の高い原子層を，各層ごとに制御しながら成長させることができる．このようにして作製した良質の試料におけるキャリヤの平均自由行程はサブミクロン程度にまで及ぶ．したがってかなり巨視的な試料でも，面内方向と厚さ方向の双方で"バリスティック"（ballistic：弾道的）な電子の運動を観測することができる．

　面内方向の構造，すなわち2次元層に対するパターンの形成に種々のリソグラフィー技術が用いられる（たとえばProber 1983, Howard and Prober 1982, Broers 1989）．ここでごく簡単に，それぞれのリソグラフィーの方法の可能性と制約について言及しておく．

　リソグラフィーの前提となる工程は，スピンコーティングとベーキングによる，膜面上への高分子材料層の塗布形成である（光リソグラフィーでは"フォトレジスト"，電子線リソグラフィーではPMMA (poly methyl methacrylate) などの"電子線レジスト"を用いる）．レジスト材は光，X線，電子線，イオンビーム等の照射によって化学的性質を変える．この方法は光や粒子線の照射がレジスト内に引き起こす化学ダメージの効果，すなわち"光化学"を用いるものである．光の照射を受けたレジストは何らかの物理化学的な変化を生じる．たとえば化学結合が破壊されて分子鎖が短くなったり，交差構造を生じたりする．光の照射で光化学的変化を生じたレジストは"現像液"に容易に溶けるが，照射を受けていないレジストは現像液にほとんど溶けない．現像前に何らかのパターン（細線，Hall測定用パターン，リングなど）が光学的にレジスト層に投射されていれば，照射を受けた部分だけが現像処理によって除去され，照射を受けていない部分のレジストが残る[†]．

[†]（訳注）これは"ポジ型"のレジストの場合．逆に照射を受けていない部分だけが現像処理で除去される"ネガ型"のレジストもある．

ここから先は色々な加工方法があるが，ここでは湿式処理の例を考えよう．金属薄膜の上にレジストパターンが形成された後で，試料を酸などに浸すことによって，露出した金属部分を溶かして除去することができる．このときレジストを残した領域の下層の金属はレジストに保護されて残る．あるいは露光と現像によって形成したレジストパターンの上から全面に金属薄膜を形成し，レジストの溶剤で処理を施すと，レジスト上に形成された金属薄膜は下層のレジストが溶けることによって洗い流され（"リフト・オフ"され），レジストのない部分に形成された金属薄膜だけが残る．

リソグラフィー技術を利用したいろいろなプロセス（加工工程）が可能である．たとえば (a) 反応性イオンエッチング（reactive ion etching：RIE）を用いた，高アスペクト比エッチング，欠陥領域の形成，酸化物の除去や堆積，(b) イオン注入装置による不純物のドーピング，合金化，深さを制御した欠陥形成などがある．光リソグラフィーを用いる限り，面内方向の解像限界が光の波長（回折の範囲）によって決まることは明らかである．より高い解像度を得るためには短波長の光が必要であるが，紫外光を用いたリソグラフィーによってかなり微細な解像が達成される．更に高い解像度を得たい場合は X 線，電子線，イオンビームなどが，それぞれに適したレジストと共に用いられる．

これらの技術によって面内方向の解像度は 100 Å のレベルに近づいているが，実際の解像度は光の波長よりも，むしろレジスト側によって制約されている．解像度の極限付近では高エネルギーの照射によって生成される "2 次電子" の影響する範囲が問題となる．2 次電子は直接照射を受けていない部分のレジストにも変化をもたらし，実効的な被照射領域を拡大させてしまう．

この 100 Å という値は，金属の典型的な Fermi 波数の 30 倍程度に相当するが，たとえば GaAs のような半導体材料の Fermi 波数よりは短いという点が重要である．半導体デバイスを作製する際には，積層する各層に別々のパターンを形成する必要があるため，たとえば試料に一旦別の加工を施してから，再び試料上の同じ位置に電子線を照射するといったことが可能になっている．したがって既存の技術を用いて多種多様なメソスコピック構造を作製できるのである．通常の走査型電子顕微鏡を改造した装

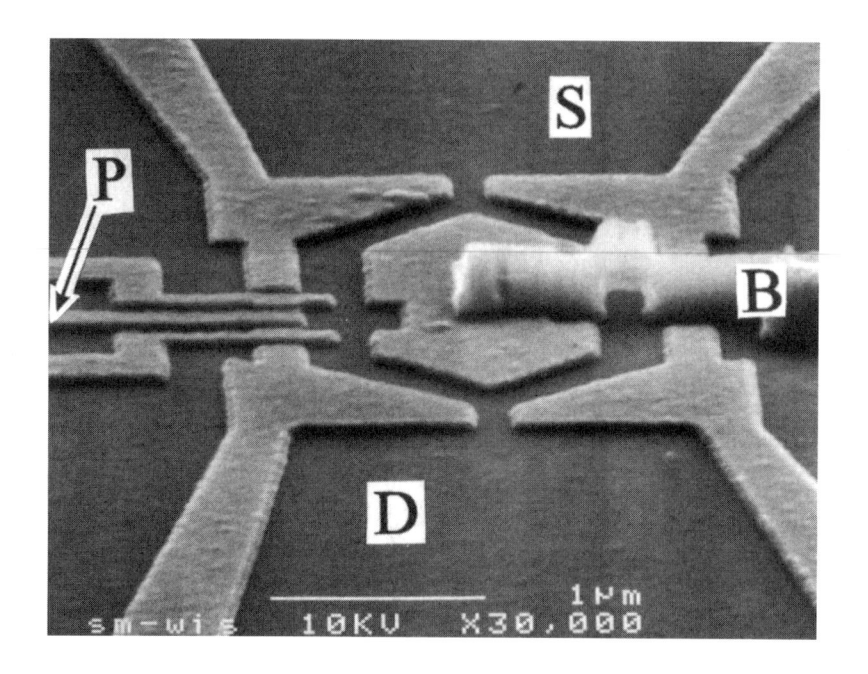

図 1.1 電子線リソグラフィーによって形成されたナノ構造の例.Yacoby et al. 1995 による.2 スリット型の電子波干渉を調べるためのリング状のナノ構造である.電子は 2 次元電子気体の"ソース"(S) から"ドレイン"(D) へ,静電ゲート (明るい部分) によって形成された,半円周に相当する 2 つの径路を通って流れる.リング左側の半円周の一部には,2 つの細いゲートによって"量子ドット"が形成されている.更に P と記された"挿入ゲート"(plunger gate) によって,量子ドットの静電ポテンシャルを制御できるようになっている.もうひとつのゲート (B) はリングの中央部 (リングの"穴") の電位を制御し,円周部の幅を変える.このゲートは下のゲートとの接触を避けた"ブリッジ構造"(B) を持ち,高くなった部分を介して外部と繋がっている.この構造を実現するためにゲートの高さの精密な調整が行われる.電子波干渉による抵抗の振動 (関係する議論については p.133 参照) が,挿入ゲート電圧や,リング内に Aharonov-Bohm 磁束をもたらす外部磁場に依存して変調する現象が観測された.この実験によって電子が量子ドットを介し,滞在時間約 3 ns でコヒーレントに共鳴トンネルする様子が確認された.

置で 500 Å 程度以下の構造の作製が可能である．批評的なレビューとして Broers 1989 を参照されたい．電子線リソグラフィーによって作製された試料の実例を図 1.1 に示す．

このような試料作製技術は印象的なものであるが，形成された構造が完全なものではないことも認識しなければならない．たとえば通常のエッチングによって形成された数百 Å の幅の細線パターンは，極めて不規則な側面を持つため，半導体試料ではこれが強いキャリヤの散乱の原因となって，移動度の著しい低下が起こる．この問題を避けるには，静電ゲート電極を用いて導電領域に制限を与えるという方法がある．ゲート電極に十分強い負のバイアス電圧を印加すると，電極直下およびその近傍の 2 次元電子気体を空乏化できる．したがって 2 つの "分割ゲート" (sprit gate) を面内に近接させて形成すると，ゲート電圧の制御によって実効的な幅を変えることのできる狭い導電チャネルができる．静電的な効果はゲート電極自体の形状の不規則性を緩和するので，静電的に形成されたチャネルは良好な移動度を持つ（Thornton et al. 1986）．この手法によって，幅を数波長分まで狭くした良質なチャネルを得ることができる．より狭い "完全な 1 次元チャネル" を作製するには他の手法が必要である．主として MOCVD を用いて（Razeghi 1989）あらかじめ基板上に形成した溝にチャネルを形成することで，新しい 1 次元構造が得られている（Kapon et al. 1989）．またもうひとつの注目すべき手法としては劈開端面再成長法（cleaved edge overgrowth）が挙げられる（Pfeiffer et al. 1993, Yacoby et al. 1996）．

最も微細な構造の作製方法は走査型トンネル顕微鏡（scanning tunneling microscope : STM; Binning et al. 1982）に関連したものである．この技術を応用すると，基板上の個々の原子を操作して，任意の構造を作製することができる（図 1.2 参照）．同様の技術によってそのような微視的な構造物を扱い，種々の測定をすることができるようになってきている．この技術はメソスコピック系が微視的極限に到達するときの振舞いを調べるために有用となろう（たとえば Crommie et al. 1993, Avouris and Lyo 1994）．この方法では多数の試料を同時に作製することができず，単体試料の作製にも長い時間を要するが，試料作製の自動化と加工時間の短縮のための検討が現在進められている．

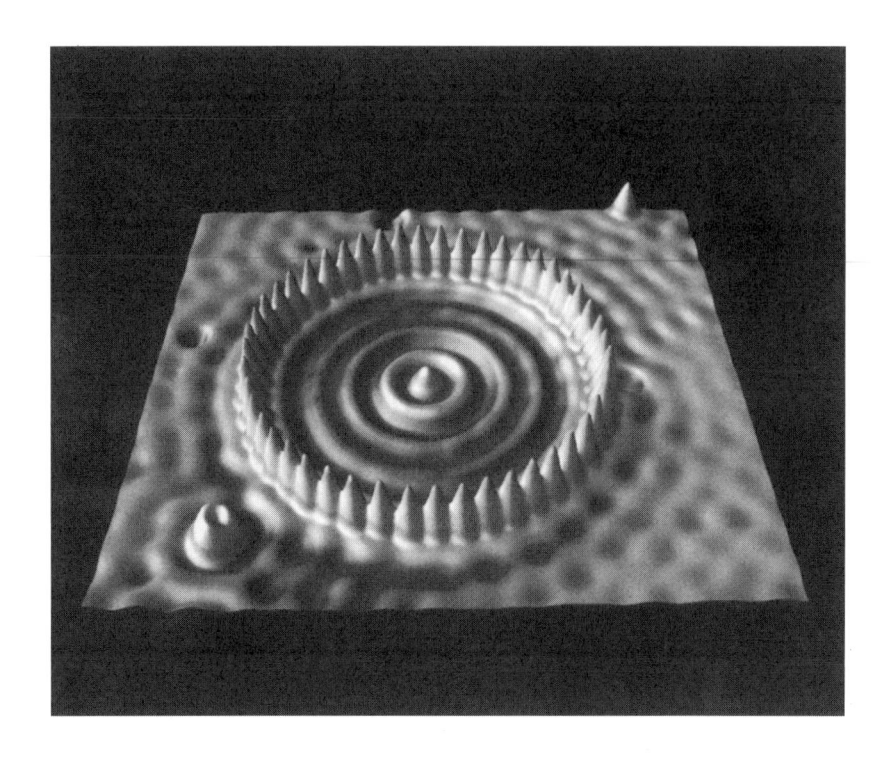

図 1.2　STM 型の技術の威力を示す"量子円陣"(quantum corral) の像 (Crommie et al. 1993). 銅の 111 面の上に 48 個の Fe 原子が, 半径 140 Å で円形に並べられている. 同心円状の分布は STM で観測された円陣内の固有状態を表しており, 円内の表面が理想的な状態であることを示している.

第 2 章　量子輸送と Anderson 局在

2.1　基本概念

　良導体の電子輸送を扱う準古典的な Bloch-Boltzmann の理論は，比較的純粋な試料における導電率の不純物濃度依存性や温度依存性を正しく記述する．この理論は磁気抵抗，Hall 効果，熱伝導率，熱起電力などの諸現象に適用されて，かなりの成功を収めている．しかし不規則性が強い（もしくは不純物濃度が高い）場合には，弱い散乱の理論で説明できない性質が現れる．抵抗率 ρ の温度依存性は著しく弱まり，特に強い不規則性の下では温度相関が逆転するに至る（Weismann et al. 1977）．すなわち不規則性の寄与を抵抗率への単なる補正として扱う Mathiessen の規則は成り立たなくなる．Mooij 1973 によると $80-180\ \mu\Omega\mathrm{cm}$ 程度を境にして，それ以上の抵抗率を持つ試料では一般に $d\rho/dT$ が負になるという興味深い傾向が存在する．この"普遍的な傾向"に対して，材料の性質に依らない説明が与えられなければならないが，弱い散乱の理論の下では常に $d\rho/dT > 0$ になってしまう．輸送に対する準古典的な描像の限界を理解するために，弱い散乱の下で成立する，導電率 σ_0 を表す Drude の式を見てみよう．

$$\sigma_0 = \frac{ne^2\tau}{m} \tag{2.1}$$

n は電子密度，τ は散乱時間，m は電子の質量（有効質量）である．この式は電子波の波長 $\lambda_F = 2\pi/k_F$ が平均自由行程 $l = v_F\tau$ に比べて十分短い場合に成立する．

$$k_F l \gg 1; \quad \frac{E_F \tau}{\hbar} \gg 1 \tag{2.2}$$

式 (2.1) を $n = k_F^3/3\pi^2$ を用いて書き直すと[†],

$$\sigma_0 = \frac{e^2}{3\pi^2\hbar} k_F^2 l \tag{2.1$'$}$$

となる. $\hbar/e^2 \approx 4.1$ kΩ なので[1])次式が得られる (微視的寸法 λ_F の領域に対応する導電率が $(e^2/\hbar)k_F$ である).

$$\sigma_0 \lambda_F \approx 5 \times 10^{-5} (k_F l)/\Omega \gg \frac{5 \times 10^{-5}}{\Omega} \tag{2.3}$$

これを抵抗率 $\rho_0 = 1/\sigma_0$ に換算すると,

$$\rho_0 \ll 200 \ \mu\Omega\text{cm} \cdot \lambda_F (\text{in Å}) \tag{2.3$'$}$$

である. λ_F は多くの金属で 5 Å 程度なので, 上記の条件は $\rho_0 \ll 10^{-3}$ Ωcm と書くことができる. したがって ρ が 100 μΩcm 程度まで大きくなると, 準古典的な理論が適用できなくなる. 半導体や半金属の抵抗率はこれよりはるかに大きいものになり得る. 金属微粒子膜の試料に対しては少し式の修正が必要になるが (Imry 1981a, 後から出てくる式 (2.41) の議論を参照), 金属においておおよそ $k_F l \lesssim 1$ もしくは $\rho_0 \gtrsim 10^{-3}$ Ωcm の領域が, 低抵抗領域と別の性質を示す領域になることは明らかである. 上記の条件は Yoffe-Regel の判定条件と呼ばれる[‡] (Yoffe and Regel 1960, Mott and Davis 1979). 新しい抵抗領域を考察するのにふさわしい観点は Anderson 局在の描像に基づくものである. その後, 薄膜や細線のような低次元系の試料は, 低温で必ず $d\rho/dT < 0$ となることが見いだされた (これらも局在の概念によって理解される. 局在問題に関する一般的な参考文献としては, たとえば Lee 1980, 1984 や Friedman and Tunstall 1978, Balian et al. 1979, Stern 1982, Castellani et al. 1981, Nagaoka and Fukuyama 1982 などの編書, Mott and Davis 1979 のテキスト, Lee and Ramakrishnan

---

[†] (訳注) $l = v_F \tau = (\hbar k_F/m)\tau$ を用いて τ/m も消去する.

[1]) $(e^2/\hbar)$ が "コンダクタンス" であり, MKS 単位で $\sim (4 \text{ k}\Omega)^{-1}$ になることに注意せよ (微細構造定数が $\alpha = e^2/\hbar c \simeq 1/137$ であり, "自由空間のインピーダンス" が $c^{-1} \sim 30$ Ω なので, これは驚くべきことではない).

[‡] (訳注) Yoffe-Regel 導電率 (Yoffe でなく Ioffe と綴られる場合もある) はしばしば電子間距離 a ($\simeq n^{-1/3}$) を用いて $\sigma_0 \approx e^2/\hbar a$ の形で書かれる (右辺に適当な定係数が付く). $\lambda_F \simeq 2a$ なのでこれは λ_F を用いた (2.3) の表記と整合する. a を原子間距離とする文献もあるが, 通常の金属で電子間距離と原子間距離は同等なので問題はない.

1985 や Aronov and Sharvin 1987 のレビューがある）．実効的に 1 次元や 2 次元と見なされる系では，ある種の普遍性を持った振舞いが見られる．2 次元系が本質的に"絶縁体"であること，すなわち $T \to 0$ で $\rho \to \infty$ となること（Thouless 1977, Abrahams et al. 1979）を示す多くの証拠が見いだされている（Dolan and Osheroff 1979, Giordano et al. 1979, Bishop et al. 1980, Pepper and Uren 1982）．しかし 2 次元系の理論は完成されているわけではなく，問題点がいくつか残っている（たとえば強いスピン－軌道相互作用を持つ系の理論では $T \to 0$ において有限の"理想導電率"が与えられる）．

先に言及したように，3 次元のバルクでも不規則性が十分強い場合には絶縁体になる（Anderson 1958）．不規則性は系の次元と共に，系を金属から絶縁体へと転移させる重要な要因となる．金属－絶縁体転移（Mott 1974）を起こすその他の要因としては，電子構造（バンド構造），電子間相互作用（Mott 1974, Hubbard 1964），エキシトン機構（Knox 1963, des Cloizeaux 1965, Keldysh and Kopaev 1965, Kohn 1965），そしておそらくはフォノンによる電子の自己束縛（Holstein 1959, Toyozawa 1961）を揚げることができる．これらの機構は後から見るように互いに強く関係しながら系の性質に少なからず影響を与えるが，我々はまず静的な非周期ポテンシャルの中にある相互作用のない電子系の問題から考察を始めることにする．

本章の構成は以下の通りである．次の小節で一般的な局在の現象論を論じる．2.2 節では局在系における輸送を扱う．細線の電子輸送に関する Thouless の描像を 2.3 節で紹介し，この描像に基づいて構築されたコンダクタンスの寸法依存性に関するスケーリング理論と，そこから導かれる多くの結果を 2.4 節で述べる．そして弱局在領域の振舞いに関する簡単なレビューを 2.5 節で行う．"散乱"に着目した Landauer のアプローチは局在現象のある側面を調べる際にも有用なものであるが，本章では扱わない．Landauer 形式は第 5 章で取り上げ，そこで局在現象とメソスコピック現象への応用を詳しく論じることにする．

局在の概念

不規則性を持つ系の一電子状態に関する理論は"Anderson 局在"の理論として知られている．この理論はここまで挙げてきた諸問題を議論する際に有効なひとつの視点を与える（Jonson and Girvin 1979, Imry 1980a, 1981a, b）．不規則性が強すぎない場合，この理論に基づいて ρ の温度依存性や外部磁場 (B) 依存性が導かれる（Hikami et al. 1981, Kawaguchi and Kawaji 1982, レビューとしては Fukuyama 1981b, Altshuler et al. 1982a, Bergmann 1984, Altshuler and Aronov 1985, Lee and Ramakrishnan 1985 など）．Anderson 局在の描像によって 1 次元系と 2 次元系は本質的に"金属"（良導体）ではあり得ないことが示され，3 次元系の金属－絶縁体転移に関しても有益な知見が得られる．不規則性を持つ磁性金属の振舞いや，乱れた超伝導体についても興味深い洞察がもたらされる．完全な"局在状態"に到達すると電子間相互作用（および電子－フォノン相互作用）の効果も重要となる（Schmid 1974, Abrahams et al. 1981, Altshuler and Aronov 1979）．

不規則な系のモデルとして，通常は次のようなランダムポテンシャル $V(r)$ を考える．

$$\langle V(r) \rangle = 0, \quad \langle V(r)V(r') \rangle = C(|r-r'|) \tag{2.4}$$

関数 C の拡がる範囲（a とおく）が問題を特徴づける微視的な距離となり，C の値（$C(0) > 0$）はポテンシャルゆらぎに関係する．$C(x) \propto \delta(x)$ のポテンシャルはホワイトノイズポテンシャルと呼ばれる（$\tilde{C}_k$ が定数となるため）．もうひとつの有用なポテンシャルのモデルは，周期ポテンシャルに対してランダムな変調を導入したもので，Anderson のモデルと呼ばれる（Anderson 1958）．最近接格子点（nearest neighbor）の間の遷移だけを考慮した強束縛モデル（tight binding model）を前提にすると，電子系のハミルトニアンは，

$$\mathcal{H} = \sum_i \epsilon_i c_i^\dagger c_i + \sum_{\langle ij \rangle} t_{ij} c_i^\dagger c_j + \text{h.c.} \tag{2.5}$$

と表される．$\langle ij \rangle$ は最近接格子点の組み合わせを表しており，$c_i^\dagger$ は i 番目

の格子点の原子に束縛された電子をひとつ生成する．格子点エネルギー ϵ_i の不規則性（対角的な不規則性）もしくは遷移エネルギー t_{ij} の不規則性（非対角な不規則性），あるいはこれら両方が考慮される．ϵ_i の不規則性だけを考慮する場合は $t_{ij} = V$ とおくことができ，ϵ_i の値の分布が $2W$ の範囲に及ぶものとすると，比 W/V が不規則性の強さを表す指標となる．式 (2.5) の固有値を求める問題は，結局のところランダム行列の対角化の問題である．この手法は他の問題，たとえば不規則な結晶中のフォノンの問題などでも重要となる．

　1958 年の先駆的な論文（部分的な側面においてこれに先行する仕事として，わずかに Landauer and Helland 1954 と Landauer 1957 が見いだされるのみである）で，Anderson は式 (2.5) のハミルトニアンを考察した．系に強い不規則性が導入されて ϵ_i が平均的な ϵ_j の値に比べてはるかに大きいものから小さいものまでを含む場合，電子は束縛状態に近い状態で局在する（これはフォノンの局所振動とも類似したものである．Economou 1990）．局在という言葉は波動関数 ψ の包絡線（面）が局在中心（たとえば i 点）から離れるにしたがって急速に（指数関数的に）減衰することを意味している．不規則性がごく弱い一般的なランダムポテンシャルの中では，ψ が特徴的な距離 ξ 以上の範囲にまで拡がっており，電子は波動関数が少し減衰している部分を介して，再び振幅の大きい部分や振動部分に達する．他の状態との直交化を考慮した局在状態の形成は必ずしも理論的に明白ではないが，通常の束縛状態の形成と類似したものと考えられる（Economou 1990．たとえば両者とも 1 次元系や 2 次元系で容易に形成される）．Anderson の論文では格子点間の結合がない状態を非摂動状態とし，t_{ij} を摂動と考えた場合の"自己エネルギー"の摂動論（格子点孤立状態の拡散）が論じられている．Anderson は W/V が十分大きいときに $(W/V > W/V|_c)$ 摂動が収束し易いことを示した．この臨界値 $W/V|_c$ は次式で与えられる．

$$\frac{2eVK}{W} \ln \frac{W}{2V} = 1 \qquad (2.6)$$

K は格子点間の結合度を表す（最近のレビューとしては Shalgi and Imry 1995 がある）．発見論的な意味としての"局在"は，ある格子点 0 の電子

に着目すると,そこから遠くにある格子点への伝播振幅が強く減衰することを表している.より形式的に見ると上記の収束は（Thouless 1970 も参照）格子点 0 の局所 Green 関数 $G_{00}(E)$ の極が E の 0 点からほとんどずれていないことに対応している.極の位置は電子の自己エネルギーを表しており,自己エネルギーの虚部は無限小である.局在が解けると $G_{00}(E)$ の極がずれて自己エネルギーが有限の虚部を持つようになる.この虚部の存在によって時刻 $t = 0$ に格子点 0 にある波束が結晶全体に拡がることができる.

さらに高度な解析的議論と多くの数値計算により（Licciardello and Thouless 1975, Stein and Krey 1979, 1980, Domany and Sarker 1979, Kramer et al. 1985, Kramer and MacKinnon 1993）,不規則性が十分強いと,すべての（もしくはほとんどすべての）状態が局在するものと一般に認められている.さほど強くない不規則性の下では,状況（次元 $d > 2$ とする）は次のようになる（Mott 1966）.系に不規則性が導入されると,元々はエネルギーギャップの中（バンドの外）にある禁制されたエネルギー領域にも状態が現れる.不規則性が弱いときにはバンドの中央付近にある状態は局在せず（すなわち空間的に"拡がって"おり）,バンド端に近いところの状態だけが局在する.遍歴状態と局在状態は,移動度端（mobility edge）のエネルギー値 E_{m1}, E_{m2} によって分けられる（Mott 1966, 図 2.1 参照）.移動度端の存在は,エネルギー準位 E がバンド中央から離れるほど局在が起こりやすいという傾向と,同じエネルギー準位にある局在状態と遍歴状態は任意に弱い相互作用によって混合してしまい,結果的に局在状態と遍歴状態は同じ準位で共存できないという Mott の直観的な議論[2]によって理解できる.W/V が増加すると,バンドの上下の移動度端が互いに接近し,臨界値 $(W/V)_c$ に達すると両者が融合してすべての状態が局在する Anderson 転移が起こる.不規則性だけを考慮して局在過程を考えると,Fermi 準位付近の状態密度には何も特異な構造が現れないことをここで強調しておこう（S. Kirkpatrick 私信,Wegner 1976,

---

[2] この議論は厳密なものではない.寸法 L の系におけるエネルギー準位間隔は $O(L^{-d})$ であり,遍歴状態と局在状態の相互作用は $O(e^{-O(L)})$ 程度である.両者は不均一性の非常に強い,パーコレーション系のような系では容易に混合し得るが,ある程度以上一様な系での混合は起こりにくい.

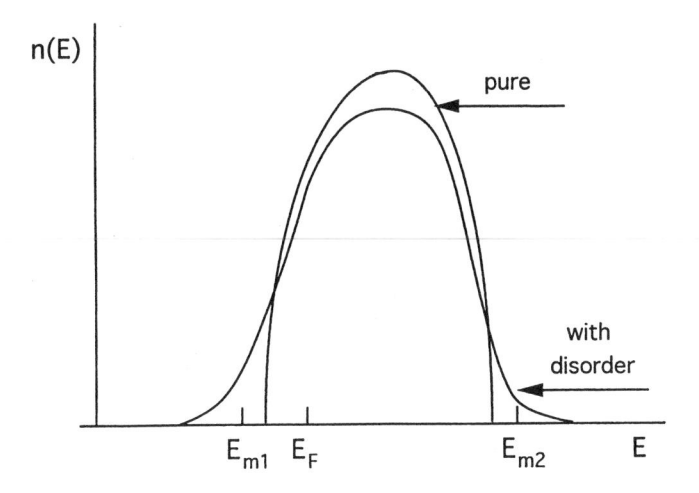

図 2.1　系に不規則性がある場合とない場合の状態密度,および前者の移動度端. E_{mi} 付近でも状態密度の曲線は滑らかである. ここでは E_F 付近の相互作用の効果を考慮していないが,これについては付録 F を参照されたい.

1979).

局在現象のひとつの物理的側面は,伝導に関与する Fermi 準位近傍の状態がすべて局在した時に,系が $T=0$ において絶縁体になるということである. この明白な主張は,拡散係数 D がゼロになることから証明される. $k_B T \ll E_F$ における Einstein の関係式 (Kubo 1957) は,

$$\sigma = e^2 (dn/dE) D \tag{2.7}$$

であり, D に伴って σ もゼロになる. D がゼロになることを見るために,固有状態 $\psi_j = |j\rangle$ から $t=0$, $r=0$ における最小の波束 $\psi(t=0) = \sum a_j \psi_j$ をつくってみよう. a_i は $r=0$ から局在長 (localization length) ξ の程度で指数関数的に減衰しているものとする. 有限の時刻 t における波動関数,

$$\psi(t) = \sum a_j e^{-i(E_j/\hbar)t} \psi_j \tag{2.8}$$

($a_j = \langle 0|j\rangle$) も r に依存して指数関数的に減衰する. $\langle r^2 \rangle$ は $t>0$ において $2Dt$ と与えられるが,これが ($t \to \infty$ でも) $O(\xi^2)$ より大きくなるこ

とはあり得ないので $D = 0$ である.式 (2.8) から,電子がはじめの格子位置に滞在し続ける確率 ($|\langle 0|\psi\rangle|^2$ の長時間平均) が $\sum_j |\langle 0|j\rangle|^4$ と与えられる.これはしばしば"逆関与率"(inverse participation ratio:IPR) として言及される.$\sum_j |\langle 0|j\rangle|^2 = 1$ なので,逆関与率は局在体積の逆数に比例し,遍歴状態ではゼロになる.したがって逆関与率は局在の程度を表す指標となる.

局在領域において $\sigma = 0$ になるという上記の考察は,金属−絶縁体転移 (metal-insulator transition:M-I 転移) のひとつの機構を与えている (Mott 1974).電子密度や不規則性の強さを変えることで E_F や E_{mi} は変化する[3].E_F が遍歴状態のエネルギー領域から局在領域に入ると,系は金属相から絶縁相へと移行する.絶縁相では $\rho(T=0) = \infty$ であり温度を上げると ρ が"減少する"ので,M-I 転移点付近にある"不完全な"絶縁体や"不規則な"金属において $d\rho/dT$ が負になるのは尤もなことである.このように見てくると,不規則性を持つ導電体の性質の説明にも,不規則性によって引き起こされる金属−絶縁体転移の説明にも,局在の概念が有効であることが分かる.

系の不規則性 W/V が非常に小さい時,3 次元以上の系ならば(そして後から見るように,1 次元系や 2 次元系でも寸法が小さいか,もしくは高温の場合は)通常の弱い散乱の理論を適用することができる.弱い散乱を特徴づける無次元のパラメーターは $k_F l$ もしくは $E_F \tau/\hbar$ であり,これらは同程度の大きさを持つ[†].l は平均自由工程で,τ を平均(弾性)散乱時間とすると $l = v_F \tau$ である(ここでは輸送時間が散乱時間より長くなる小角度散乱は考えない).弱い散乱の理論において現れる微小なパラメーターは $1/(k_F l)$ である.拡散係数の大きさは $D \sim v_F^2 \tau = v_F l$ であり[‡],弱い散乱の下での導電率は式 (2.1) で表される.2 次元系では σ(正方形の膜のコンダクタンス)$\propto (e^2/\hbar)(k_F l)$ — すなわち $k_F l$ に普遍定数を掛けたものになる[*].もちろん本章のはじめに示したように,$k_F l \gg 1$ でなく

---

[3] 実際の系では電子密度が大きくなると金属中の遮蔽効果が強くなり,自己無撞着な描像において実効的な不規則性は小さくなる.

[†] (訳注) $k_F l = \frac{1}{2} E_F \tau/\hbar$.これが大きければ(式 (2.2))弱い散乱の描像が成立する.

[‡] (訳注) $D = v_F^2 \tau/d = v_F l/d$ (d は系の次元).

[*] (訳注) 式 (2.1) と $n_{2D} = k_F^2/2\pi$ により,$\sigma_{2D} = (e^2/2\pi\hbar)(k_F l)$.

なると，弱い散乱の理論は成立しなくなる．$d > 2$ の場合の最小金属導電率 (minimum metallic conductivity ; Yoffe and Regel 1960, Mott 1966) の概念を，$k_F l \sim 1$ の条件によって定義することができる．3次元系では (式 (2.1′) 参照)，

$$\sigma_{min} = C \frac{e^2}{\hbar} k_F \tag{2.9}$$

となる**．C は定係数であり，Mott により 0.01-0.05 程度と見積もられている．金属の k_F が数 Å^{-1} 程度なので，これに相当する抵抗率は 10^{-3} Ωcm となる．これは Mooij が得た $(1-2) \times 10^{-4}$ Ωcm よりも少し大きいが，近いオーダーになっている（したがって $k_F l \sim 5-10$ 程度以下になると $d\rho/dT$ が負になる）．σ_{min} は明らかに局在領域に近いところに存在する．Mott は $\sigma < \sigma_{min}$ の金属は存在しないと主張した．これについては訂正が必要であるが，後から論じることにする．2次元系は $h/e^2 \sim 30$ kΩ 程度の " 最大普遍金属抵抗 " を持ち，1次元系ではこれより少し小さめの最大抵抗値が見られる．

2.2 強局在領域における熱励起伝導

$E_F < E_m$ の場合（E_F がバンドの下半分側にあると仮定し，$E_m \equiv E_{m1}$ とする），Fermi 準位の状態が局在するので，$T = 0$ における量子伝導は存在しない．有限温度になると，電子は熱エネルギーを（他の素励起から，たとえばフォノンから）得て，各種の伝導過程に寄与するようになる．

1. 移動度端（もしくはその上）への励起：この過程は次の導電率を与える．
$$\sigma_1 \propto e^{-(E_m - E_F)/k_B T}$$
比例係数は電子－フォノン結合係数の自乗に比例する．

2. 最近接局在状態への遷移：局在長が ξ，Fermi 準位の状態密度が $n(0)$ であれば，d 次元空間で ξ の範囲内にある状態の数は $n(0)\xi^d$ である．

** （訳注）$k_F \approx \pi/a$（a は電子間距離）なので，$\sigma_{min} = Ce^2/\hbar a$ とも書かれる．

したがって状態間のエネルギー差はおよそ,

$$\Delta_\xi \sim \left[n(0)\xi^d\right]^{-1} \tag{2.10}$$

となる."最近接局在状態"への熱励起伝導は次式に従う（但し式 (2.27) の議論も参照のこと）．

$$\sigma_2 \propto e^{-\Delta_\xi/k_B T} \tag{2.11}$$

しかしながら Mott が指摘したように（Mott 1966, 1970），低温ではエネルギーの授受がより少なくて済むような，長距離の遷移の方が起こり易くなる．この効果によって次項のような別のタイプの熱励起伝導が現れる．

3. 可変領域ホッピング（variable range hopping[†]：VRH）：距離が L（$\gg \xi$）だけ隔たった局在状態への遷移確率は，波動関数の重なりを表す行列要素の自乗で決まり，$I^2 e^{-2L/\xi}$ に比例するものと仮定する．I は Δ_ξ と同程度のエネルギー因子である．一方，このような励起のために必要とされるエネルギー Δ_L を，式 (2.11) を導く際に用いた議論を一般化して求めることができる．Δ_L は L に依存して減少する．

$$\Delta_L \sim \left(n(0)L^d\right)^{-1} \sim \Delta_\xi \left(\frac{\xi}{L}\right)^d \qquad (L \gg \xi) \tag{2.12}$$

距離 L のホッピング確率は $e^{-2L/\xi - \Delta_L/k_B T}$ に比例する．低温では $L \gg \xi$ のホッピングの方が起こりやすくなる．最も高い確率で起こるホッピングの距離は，指数を極大にする条件から，次のように求まる．

$$L_M \sim \left(\frac{\xi}{n(0)k_B T}\right)^{1/(d+1)} \tag{2.13}$$

この伝導機構は $L_M \gtrsim \xi$ となる条件，すなわち $T \ll T_0$ の低温で現れる．T_0 はおおよそ,

$$k_B T_0 \sim \Delta_\xi \tag{2.14}$$

[†]（訳注）"変動範囲ホッピング"，"広範囲ホッピング"などの訳語も使われる．

である．可変領域ホッピングによる低温の導電率 σ_3 は，

$$\sigma_3 \propto e^{-C(T_0/T)^{1/(d+1)}} \tag{2.15}$$

と与えられる．C は無次元の定数である．$T > T_0$ の時には，たとえば式 (2.10) に従う最近接ホッピングの導電率 σ_2（もしくはこれを修正したもの．式 (2.27) 参照）が得られる．σ_1 と σ_2 の競合関係について正しい評価をする必要があるが，多くの場合，系が転移点に近づくと Δ_ξ の方が $(E_m - E_F)$ より速くゼロに近づくので，σ_2 が支配的となる（たとえば Shalgi and Imry 1995 の 3.3 節を参照）．$(E_m - E_F) < \Delta_\xi$ の場合には，σ_1 が支配的な活性化領域が存在し，T_0 以下の低温で $\exp\left[-C'/T^{1/(d+1)}\right]$ へのクロスオーバーが起こる．

可変領域ホッピングが現れる低温の領域では L_M が重要な距離指標となる．たとえば薄膜や細線の中の電子系の実効的な次元が，L_M と系の寸法（厚さや径）との相対関係によって決まる（Fowler et al. 1982）．

ここではホッピング伝導に対する Coulomb 相互作用の効果の詳細には言及しないが，簡単な Hartree 型近似の下でも，相互作用は E_F 近傍に"Coulomb ギャップ"を生成して状態のエネルギー分布に影響を与え，式 (2.15) の指数 $1/(d+1)$ を $\frac{1}{2}$ に置き換える効果をもたらす（Pollak 1970, Shklovskii and Efros 1971, 1984）．このような傾向は多くの試料で見られており，詳細な議論が続けられている．

可変領域ホッピングを考察するための，もうひとつの非常に示唆に富む方法が Ambegaokar et al. 1971, Shklovskii and Efros 1971, Pollak 1972 によって提案された．Miller and Abrahams 1960 の描像に従い，ホッピングの径路となる各々のボンドを抵抗体と見なすことにする．系全体は"抵抗体の乱雑なネットワーク"と等価であり，ネットワーク中の個々の抵抗は，距離などの変数に指数関数的に依存する．伝導は主として小さい抵抗を介して起こる傾向があるので，大きい抵抗を持つ部分を無視して考えてもネットワーク全体の抵抗はほとんど変わらない．除去する抵抗がある臨界値 R_0 になるまでこの操作を続けることができるが，それ以上抵抗を除去すると，全体が連結した系（パーコレーション系）ではなくなる．R_0 でこの操作を止めると，R_0 より十分小さい抵抗を持つ部分は短絡として

働く．したがって全ネットワークの抵抗は R_0 の抵抗体だけから成るパーコレーション系と見なせる．この描像に基づいて可変領域ホッピングの伝導特性の試算が行われている．

上記のパーコレーション（percolation）の描像は，弱い外部磁場の下での可変領域ホッピング伝導の磁気抵抗（magnetoresistance：MR）を求める際にも有効である．各ボンドの抵抗が磁場 B に依存する理由は，局在状態間の行列要素が直接遷移だけでなく，間接的なホッピング径路からの寄与も含んだ遷移振幅の総和に依存することによる．したがってボンド間の伝導は量子干渉効果を含む．間接的なホッピングの興味深いモデルが Nguyen et al. 1985a, b によって提案されており，それをパーコレーションモデルで扱った計算（Entin-Wohlman et al. 1989）は，妥当な磁気抵抗特性を与えている．

強い磁場の下では局在長の磁場依存性が重要となる．局在系における強磁場下の磁気抵抗（たとえば Lerner and Imry 1995）は，Hall 効果（Holstein 1959, 1961）と並んで，強磁場領域の輸送に関する最も重要な問題である．

Mott 1970 は絶対零度における局在系の"振動数に依存した導電率" $\sigma(\omega)$ が次式で表されると考えた．

$$\sigma(\omega) \propto \omega^2 \ln^{d+1}(I/\omega) \tag{2.16}$$

上式の対数因子は物理的に次のように理解できる（詳細は Sivan and Imry 1987 を参照）．$\hbar\omega \ll \Delta_\xi$ を仮定し，まず $R \gg \xi$ の距離で，式 (2.11) と $I \sim \Delta_\xi$ を念頭において，

$$Ie^{-R/\xi} \sim \hbar\omega, \quad \text{i.e.} \quad \frac{R}{\xi} = \ln\frac{\Delta_\xi}{\omega} \tag{2.17}$$

となるような 2 つの局在状態を考える．距離 R の範囲内でエネルギー差が $Ie^{-R/\xi}$ と同程度以下の状態の対を見いだすことができる．そのような"共鳴している状態"はトンネリングで互いに混合して"双極状態"を形成する．状態間の行列要素は $\sim R \sim \xi \ln(\Delta_\xi/\omega)$ である．そのような局在状態の対の数は R^{d-1} — 半径 R，厚さ ξ の球殻の体積に比例する．これらの因子の組み合わせによって式 (2.16) の $|\ln\omega|^{d+1}$ が生じる．因子 ω^2 は久保公式と通常の状態密度分布から生じる（付録 A，式 (A.7) 参照）．上

記の考察はランダム系の準位同士が互いにあまり近づかない，いわゆる準位間の"反発"に関係しており，$Ie^{-R/\xi}$ はまさにこの性質を反映している（Sivan and Imry 1987）．振動数が低いほど長い距離が関与するので，メソスコピック領域では寸法による $\sigma(\omega)$ 特性の変化が観測される．

2.3 Thouless の描像：細線における局在と温度の効果

この節では初めに，第 5 章でも役に立つトンネル接合の描像を簡単に復習しておく．2 つの導電体電極（ここでは"ブロック"と呼ぶ）が絶縁体薄膜（通常は酸化物薄膜）を介して結合しているものとする．絶縁体は十分薄く，電子がトンネルすることができる．界面は乱れており，横方向の運動量は保存されない．左側ブロック内の各状態と右側ブロック内の各状態は定数行列要素 t で結合しているものとする．一方のブロック（左側）にあるひとつの電子が，もう一方のブロック（右側）への遷移によって消失するまでの寿命 τ_L は Fermi の黄金律によって与えられる（トンネリングが弱い摂動と見なせる場合，すなわちブロック間の遷移確率が低い場合を想定する）．

$$\tau_L^{-1} = \frac{2\pi}{\hbar}\overline{t^2}N_r(E_F) \tag{2.18}$$

$\overline{t^2}$ は遷移行列要素の（絶対値の）自乗平均であり，$N_r(E_F)$ は右側のブロックの状態密度である．左側のブロックの状態密度を $N_l(E_F)$ とすると，ブロック間に電圧 V を印加した場合，$eVN_l(E_F)$ 個の電子が時定数 τ_L で右側ブロックへと遷移してゆく[†]．したがって電流は $I = e^2VN_l(E_F)\tau_L^{-1}$ であり，トンネル接合のコンダクタンスは次式で表される．

$$G = e^2N_l(E_F)/\tau_L = \frac{2\pi e^2}{\hbar}\overline{t^2}N_l(E_F)N_r(E_F) \tag{2.19}$$

これは有用な式である．後の方の等式はトンネル接合の解析でよく知られているものである（Bardeen 1961, Harrison 1970）．式 (2.18) と式 (2.19) は任意の次元の系で成立する．式 (2.18) は終状態が連続スペクトルを持

[†]（訳注）$N(E_F)$ はここではスピンの縮退を数えた状態密度である．他の文献では遷移行列要素を定数 T で近似している場合があるが，これはスピンの向きが変わらない遷移だけを対象とした近似であり，文中の $\overline{t^2}$ との関係は $\overline{t^2} = |T|^2/2$ である．

つこと仮定している．ブロックは有限の体積を持つので，本来準位は離散的であるが，通常は外界との相互作用によって準位自体が準位間隔と同等以上に拡がるものと仮定できる．そうでない場合には真に微視的な（分子的な）離散準位を扱わなければならない．

式 (2.19) の前の方の等式は一般的なものである．大きな試料を辺 L の立方体の"ブロック"に分割することを考えてみよう．l を弾性散乱長，a を微視的な長さとして $L \gg l, a$ を仮定する．特徴的なエネルギー準位（たとえば Fermi エネルギー）付近の準位間隔 Δ_L は，寸法 L のブロックの状態密度（単位エネルギーあたり）の逆数で与えられる．2つの近接したブロック間の電子の遷移に起因して生じるエネルギー準位の幅 $V_L \equiv \pi\hbar/\tau_L$ （τ_L は反対側のブロックへ遷移するまでの電子状態の寿命）を定義すると，ブロック間の無次元コンダクタンス $g_L \equiv G_L/(e^2/\pi\hbar)$ を，

$$g_L = V_L/\Delta_L \tag{2.20}$$

と表すことができる．g_L（無次元）は問題に関係する2つのエネルギーの比となっている．Thouless は L 程度の距離に及ぶ電子の拡散が，1ステップの距離が L で時間が τ_L のランダム・ウォークとして捉えられることに着目した．

$$D_L \sim L^2/\tau_L \tag{2.21}$$

古典的な拡散の描像が成立する領域では，D_L は L に依存しない定数となる．$\tau_L = L^2/D$ はブロック間の遷移時間を表す．局在効果が現れる場合，D_L は L が大きくなるに従って減少する．寸法 L の金属ブロックの導電率 σ は Einstein の関係式 (2.7) で与えられ，d 次元のコンダクタンスは $G_L \sim \sigma_L L^{2-d}$ となる．これらの関係と $N_L(E_F) \sim L^d dn/d\mu$ から式 (2.20) が導かれる．エネルギー幅 $V_L = \pi\hbar/\tau_L$ の物理的な感じを把握するため，結合が弱い場合には Fermi の黄金律 (2.18) により，

$$V_L = 2\pi^2 \overline{t^2}/\Delta_L \tag{2.22}$$

となることを指摘しておこう．V_L はブロック間の遷移行列要素に関係している．明らかに式 (2.22) もひとつのブロック内準位の，他のブロックと

の相互作用によるエネルギー摂動の大きさを表している．単一ブロックに着目すると，これは表面効果 — ブロックの境界条件のブロック内準位への影響 — と類似した量である．実際 Thouless は V_L をブロック内準位の"境界条件に対するエネルギー感度"として考察を行った[†]．これは L が l などの微視的寸法よりも十分長く，$g \ll 1$ である場合に妥当性を持つ．境界条件に対するエネルギー感度が $g_L \Delta_L$（少なくともその上限）を決めている．

ブロックによる系の分割という描像は，一様系では仮想的なものなので，寸法 L のブロック同士の間のコンダクタンスというのは，寸法が L の試料（ブロック自体）のコンダクタンスと同程度のものになっているはずである．

ブロック自体のコンダクタンスは付録 A で紹介する久保の線形応答理論に基づいて計算することができる．久保公式は厳密には連続スペクトルを持つ無限に拡がった系に適用すべきものであるが，有限系でも大きな熱浴（たとえばフォノン系や巨視的な導電体など）との弱い結合があれば，元々離散している準位を実効的に連続準位として扱える．Edwards and Thouless 1972 は久保-Greenwood の公式を用いて V_L と"境界条件に対する感度"の関係を明確にした．これは付録 B に紹介してある．

g_L は後から見るように，相互作用のない電子系を考える際に重要なパラメーターとなる．上記の描像に基づいて g_L を求めることもできるが，式 (2.22) とその一般化に基づいて計算することもでき，更にそれとは別の数値計算の方法もある（Fisher and Lee 1981）．$g_L \gg 1$ は隣接ブロック間の結合が強いことを意味し，$g_L \ll 1$ は状態が基本的に単一ブロック内状態であることを意味する．したがって g は2つの量子系の結合の強さを表す無次元の一般的な指標となっている．$L \to \infty$ のとき $g_L \to 0$ であれば $g_L \sim 1$ となる寸法 L がおおよそ局在長 ξ に相当する．

上記の検討は相互作用のない電子系を想定したものであるが，更に一般性を持たせることもできる．比 V_L/Δ_L は2つの量子系の結合の強さを表

[†]（訳注）境界条件に対するエネルギー感度 ΔE_L は，ブロックに周期境界条件と反周期境界条件を課して求めたエネルギー準位の差として定義され，1 程度の係数因子を除き V_L に等しい．$\Delta E_L/\Delta_L$（$\sim g_L$）は Thouless 数（Thouless number）と呼ばれる．

す一般的なパラメーターとなり，g_L は電子対のような一般的な"キャリヤ"がブロック間を遷移する場合において，コンダクタンスという意味を持ち得る（Imry 1995a, b）．

式 (2.20) に基づいて Thouless 1977 が細線に対して行った解析は，重要な結論を導いた．第 1 に"数学的な 1 次元系"ではなく，有限の断面積を持つ細線で 1 次元局在が起こることが示され，同時にブロック分割の描像の有用性が明らかになった．第 2 に温度（およびその他の実験パラメーター）の効果に関する理解を促し，g_L と実際に得られる実験結果との関係を明らかにした．Thouless は有限の断面積 A を持つ細線の伝導特性の長さ L 依存性について明快な分析を行い，広範囲に適用できる結果を得た．実際の細線において $\sqrt{A}$ は原子レベルの寸法より大きいが，"巨視的な寸法"（この言葉の正確な意味は後で明らかにする）よりは十分小さくなる．そのような細線では，通常の Ohm の法則 $G_L \propto L^{-1}$ が成立する L の範囲が限定される．L_c を $G_{L_c} \cong e^2/2\hbar$ という式で定義すると，$L \gg L_c$ では $g_L \ll 1$ になる．これは L_c 程度の寸法で局在現象が生じており，L_c がまさに局在長 ξ に相当するものであることを意味する．簡単に言うと $T \to 0$ の抵抗値がおよそ 10 kΩ 以下の場合にだけ Ohm の法則が成立する．細線が局在長よりも長い場合，$T \to 0$ の抵抗は L の増加に対して指数関数的に増大する（式 (2.8) の後の議論を参照）．$a, l < L < \xi$（前と同様に，a は微視的長さ，l は弾性散乱長である）の場合に $G_L \propto L^{-1}$ が成立すると仮定すると，ξ を簡単に見積もることができる．抵抗率 ρ が与えられると，ξ は $2\hbar/e^2 \cong \rho\xi/A$，もしくは，

$$\xi \cong \frac{2\hbar}{e^2} A\sigma \cong \frac{2}{3\pi^2}(Ak_F^2)l \tag{2.23}$$

という式で決まる．後の方の近似式は式 (2.1′) の関係から得た．このように局在長 ξ は弾性散乱長に細線断面の電子数を掛けたものとして与えられる．断面が原子レベルの寸法を持つ場合，l 程度の局在長を持つ"純粋な 1 次元局在系"になる．$L \ll \xi$ で $G \sim L^{-1}$ になるという仮定は，細線に関する我々の直観的な議論に整合するものである．$\Delta \sim 1/L$ なので（表面効果として不適切ではない），これは理論的に $L \ll \xi$ で $\overline{t^2} \sim 1/L^3$ となることを意味している．

我々は通常，細線抵抗が長さに依存して指数関数的に増加するということを経験しないが，これは"絶対零度の抵抗"を見ていないためである．局在の効果が強く働くためには，電子が ξ 以上の範囲を移動する間，温度による擾乱を受けないという条件が必要である．Thouless は以下に示すような重要な物理的考察を行ったが，この結果は後から精緻な議論によって裏付けられた．温度が絶対零度に近づくと，非弾性過程（一般的には位相緩和過程．第 3 章参照）の時間間隔 τ_ϕ は非常に長くなり，多くの場合において，

$$\tau_\phi \propto T^{-p}, \quad (p \text{ は正の指数}) \tag{2.24}$$

と表すことができる．指数 p と係数因子については後から考察する．ここで拡散する電子を考えてみよう．電子は時間 t が経過する間に $\sqrt{D_1 t}$ の距離を移動する．電子が局在の効果を強く受けるためには，非局在領域 $L \lesssim \xi$ における拡散係数 D_1 を用いて定義される仮想的な位相干渉長 (phase coherence length)，

$$L_\phi \equiv \sqrt{D_1 \tau_\phi} \tag{2.25}$$

が ξ よりも十分長い必要がある．これと反対に局在長より位相干渉長の方が短い場合には，電子は局在効果を感知する前に非弾性散乱を受けて別の状態に遷移してしまうので，局在効果が強く現れることはない．したがって L_ϕ が電子の挙動を決める重要な距離指標となる．細線が実効的に 1 次元系になるための必要条件は同様の考察から，

$$L_\phi \gg \sqrt{A} \tag{2.26}$$

であると考えられる．$\sim \sqrt{A}$ は細線の厚さと幅の幾何平均である．平坦な形状を持つ細線が 1 次元系となるためには，L_ϕ が厚さと幅の双方に比べて十分長くなければならない．

Thouless は低温における細線の伝導特性について，より完全な解析も行っている．T が十分低く $\tau_\phi > \xi^2/D$ であれば（$\tau_\phi = \xi^2/D$ となるクロスオーバー温度を T_ξ と書くことにする），電子の運動は局在効果によって制約を受けた拡散過程，すなわち 1 ステップの距離が ξ，時間が τ_ϕ の

ランダム・ウォークとなる．

$$D \sim \xi^2/\tau_\phi, \quad \sigma \propto \tau_\phi^{-1} \propto T^p \tag{2.27}$$

したがって低温の導電率は T の冪に比例する！局在現象の研究者たちはこの重要な結果に注目してこなかった（しかし Shapiro 1983a, b も参照）．この結果は Imry and Ovadyahu 1982b および Ovadyahu and Imry 1985 によって確認された．式 (2.27) では非弾性過程によって電子に与えられるエネルギーが，電子を寸法 ξ の隣接ブロックへ移動させるのに十分なものであると仮定している．これが成立する条件は $\Delta_\xi < T$ である．この条件によって，低温側で導電率の温度依存性が指数関数的な特性に移行する，もうひとつのクロスオーバー温度 T_0 を定義できる（2.2 節参照）．T_0 は式 (2.14) と同様に，

$$k_B T_0 = [n(0) A \xi]^{-1}$$

と表される．T^p の温度依存性が現れるための条件は $T_\xi \gg T_0$ である．この考察は任意の次元の局在系で成立する．電子が拡散的に最近接局在状態へ遷移していく場合には，導電率の温度特性が温度の冪で表される．

次に局在の効果が弱くなる $T > T_\xi$ の温度領域を考えよう．電子が量子力学的に干渉性を保持して拡散する距離は L_ϕ である．この距離以上にわたる電子の運動は非弾性散乱に支配される"半古典的な"運動になる．したがって我々が量子力学的な（$T = 0$ の）コンダクタンス g_L を知ったとしても，それは $L \lesssim L_\phi$ の特性だけにしか関係しない．古典的な直観によれば（与えられた電流は，電流方向の電圧に対して 1 次元的な寄与を持つ），$L \gtrsim L_\phi$ の試料の巨視的コンダクタンスは，寸法 L_ϕ 程度の絶対零度のコンダクタンスを基本とした Ohm の法則に従うものと予想される（式 (2.28) とその説明を参照）．この問題は第 5 章で述べる Landauer の描像 —— 電子は導線を介して巨視的な電極に入ってから緩和される —— とも関係している．試料寸法が L_ϕ を超えると電子の緩和が起こるので，L_ϕ は $T = 0$ の理論が適用できる寸法の上限を与えている．これより大きい寸法になると輸送は古典的なものになる．また L_ϕ はいわゆる弱局在を論じる際にも重要になる．弱局在の効果は $L_\phi \lesssim \xi$ の条件下で現れる．

2.4 局在系のスケーリング理論

スケーリングの一般論

 辺の長さが L の（任意の次元の）立方体が $T=0$ で示すコンダクタンスは，Thouless の関係 (2.20) に基づき，種々の方法で決めた V_L を用いて（たとえば MacKinnon and Kramer 1981）数値的に求めることができる．一般化された Landauer 公式を用いた別の計算方法（第 5 章）もある (Fisher and Lee 1981)．ある適当な寸法領域における g の L 依存性と，パラメーター L_ϕ（あるいは局在領域 $L_\phi \gg \xi$ では ξ と τ_ϕ）の温度依存性から，有限温度の巨視的な導電率 $\sigma(T)$ を求めることができる．

$$\sigma(T) \cong \frac{e^2}{\pi\hbar} g(L) L^{2-d}|_{L=L_\phi} \tag{2.28}$$

すなわち $L=L_\phi$ のときの G から，系の次元を考慮して σ を求めることができる．この式は薄膜や細線へ直接適用することが可能である．上式は $L_\phi \lesssim \xi$ の場合，すなわち金属的な領域全体で成立する．局在領域 $L_\phi > \xi$ では式 (2.27) や，2.2 節で議論したような適切なパラメーターを用いた検討が必要である．

 ここで Abrahams, Anderson, Licciardello and Ramakrishnan 1979 による局在のスケーリング理論（scaling theory of localization）を見てみることにしよう（Wegner 1976, 1979 も参照）．この理論は良導体の極限 $g_L \gg 1$ と局在による完全な強局在絶縁状態 $g_L \ll 1$ の間を"補間"する巧妙な方法を提示している．スケーリング理論に基づく結果は種々の良導体（弱い散乱を持つ導体）に対する 1 次補正の結果と整合しており，現在得られている数値計算の結果（たとえば Kramer et al. 1985．スケーリング理論と矛盾する計算結果は，より信頼性の高い方法によってスケーリングに合致する結果に置き換えられてきている），1 次元系や薄膜の実際の特性，種々の解析的近似手法による結果（Vollhardt and Wölfle 1980, 1982）などとおおむね整合している．しかしスケーリング理論は万人を納得せしめる完全な理論ではなく，根拠のない批判から深刻な理論的問題まで，様々な疑問が呈されている．今後いくつかの問題点について明確な解答が与えられる必要があるが，補間の考え方は定性的には正しいものであ

ろう（補間領域の詳細な性質を考慮できないが，この部分に全く問題が無いとも言い難い）．現実の系の特性は，他の効果（たとえば電子間相互作用）によっても敏感に変化するものと考えられるが，スケーリング理論は単なる定性的な議論以上に，様々な系の特性をよく説明している．またスケーリング理論による驚くべき予言（当時としては）の正当性が，その後の実験によって確認されている．スケーリング理論の予言を否定するような報告に接する際には，本当にスケーリング理論の予言について調べられているかどうか（たとえば式 (2.28) はスケーリング理論の対象となる絶縁体に対して妥当なものではない），そして電子間相互作用による余分な効果が影響していないかという 2 点をよく確認する必要がある．

良導体の極限で Ohm の法則が成立することを仮定すると，$\sigma(L) = $ const. $\Rightarrow g(L) \propto L^{d-2}$ である．反対に絶縁体の極限では σ と g は L に依存して指数関数的に減少する（2.2 節参照）．したがってこれらの極限において，g の対数微分は次のように与えられる．

$$\beta \equiv \frac{d \ln g}{d \ln L} = \begin{cases} d - 2, & g \gg 1 \\ \text{const.} + \ln g, & g \ll 1 \end{cases} \quad (2.29)$$

ここでは $g \ll 1$ における冪の係数補正因子を無視している．g が大きい場合の補正（Gorkov et al. 1979, Abrahams et al. 1979, Hikami et al. 1981, Fukuyama 1980, 1981a, b, Altshuler et al. 1982a, b, c）については後から論じる．式 (2.29) で表される特性は，系の寸法 L や系の詳細な特徴には依らない普遍的なものである．有限系の計算によって β を具体的に求めることができるが，$\beta(g)$ は解析的であり，g の増加に対して減少することはない．ここで β が g だけに依存する普遍関数であると仮定する．繰り込み群（renormalization group : RG）の述語で言えば，g は "意義のある"（relevant）唯一の変数であり，$L \gg l, a$（l は弾性散乱長，a は微視的な長さ）の範囲で他の "意義のない"（irrelevant）変数の影響は無視できるものとする．この仮定は単に $g \gg 1$ の時だけ g が意義のある唯一の変数であるという仮定よりも明らかに強い制約を持っている．上記の仮定の下で式 (2.29) の 2 つの極限を補間する単調で滑らかな関数 $\beta(g)$ が得られる．β を $\ln g$ の関数として表した模式図を図 2.2 に示す．

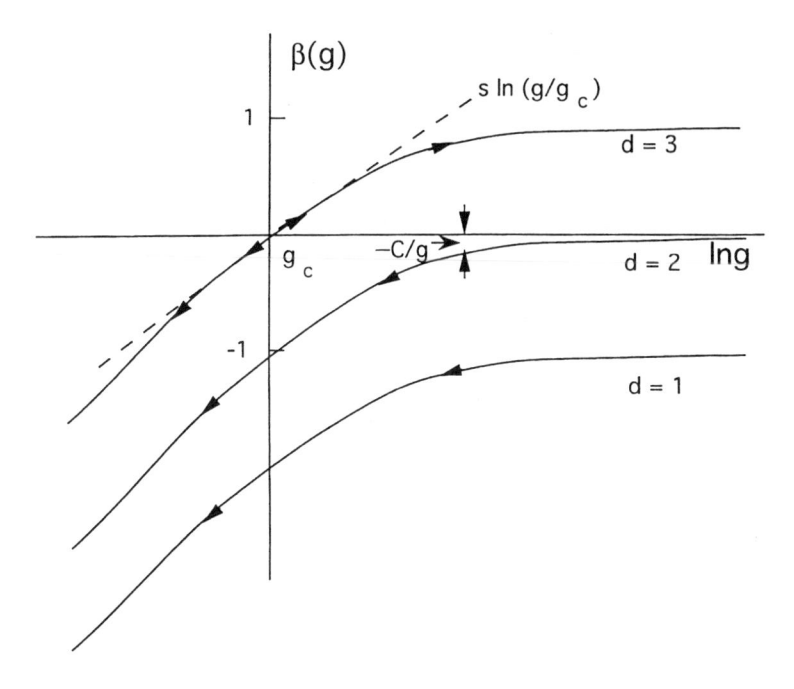

図 2.2　$d = 1, 2, 3$ の系に対するスケーリング関数 $\beta(g)$ の模式図.

$d \leq 2$ の場合

$d \leq 2$ の場合,β は常に負である（注目すべき例外はスピン－軌道相互作用を持つ 2 次元系である.たとえば Altshuler et al. 1982b）.ある小さい L_0 に対して $g(L_0) = g_0$ であれば,これと $d \ln g / d \ln L = \beta(g)$ から L の全領域について $g(L)$ を求めることができるが,$L \to \infty$ では "常に" $g(L) \sim \exp(-\alpha L)$ となる.$\beta(g)$ のグラフ上で g_0 点を考えると,$g(L)$ はそこから L の増加に伴って減少してゆき,十分小さい g ($\ln g \ll 0$) で直線的な領域に到達する.上記の手続きは "繰り込み群方程式を解く操作" の非常に簡単な例となっており,$\beta(g)$ 曲線に沿った g 点の移動は "繰り込みの流れ"（RG-flow）と呼ばれる."流れ" が $\ln g$ に対して直線となるところの寸法,つまり巨視的な極限（強局在系）の特性に移行するときの寸法 L が局在長 ξ の目安となる.$\beta(g)$ は $g \gg 1$ では定数に近い特性となり,

g_0 が大きくなると ξ も大きくなる．$g \gg 1$ の領域では g^{-1} の解析性から，

$$\beta(g) \sim d - 2 - \frac{C}{g} \tag{2.30}$$

と予想される．この式は正当なものであることが確認されており（Gorkov et al. 1979, Abrahams et al. 1979），摂動論を用いて各次元 d における定数 C の数値が計算されている．この領域は弱局在（weak localization）領域と呼ばれており，2.5 節で取り上げる．局在長 ξ は β が $d-2$ より小さくなって，左側の直線領域に近づく時の寸法である．これは式 (2.31)，もしくは $\beta \sim d-2$ の領域からの $g \sim 1$ への外挿によって求められる．

$$g(\xi) = (1 \text{ 程度の定数}) \tag{2.31}$$

この結果は 1 次元系の場合，式 (2.23) とほぼ整合することを付け加えておく．2 次元系では g_0 が大きくなると ξ は指数関数的に増大する（$R(L_0) \cong 10^{-3}$ で太陽までの距離よりも長くなる）．

式 (2.29) は $L \ll \xi$ での Ohm の法則 $\sigma(L) = \text{const}$ に対する修正を含んでいる．

$$\begin{aligned} (\pi\hbar/e^2)\sigma(L) &= g_0 L_0 - C_1 L & d &= 1 \\ g(L) &= g_0 - C_2 \ln(L/L_0) & d &= 2 \end{aligned} \tag{2.32}$$

コンダクタンスを L の関数として考えた場合，L が小さいところでは式 (2.32) の弱局在の特性が現れ，$L \sim \xi$ を超えると先に議論した強局在領域の特性に移行する．最も興味深いのは 2 次元系の振舞いである．系は原理的に決して金属（良導体）にはならない．$L_\phi \ll \xi$ となる比較的高温の領域では，非古典的な対数補正項に基づく振舞いが見られる（しかし温度が高すぎて L_ϕ が微視的な臨界寸法 L_0（$L_0 \sim l_{el}$）と同等以下になると，この議論は適用できない）．温度 T を下げると g は減少し R は "増加する"．$R \sim h/e^2$（数値的には $R_{critical} \sim 30\ \text{k}\Omega$）になると，$R$ が L に指数関数的に依存する強局在の特性へと移行する．したがって "2 次元の金属は真の金属ではない"．薄膜試料が 2 次元系として振舞うための条件は，(膜の厚さ) $\ll L_\phi$ である．

これらの驚くべき予言は，弱局在領域に関する多くの実験によって確認されている．$R > 30\ \text{k}\Omega$ で $\sigma(T \to 0) \to 0$ となる 2 次元試料を作製する

こ␣とも可能である．図 2.3 に Ovadyahu and Imry 1983 による InO 膜の抵抗－温度特性を示す．"同じ"試料において $R \cong 30$ kΩ 前後で，$\ln T$ の弱い温度依存性から，より強い温度依存性への移行があり，先に述べた予言の正しさが示されている．

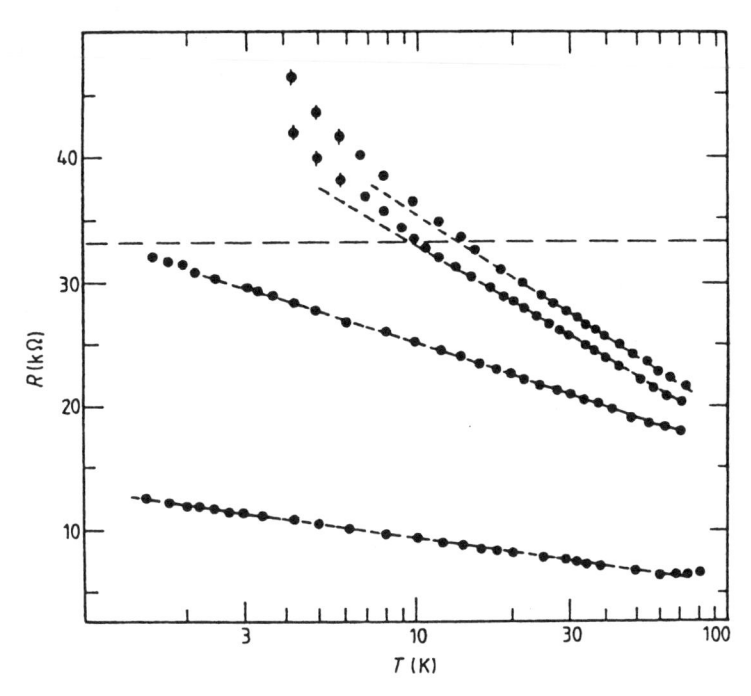

図 2.3　実効的な 2 次元系の試料（$d = 210$ Å）の抵抗－温度特性．水平な破線は"臨界面抵抗"の値を示しており，試料の面抵抗 $R_\square$ がこの値を超えると温度依存性が対数的な依存性よりも強くなる．

$d > 2$ の場合：金属－絶縁体（M-I）転移

$d > 2$ で新たに現れる性質は金属－絶縁体転移であるが，これはスケーリング関数 $\beta(g)$ がゼロになる点 $g = g_c$ が現れることによるものである．β は $g \to \infty$ では正，$g \to 0$ では負になるので，必然的に $\beta(g)$ がゼロになる点が現れる．g_c およびこの点における β の傾き s は重要な意味を持つが，

これらは近似計算（Vollhardt and Wölfle 1980, 1982）やシミュレーション（Stein and Krey 1979, 1980, MacKinnon and Kramer 1981, Kramer et al. 1985）によって求まる定数である．$d = 3$ の場合 s は 1 程度（但し正確に 1 ではない），g_c は $2-3$ 程度と考えられている．$g > g_c$ の領域では $L \to \infty$ の極限で，コンダクタンスが Ohm の法則に従う金属的な極限へと"流れる"．一方 $g < g_c$ であれば $L \to \infty$ に伴い絶縁的な $g \sim e^{-\alpha L}$ の領域へ"流れる"．$g = g_c$ は繰り込みの流れの"固定点"（fixed point）となっている．もしある試料がある寸法で $g = g_c$ であれば，そのような試料は L の全領域で（$L \to \infty$ も含めて）$g = g_c$ となり，巨視的な極限で $\sigma \sim g_c L^{2-d} \to 0$ となる．この単純な理論によると，あらゆる材料のコンダクタンスの挙動は（ただしこの理論を適用する寸法領域で，試料が一様と見なせる必要がある）普遍的なスケーリング関数 $\beta(g)$ に従い，それらの挙動は微視的な臨界寸法 L_0 におけるコンダクタンス g_0 によって分類することができる．明らかに $g_0 > g_c$ の試料はすべて良導体であり，$g_0 < g_c$ の試料は絶縁体である．転移点を基準とした無次元コンダクタンスの相対値を表すパラメーター $\epsilon \equiv |\ln g_0 - \ln g_c| \cong |g_0 - g_c|/g_c \ll 1$（転移点で $\epsilon = 0$）を導入して，転移点付近の挙動を調べると面白い．L_0 から巨視的な領域（式 (2.29) が適用できる領域）に至るまでのスケーリング関数の挙動を $\beta(g) \sim s \ln(g/g_c)$ と近似できる．一般の相転移における相関長と同様に，巨視的な法則が適用できる下限の寸法を ξ とおくことにする．$\beta(g)$ に対する上記の直線的な近似式を L_0 から ξ まで積分することによって次式が得られる．

$$\frac{\ln(g/g_c)}{\ln(g_0/g_c)} = \left(\frac{\xi}{L_0}\right)^s \tag{2.33}$$

したがって，

$$\xi \sim L_0 \frac{\text{const}}{\epsilon^{1/s}} \tag{2.34}$$

となる．ξ の発散を特徴づける臨界指数は，通常の表記法に従うと $\nu = 1/s$ である（$d = 3$ の場合，ν は 1 のオーダーの定数）．巨視的な領域における無次元コンダクタンスの寸法依存性は，絶縁相で $g \propto e^{-L/\xi}$，導電相（金属相）で $g \propto L^{d-2}$ である．金属相に対する第 1 の補正は式 (2.30) で与えられる．双方の場合において"臨界領域"（微視的領域）から巨視的領域

へ移行する境界領域全域 ($L_0 \leq L \leq \xi$) にわたる g の変化は 1 桁程度以下でなければならない．したがって金属の巨視的な導電率は次式のように振舞う．

$$\sigma_\infty(L \to \infty) \sim \frac{\text{const}}{\xi^{d-2}} \sim \epsilon^{(d-2)\nu} \tag{2.35}$$

この理論によると M-I 転移は連続性を持つ 2 次相転移であり (転移点に近づくと σ は連続的にゼロに近づく)"最小金属導電率"は存在しないことに注意されたい．しかしながら仮想的に定義した最小金属導電率 σ_{min} は，金属的でない状況が生じ始める導電率を推定するのに役立つ．現在では一般に，"相互作用のない"電子が局在することによる M-I 転移は連続的に起こるものと信じられている．臨界指数 ν の数値について検討が続けられているが，おおよそ 1.5 ± 0.1 に収束してきているようである (Ulloa et al. 1992, Kramer and MacKinnon 1993, Hofstetter and Schreiber 1993)．絶縁相において ξ が局在長を意味することは明白である．導電相 (金属相) における ξ は，その範囲以内の領域で波動関数や種々の相関関数，Green 関数等の振舞いが絶縁相と区別できなくなる寸法として理解できる．$L > \xi$ の寸法で初めて波動関数の局在性と遍歴性の違いが顕在化するのである．

$L \ll \xi$ で絶縁相と金属相に質的な差異は現れない．先に述べたように，どちらの相でも L_0 から ξ までの境界領域で g は 1 桁以上変わらない．したがって (ξ が大きい時には g の変化は重要ではない)，

$$\sigma(L) \sim \sigma_\infty \left(\frac{\xi}{L}\right)^{d-2} \quad (L \lesssim \xi) \tag{2.36}$$

となる．すなわち導電率 (そして拡散係数) は $L \ll \xi$ のとき"寸法に依存する"のである (Imry 1981b, Shapiro and Abrahams 1981, Shapiro 1982, Imry and Ovadyahu 1982b)．

式 (2.36) で与えられる微小領域 $L < \xi$ における"異常な"拡散は時間と距離の尺度に興味深い関係をもたらす．通常の拡散 $L^2 \sim Dt$ と異なり，D が寸法依存性を持つことになる．寸法 L における拡散係数 D_L は $dL^2/dt = D_L$ となる．これは，

$$L^d \sim \xi^{d-2} D_\infty t \tag{2.37}$$

となることを意味する．D_∞ は与えられた ξ の下での金属相における巨視的な拡散係数である．先に示したように非弾性散乱時間（位相緩和時間）を $\tau_\phi \propto T^{-p}$ のように考慮すると，巨視的極限において $L_\phi \sim \sqrt{D\tau_\phi} \sim T^{-p/2}$ (式 (2.25)) と与えられる拡散長（位相干渉長）は，微視的領域で次のように修正される．

$$L_\phi \sim \left(\xi^{d-2} D_\infty \tau_\phi\right)^{1/d} \propto T^{-p/3} \tag{2.38}$$

（最後は $d = 3$ とした．）

先に述べたように，巨視的な金属，および"微小領域"（境界領域）にある金属と絶縁体において，導電率の温度依存性は $g(L_\phi) \cdot L_\phi^{2-d}$ と表される．境界領域で g は一桁以上変化せず，定数に近いので，導電率は，

$$\sigma(T) \sim L_\phi^{2-d} \sim T^{(d-2)p/3} \sim T^{p/3} \qquad (d=3) \tag{2.39}$$

のように振舞う．巨視的な領域の $\beta(g)$ は式 (2.30) で与えられ，この積分によって $g(L_\phi)$ が決まる．導電率は，

$$\sigma(T) = \mathrm{const} + CL_\phi^{2-d} = \mathrm{const} + O(T^{p(d-2)/2}) \tag{2.40}$$

となる．この"弱局在"の領域において，温度に依存する導電率の補正項は，温度の冪で"増加する"（2次元系では冪の代わりに対数になる）．式 (2.39) と式 (2.40) の特性は，それぞれの適用領域において実験的に確認されている．前者は"微小領域"に関するものである．これらの考察が適用できる範囲では（$L_\phi \gg l$ の条件が必要なので，試料が清浄な場合，低温では適用できない），一般に抵抗の温度依存係数が負になる．つまり汚れた導電体では普遍的に抵抗の温度係数が負になるのである！(Imry 1980a)．更に L_ϕ が極めて短くなる室温で抵抗の温度係数が負になるためには，l が電子間距離と同等で σ が σ_{min} よりも大きくなければならない．我々はこのことから 2.1 節で紹介した Mooij の相関に定量的な正当性が与えられるものと考えている．

スケーリングの下限となる微視的臨界寸法 L_0 は通常 $\sim l$ と考えられている．しかし系が何らかの不均一性を含み，ある"均一長"l_{ho} の範囲内だけで均一と見なせるという場合も少なくない．金属微粒子膜の l_{ho} は粒

2.4. 局在系のスケーリング理論

子の径 d 程度である．パーコレーション領域の近傍にある試料では，l_{ho} がパーコレーション相関長と同等の距離に及び，l_{ho} はたとえば 10^3 Å 程度になる．M-I 転移近傍における実験的な見かけ上の弾性散乱長は極めて短いことが知られており（$10^{-2} - 10^{-1}$ Å になり得る），これに対応する導電率は，単純に推定される σ_{min} よりも極めて小さいものになる．金属微粒子膜（レビューとしては Abeles et al. 1975）の M-I 転移が起こる直前の導電率は $1/d$ に依存する（d は微粒子の径）．この事実は不均一系で微視的臨界寸法 L_0 の役割を果たすのが l_{ho}（金属微粒子膜では d）であると考えることで理解できる．スケーリング理論の局在効果が重要性を持ってくる導電率は（Imry 1980a, b），

$$\sigma_0 \sim \frac{e^2}{\hbar l_{ho}} \tag{2.41}$$

と表される．この式によって微粒子膜の抵抗率のオーダーや，金属微粒子径と抵抗率との関係をよく説明できる（Adkins 1977）．微粒子膜の伝導特性は単純な Yoffe-Regel の σ_{min} の考察だけでは理解できないものになっているのである．

外部磁場 B が存在する場合，磁場に関係する特徴的な長さの指標 l_H が B に依存するが（式 (2.46) 参照），特に $l_H \ll L_\phi$ のときに磁場依存性が強くなる．これによって比較的大きな負の磁気抵抗が見られることが，弱局在の効果（2.5 節）から推測される．汚れた系でしばしば見られる "異常に大きい" 負の磁気抵抗は，おそらく弱局在の関与によって説明できるものである．スケーリング理論によると磁場は局在性を弱める効果を持つ（Efetov 1983, Lerner and Imry 1995）．しかしスピン－軌道相互作用のような効果によって，磁気抵抗の符号が変わる可能性もあるので問題は複雑であり，この問題に関して多くの研究が進められている．また B による ξ の変化や電子間相互作用の効果なども調べられている（Altshuler and Aronov 1979, 1985, Altshuler et al. 1980a, b）．

転移点に近い 3 次元の金属相に対してスケーリング理論が与える $\sigma(L)$ の概略を図 2.4 に示す．下側の曲線は転移点における $\sigma(L)$ を表している．これは $\sigma_c L_0/L$ のように振舞う（$\sigma_c = g_c e^2/\hbar L_0$）．上側の曲線は転移点から少し金属相側にある試料の $\sigma(L)$ である．微小領域 $\xi > L > L_0$ で $\sigma(L)$

は $1/L$ に依存し,巨視的な領域 $L \gg \xi$ では $\sigma_m + e^2 C/\hbar L$ となる.巨視的導電率 σ_m は $Ae^2/\hbar\xi$ と表される.A は $\beta(g)$ が1に近づくときの g の値で $A \sim 10$ である.$L = \xi$ における σ の補正は $e^2/\hbar\xi$ 程度であり,$L \leq \xi$ の領域でも σ_m は重要である.このことは式 (2.39) に対応する微小領域での実験結果の解釈に関係してくる(Ovadyahu and Imry 1983).

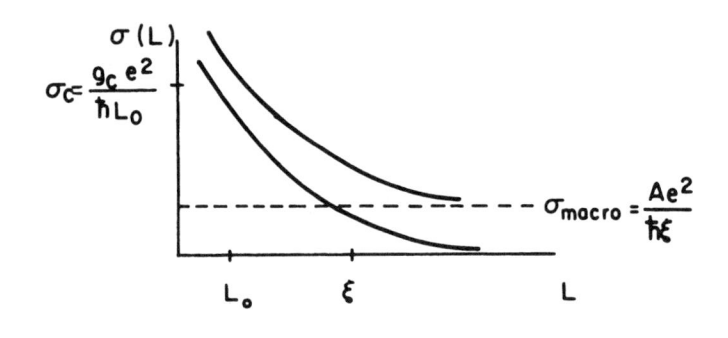

図 2.4 3次元系における $\sigma(L)$.

前に言及したように,スケーリング理論に基づく描像は,特殊な非弾性散乱機構が関与しない限りにおいて(第3章),多くの擬1次元,擬2次元および3次元系の実験結果と定性的,半定量的に整合する.電子相関の効果などを考慮すると,更に定量的な理解へと進むことができる.実験が示している一般的な事実を以下に示す.

1. 汚れた系における位相緩和時間 τ_ϕ は純粋な系の緩和時間に比べて一般に数桁小さい(Schmid 1974).

2. 汚れた系の τ_ϕ の温度依存性は,純粋な系よりも弱い.

我々はこれらの効果の定量的な理解を第3章で試みることにする.

最後に誘電特性と光学特性に簡単に言及して,スケーリングに関する議論を終えることにする.導電体が Coulomb 相互作用を遮蔽する効果は,導電性が関与する重要な性質である.静的な遮蔽に加え,σ と誘電率 ϵ の周波数依存性によって,系の光学特性(マイクロ波領域や赤外領域も含

めて）が決まる．M-I 転移点近傍と転移点に近い絶縁相では系に異常な振舞いが現れる．これらの異常に関する完全な解析が Imry et al. 1982 や Abrahams and Lee 1986 によって行われている．ここでは静電的な遮蔽に関して，汚れた系の振舞いも純粋な系と同様に Thomas-Fermi 遮蔽の描像が適用できることを言及するに留めておく．

2.5 弱局在領域

本節では弱局在領域について簡単に議論しておく（レビューとしては Fukuyama 1981b, Altshuler et al. 1982b, Bergmann 1984, Lee and Ramakrishnan 1985 など）．弱局在領域では古典的導電率に対する量子力学的補正は小さいが，それを定量的に理解することができる．コンダクタンスの式 (2.32) の，2次元の場合の定数 C_2 は $1/\pi^2$ である．スケーリング関数 (2.29) の積分から得られる弱局在のコンダクタンス補正は，式 (2.32) と同様に，

$$\Delta G = -\frac{e^2}{\pi^2 \hbar} \ln L, \quad \Delta G(T) = +\frac{e^2 p}{2\pi^2 \hbar} \ln T \tag{2.42}$$

と与えられる．正方形領域の面抵抗 $R_\square$ を用いると，

$$\Delta R_\square / R_\square = -\frac{e^2 p}{2\pi^2 \hbar} R_\square \ln T \tag{2.43}$$

である．温度 T を上げると $R_\square$ は減少し，相対的な $R_\square$ の補正量は無次元面抵抗 $R_\square/(\hbar/e^2)$ に依存する．1次元系でも同様な手続きによって"量子補正"を導くことができる（式 (2.32) 参照）．

$$\frac{\Delta \sigma}{\sigma} \sim \frac{\Delta R}{R} \propto -L \tag{2.44}$$

3次元系では次のようになる．

$$\frac{\Delta \sigma}{\sigma} \sim \mathrm{const} + O\left(\frac{1}{L}\right) \tag{2.45}$$

前に述べたように，有限温度において系の特性を決める距離指標は L_ϕ となる．試料の実効的な次元 d は，試料の各方向の寸法と L_ϕ との大小関係によって決まる（Kaveh et al. 1981, Davies et al. 1983 も参照）．

導電率に対するもうひとつの補正因子として電子間相互作用がある（Altshuler and Aronov 1979）．この補正も温度依存性を持つが，通常の抵抗測定において上記の弱局在の温度依存性と区別することは容易ではない．両者を分離して観測するには磁気抵抗の測定が有効である．

弱局在領域における磁気抵抗を理解する最も簡単な方法は次のようなものである．2次元系に垂直に磁場 B が印加されている例を考えよう．1本の磁束量子（flux quantum）†は次のように決まる l_H の範囲の領域を貫くことになる．

$$2\pi B l_H^2 = \Phi_0, \quad \Phi_0 = hc/e = 単一電子に対応する磁束量子 \quad (2.46)$$

ハミルトニアンの因子 $\hat{p}+eA/c$ のゲージ変換（付録 C）により，磁場中の電子は距離 $l_H = \sqrt{\hbar c/eB}$ の移動に伴って位相を1程度変える．したがってこの"磁気長"（magnetic length）l_H が，少なくとも $T=0$ での磁場中の電子の運動を特徴づける指標となる（後から l_H の物理的な意味を理解するための半古典的描像を示す）．大まかに次の2つの場合を想定することができる．(a) $l_H \ll L_\phi$（比較的強い磁場）のときは l_H が系の物理的な距離指標となる．たとえば2次元の弱局在領域では，

$$\Delta\sigma(B) \sim \frac{e^2}{2\pi^2\hbar}\ln B \quad (2.47)$$

となる．(b) $l_H \gg L_\phi$（弱磁場）ならば L_ϕ が相関距離となるが，B^2 に比例した小さい補正が加わる．このとき $O(B^2)$ 程度の磁気コンダクタンスを調べることによって τ_ϕ に関する情報が得られる．"弱局在磁気抵抗"の効果は比較的大きなもので，符号は一般に負であるが，強いスピン－軌道相互作用を持つ系では正になる場合もある．

弱局在領域において，理論的な予言と測定された磁気抵抗が詳細にわたってよい一致を見せている多くの実例がある（Bergmann 1984）．またスピンに関係する複雑な振舞いについても理解が進んでいる．特別に強いスピン－軌道散乱は弱局在補正に対して普遍的な"負の"係数を付加する．これ

---

† （訳注）磁束量子という語を，超伝導体を貫く磁束単位 $hc/2e$ に対してのみ用い，hc/e を磁束量子と呼ぶことを避ける場合もある（本書では前者は超伝導磁束量子 Φ_s と記される．第7章）．

は後に示す半古典的描像を応用することによって理解できる．この問題に関しては多くの優れたレビューがある（Altshuler et al. 1982b, Bergman 1984, Lee and Ramakrishnan 1985, Aronov and Sharvin 1987）．

不規則性による局在と相互作用の効果を明確に区別できる実験は，Hall係数 R_H の測定である．純粋に局在効果だけを考慮した場合，2次元系のHall係数に $\ln T$ のような温度依存性は現れない（大雑把な言い方をすると，これは相互作用のない電子系の状態密度が，局在によって影響を受けないことによる）．他方，相互作用は $\Delta R_H(T)/R_H$ の項を生じるが，これは $\Delta R(T)/R$ の2倍となる．Hall 係数の全般的な振舞いについては，現在も実験と理論の両面から活発な研究が続けられている．

弱局在の効果は，まずダイヤグラムを用いた摂動計算（$1/k_F l$ に関する系統的な展開）によって理論的に計算されたが，半古典的な概念に基づいた教育的な解釈が後から与えられた（Larkin and Khmelnitskii 1982, Bergmann 1984, Chakravarty and Schmid 1986）．電子がひとつの時空点から他の時空点へ伝播する確率振幅は各 Feynman 径路からの寄与の総和として与えられるが，これは古典的な各軌道（番号 j で識別する）からの寄与の和として次のように近似できる．

$$A_{1\to 2} = \sum_{j=1}^{\mathcal{N}} A_j e^{iS_j/\hbar} \tag{2.48}$$

S_j は点1から点2へ到達する j 番目の仮想軌道に対して算出される作用であり，A_j は適当な係数である．電子が点1から点2へ伝播する確率は $\mathcal{N}$ 個の古典的な項 $\sum_{j=1}^{\mathcal{N}} |A_j|^2$ （$\mathcal{N}$ は"径路の数"）と干渉項 $\sum_{i\neq j} A_i A_j e^{i(S_i-S_j)/\hbar}$ の和で表される．干渉項の数は $O(\mathcal{N}^2)$ だが，通常は互いに打ち消し合う効果が強いため，"不純な統計集団の平均化"によって消失するものとされる．この平均化というのは，すべての可能な微視的特徴を持つ系（異なる欠陥分布を持つ系）の平均をとることを意味する．このような平均化によって得た結果は，巨視的な系に対してはそのまま適用できる．種々の相関関数や Green 関数に並進対称性を導入するにはこのような平均化が必要である（しかし干渉項は重要な"メソスコピックなゆらぎ"の起源となる．このことはまた後で論じることにする）．しかし時間反転対称性が保

証される場合 ($B=0$), 寄与が消失しない一群の軌道が存在する.それらはある 1 点から始まってその同じ点に戻ってくる, 互いに時間反転の関係にある周回径路の対である. そのような径路の対は "同じ位相" を持ち, (スピン－軌道相互作用がない場合) 始点に戻る確率を強め合うため, 電子が周回径路の外へ拡散する確率は抑制される. この現象に対応する導電率への負の補正は, 量子効果が切断 (cut off) される時間 τ_ϕ を用いて次のように与えられる.

$$\Delta\sigma = -\frac{2e^2}{\pi\hbar}D\int_{\tau_0}^{\tau_\phi}dt\,w(t) \quad (2.49)$$

$w(t) = (4\pi Dt)^{-d/2}$ は古典的な回帰振幅であり, τ_0 は短時間側の切断時間である. この式によって弱局在の補正式 (2.32)(2.45) が与えられる. 磁場は $l_H \ll L_\phi$ になると, 対になった径路の相互の位相干渉性を乱し, 弱局在の効果を著しく弱めたり消失させて, 古典的な導電率を顕在化させる. しかしながら更に強い磁場の下では, 強磁場の極限としてまた別の特性が現れる. 強磁場領域の物理的議論は第 6 章で取り上げる.

問題

1. g_c 近傍の $\beta(g)$ の線形近似の式を積分して, 式 (2.32)(2.45) を求めよ.
2. 式 (2.38) が異常拡散 $D(L) \sim 1/L$ の下で正しいことを証明せよ.

第3章 位相緩和と電子間相互作用

3.1 位相緩和の原理

　メソスコピック系における多くの興味深い現象は量子干渉によるものである．たとえば導電率の弱局在補正（2.5節），普遍コンダクタンスゆらぎ（第5章），永久電流（第4章）などがこれにあたる．これらの効果は干渉している電子と外界[†]（environment）との結合，たとえば熱浴との結合によって影響を受ける．量子現象が外界との結合によってどのように修正されるかという問題は，理論的にも（Feynman and Vernon 1963, Caldeira and Leggett 1983）実験的にも古くから検討されてきた．外界との結合の効果は"位相緩和時間" τ_ϕ によって表される．電子は位相緩和[‡]時間の間だけ干渉性を保持できる．

　Stern et al. 1990a, b は2つの径路の干渉に対する外界からの擾乱の影響を研究した．ここで紹介する議論は彼らの仕事に基づくものである．量子系と外界の結合によって量子干渉効果が抑制されることを記述する際に，2通りの方法が考えられる．第1の方法は外界による効果を電子の径路に対する観測手段として捉えるものである．外界がその径路に関する情報を獲得すれば干渉は消失する．第2の方法は第1の方法によって自然に生じる次の疑問に答えるものである．外界によって電子の径路が確定される時，電子自身はどのようにしてそれを"知る"のだろうか？ この疑問に対しては，外界が波動関数の位相に及ぼす影響として解答を与えることができる（物理的に評価できるのは，径路間の"位相差"が不確定にな

　[†]（訳注）電子が属する試料の内外の区別には無関係に，着目する電子以外の多電子系，フォノン系，フォトン系などをすべて"外界"と見なす．
　[‡]（訳注）原著では"phase-breaking"と"dephasing"がまちまちに使われているが，訳語は"位相緩和"に統一した．

る効果である).干渉性の消失ははじめの干渉パターンが,相対的な位相ずれを変えた多くのパターンの和に置き換わる効果として記述される.これらの2通りの記述は互いに等価なものであり,金属中の電磁気的なゆらぎや,熱平衡状態もしくはコヒーレント状態にあるフォトンによる位相緩和現象などに適用することができる.ここではこれらの2つの記述法を概説した後で,3.2－3.4節において電子間相互作用による金属電子の位相緩和を例に取って検証を行うことにする.電子の径路が相互作用する電子の集団に埋もれてしまっている場合,前者の観点の方が後者よりも便利であることが見いだされるであろう.初期の位相緩和のモデル(Büttiker 1985b)では干渉性を持つ電子が電極(reservoir[†])へ入り,電極から代わりの電子が出てくる過程が考察された.電極が連続スペクトルを持つものとすると,電子が電極に入ることで電極の状態が変更を受け,電極内部で電子の位相緩和が起こる.

具体例として金属リングにおける Aharonov-Bohm (AB) 効果の実験を考察してみよう.AB効果は干渉性に直接影響を及ぼす効果なので,メソスコピックな試料における干渉現象の観測のために利用することができる.リングの左の部分および右の部分を通過する2つの波束 $l(\mathbf{x})$ と $r(\mathbf{x})$ を考えてみよう(図3.1).2つの部分波は,リングの各半円に沿って古典的によく定義された径路 $\mathbf{x}_l(t)$, $\mathbf{x}_r(t)$ を辿る.2つの部分波がリングの各半円部分を伝播した後で両者の干渉が発生する.電子(座標変数は $\mathbf{x}$)と"外界"(波動関数を χ,座標変数一式を η と書く)の波動関数の初期状態は次のように表される.

$$\psi(t=0) = [l(\mathbf{x}) + r(\mathbf{x})] \otimes \chi_0(\eta) \tag{3.1}$$

干渉を検出する時刻 τ_0 には,波動関数は一般に,

$$\psi(\tau_0) = l(\mathbf{x}, \tau_0) \otimes \chi_l(\eta, \tau_0) + r(\mathbf{x}, \tau_0) \otimes \chi_r(\eta, \tau_0) \tag{3.2}$$

となっている.干渉項は,

$$2\mathrm{Re}\left[l^*(\mathbf{x}, \tau_0) r(\mathbf{x}, \tau_0) \int d\eta \chi_l^*(\eta, \tau_0) \chi_r(\eta, \tau_0)\right] \tag{3.3}$$

[†] (訳注)"電子溜め"という訳語が用いられる場合もある.

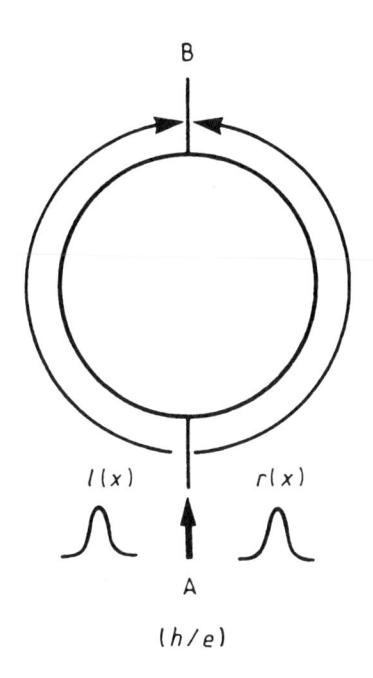

図 3.1 AB リングによる干渉実験の概念図．波動関数の成分が左右の半周径路を辿り，点 B で互いに干渉する．この種の干渉は周期 h/e の磁気コンダクタンスの振動を生じる．

である．外界の影響が全く無いならば，干渉項は単に $2\mathrm{Re}[l^*(\mathbf{x},\tau_0)r(\mathbf{x},\tau_0)]$ となる．つまり干渉項に対する外界の影響を決める因子は，時刻 τ_0 における $\int d\eta \chi_l^*(\eta)\chi_r(\eta)$ である．これは外界自身がこの干渉実験において観測されないため外界の状態が確定せず，仮想外界状態間のスカラー積（座標変数 η を積分変数とした時刻 τ_0 における 2 つの仮想外界状態の積分）によって外界の影響が決まることを意味している．位相の消失を理解する第 1 の方法はこの表式に示されている．時刻 τ_0 における 2 つの外界の状態は 2 つの部分波に結合している．$t=0$ で 2 つの成分は同一である．時間が経過する間にそれぞれの部分波が別々に外界と相互作用を持つために，2 つの部分波の時間発展は異なったものになる．外界の 2 つの状態が直交状態になった時には，外界の終状態によって電子が辿った径路を決定する

ことができる．量子干渉効果は電子の径路が不確定であることに起因するので，このように径路が確定すると干渉が見られなくなる．位相緩和時間 τ_ϕ は干渉する2つの波動関数成分が外界の状態を直交化する時間，すなわち外界が電子の径路に関する情報を取得するために要する時間である[1].

量子干渉の消失に関する第2の説明は，波動関数が外界に影響を与えるという見方ではなく，外界が波動関数の成分に影響を及ぼすという観点に基づくものである．波動関数の成分の片方に静的なポテンシャル $V(\mathbf{x})$ を与えた場合，位相は，

$$\phi = -\int V(\mathbf{x}(t))dt/\hbar \tag{3.4}$$

だけ変化し，干渉項に $e^{i\phi}$ が掛かることになる．ここで言う"静的なポテンシャル"とは，電子の座標と運動量だけの関数で表され，他の自由度の変数を含まないポテンシャルである．電子の径路を与えると，静的なポテンシャルの値を決定できる．V が静的でなく外界の自由度に依存する場合，V は演算子になる．したがってその値は必ずしも確定しない．この不確定性は，外界の状態の量子力学的不確定性に起因するものである．これに伴い ϕ も不確定になる．ϕ は統計力学的な変数となり，その振舞いは分布関数 $P(\phi)$ によって記述される（この記述法の詳細については Stern et al. 1990a, b 参照）．量子干渉に対する外界の影響として，干渉項に対して次のような $e^{i\phi}$ の平均が掛かることになる．

$$\langle e^{i\phi}\rangle = \int P(\phi)e^{i\phi}d\phi \tag{3.5}$$

この平均化は"干渉スクリーン上"で行われる．$e^{i\phi}$ は ϕ の周期関数なので，関数 $P(\phi)$ が $e^{i\phi}$ の周期 2π に比べ広範囲にわたってゆっくりと変化する場合，$\langle e^{i\phi}\rangle$ はゼロに近づく．このような場合には干渉スクリーン上に多くの干渉パターンが重なり，それぞれが相互に打ち消し合う．したがって位相緩和時間は位相の不確定性（phase uncertainty）が干渉周期と同等になる時間と見ることもできる．Feynman-Vernon による述語では，$\langle e^{i\phi}\rangle$ は2つの部分波の径路による影響汎関数（influence functional）であり，これが量子干渉の緩和を説明する第2の方法を与えている．

---

[1] 誰かが外界の状態の変化を観測しているか否かという問題は生じていないことを指摘しておこう．このように考えると観測問題に付随する曖昧な議論を回避できる．

3.1. 位相緩和の原理

2つの説明の等価性を次の等式で示すことができる．

$$\langle e^{i\phi}\rangle = \int d\eta \chi_l^*(\eta)\chi_r(\eta) \tag{3.6}$$

すなわち外界が電子の径路を（χ_l と χ_r が直交化することにより）感知する際に，電子の波動関数には 2π のオーダーの不確定性を伴う位相シフトが発生するのである．式 (3.6) の等式は以下のように証明される．

まず右側の径路の $\mathbf{x}_r(t)$ による位相緩和だけを考えよう．後から2つの径路への一般化を行う．外界のハミルトニアンを $H_{env}(\eta, p_\eta)$，相互作用項を $V(\mathbf{x}_r(t), \eta)$ と書く（左側の部分波は外界と相互作用をしないものとする）．初期状態の波動関数を (3.1) とすると時刻 τ_0 における波動関数は，

$$\psi(\tau_0) = l(\tau_0) \otimes e^{-iH_{env}\tau_0/\hbar}\chi_0(\eta)$$
$$+ r(\tau_0) \otimes \hat{T}\exp\left[-\frac{i}{\hbar}\int_0^{\tau_0} dt(H_{env}+V)\right]\chi_0(\eta) \tag{3.7}$$

と表される．$\hat{T}$ は時間順序化演算子である．ここでポテンシャル V を摂動項として扱う相互作用表示を採用し，$\psi(\tau_0)$ を $V_I(t) \equiv e^{iH_{env}t/\hbar}V(\mathbf{x}_r(t),\eta)e^{-iH_{env}t/\hbar}$ を用いて書くと都合がよい．

$$\psi(\tau_0) \equiv l(\tau_0) \otimes e^{-iH_{env}\tau_0/\hbar}\chi_0(\eta)$$
$$+ r(\tau_0) \otimes e^{-iH_{env}\tau_0/\hbar}\hat{T}\exp\left[-i\int_0^{\tau_0}\frac{dt}{\hbar}V_I(\mathbf{x}_r(t),t)\right]\chi_0(\eta) \tag{3.8}$$

したがって相互作用項に掛かる因子は次のようになる．

$$\langle\chi_0(\eta)|\,e^{iH_{env}\tau_0/\hbar}\hat{T}\exp\left[-i\int_0^{\tau_0}\frac{dt}{\hbar}(H_{env}+V)\right]|\chi_0(\eta)\rangle$$
$$= \langle\chi_0(\eta)|\,\hat{T}\exp\left[-\frac{i}{\hbar}\int_0^{\tau_0}dt V_I(\mathbf{x}_r(t),t)\right]|\chi_0(\eta)\rangle \tag{3.9}$$

この因子が時刻 τ_0 における2つの外界の状態のスカラー積であることは明らかである．式 (3.9) がユニタリー演算子の期待値となっていることから，位相因子の期待値という解釈が成立する．任意のユニタリー演算子は Hermite 演算子 ϕ を用いて，指数関数 $e^{i\phi}$ の形に書き直すことができる．

$$\langle\chi_0|\,\hat{T}\exp\left[-\frac{i}{\hbar}\int_0^{\tau_0}dt V_I(\mathbf{x}_r(t),t)\right]|\chi_0\rangle = \langle\chi_0|e^{i\phi}|\chi_0\rangle \tag{3.10}$$

このように外界との相互作用の効果は，干渉項の因子 $\langle e^{i\phi} \rangle$ として表される．この因子の平均化の操作は，外界の状態 χ_0 によって決まる位相の確率分布に従って行われる．

　ユニタリー変換の数学的性質に基づいて位相の演算子 ϕ を導入したが，ϕ の物理的な意味を明確にしておく必要がある．まず電子の径路上の異なる点で外界から働くポテンシャルが互いに可換である場合を考察しよう．

$$[V_I(\mathbf{x}_r(t), t), V_I(\mathbf{x}_r(t'), t')] = 0 \tag{3.11}$$

このとき，

$$\langle \chi_0 | \hat{T} \exp\left[-\frac{i}{\hbar} \int_0^{\tau_0} dt V_I(\mathbf{x}_r(t), t)\right] | \chi_0 \rangle$$
$$= \langle \chi_0 | \exp\left[-\frac{i}{\hbar} \int_0^{\tau_0} dt V_I(\mathbf{x}_r(t), t)\right] | \chi_0 \rangle \tag{3.12}$$

であり，$\phi = -\frac{1}{\hbar} \int_0^{\tau_0} dt V_I(\mathbf{x}_r(t), t)$ となる．位相の時間変化率 $\dot{\phi}$ は，その瞬間に電子に作用している局所ポテンシャルで決まり，それ以前の外界との相互作用には依存しない．2通りの極限を考えてみよう．まず $\langle \delta\phi^2 \rangle \ll 1$ ならば式 (3.12) に対して，

$$\langle e^{i\phi} \rangle \approx e^{i\langle \phi \rangle} \left(1 - \frac{1}{2}\langle \delta\phi^2 \rangle\right) \tag{3.13}$$

という近似を適用することができ，外界によるポテンシャルを（時間依存性を持つ）1粒子ポテンシャル，

$$\langle V_I(\mathbf{x}_r(t), t) \rangle = \langle \chi_0 | V_I(\mathbf{x}_r(t), t) | \chi_0 \rangle \tag{3.14}$$

で近似できる．また $\langle \delta\phi^2 \rangle \gg 1$ なら相互作用項はゼロに近づく．2つの領域のクロスオーバーは，

$$\langle \delta\phi^2 \rangle = \int_0^{\tau_0} \frac{dt}{\hbar} \int_0^{\tau_0} \frac{dt'}{\hbar} \Big[\langle V_I(\mathbf{x}_r(t), t) V_I(\mathbf{x}_r(t'), t') \rangle$$
$$- \langle V_I(\mathbf{x}_r(t), t) \rangle \langle V_I(\mathbf{x}_r(t'), t') \rangle\Big] \sim 1 \tag{3.15}$$

において生じる．$\chi_0(\eta, t) \equiv e^{-iH_{env}t/\hbar} \chi_0(\eta)$ は H_{env} の下で時間変化する外界の状態である．

式 (3.11) の条件はどのような時に成立するのか，あるいはしないのか？径路上の異なる時空点のポテンシャルが可換となる典型的な例は，電子にとっての外界が自由な電磁場の場合である．電磁場との相互作用は，

$$V_I(\mathbf{x}_r(t), t) = -\frac{e}{c}\dot{\mathbf{x}}_r(t) \cdot \mathbf{A}(\mathbf{x}_r(t), t) \tag{3.16}$$

である．自由電磁場 $\mathbf{A}(\mathbf{x}, t)$ は，

$$\mathbf{A}(\mathbf{x}, t) = \sum_{\mathbf{k},\lambda} \boldsymbol{\epsilon}_{\mathbf{k},\lambda} \left[\frac{2\pi c^2}{\omega_\mathbf{k}}\right]^{1/2} \left(a_\mathbf{k} e^{i\mathbf{k}\cdot\mathbf{x} - i\omega_\mathbf{k} t} + a_\mathbf{k}^\dagger e^{-i\mathbf{k}\cdot\mathbf{x} + i\omega_\mathbf{k} t}\right) \tag{3.17}$$

と表すことができ，$|\mathbf{x} - \mathbf{x}'| = c|t - t'|$ でない限り $[V_I(\mathbf{x}, t) V_I(\mathbf{x}', t')] = 0$ となる．$\dot{x}_r(t) < c$ なので常に式 (3.11) が成立する．一般にこの条件は，時空点 $(\mathbf{x}_r(t), t)$ で外界に生成された励起が，時空点 $(\mathbf{x}_r(t'), t')$ で消滅する確率振幅がゼロの場合，すなわち時空点 $(\mathbf{x}_r(t), t)$ で電子が外界に引き起こした変化が $(\mathbf{x}_r(t'), t')$ における電子のポテンシャルに影響を与えない場合に成立する．この自由電磁場中の電子の例では，点 $(\mathbf{x}_r(t), t)$ において電子から放出されたフォトンが，電子の径路上の別の時空点 $(\mathbf{x}_r(t'), t')$ へ同時に到達することはあり得ない．

次にフォトン場との相互作用ではなく，フォノン場との相互作用に注意を向けてみよう．式 (3.16) および式 (3.17) の光速 c は音速に置き換わる．そうすると時空点 $(\mathbf{x}_r(t), t)$ において電子から放出されたフォノンは，再びその電子と別の時空点 $(\mathbf{x}_r(t'), t')$ で遭遇する可能性がある．電子が径路上のある点で起こした格子の励起が，その後で電子が辿る径路上のポテンシャルに影響を与えるのである．つまり電子がある時空点で感じるポテンシャルは局所的には決まらず，そこに至るまでに電子が外界へ及ぼした励起からも影響を受ける．したがってポテンシャルは $V_I(\mathbf{x}_r(t), t)$ とは異なるものとなり，位相への寄与も $V_I(\mathbf{x}_r(t), t)$ ではなくなる．しかし外界が大きな多体系である場合，外界が記憶を保持する時間は非常に短いため，電子が感知するポテンシャルは実際上，電子の径路に依存しないものとして扱える．したがってフォノン場に関しても式 (3.11) が成立すると考えてよい．

動的な外界との相互作用による電子の干渉性の消失は，先に議論した 2通りの方法で理解することができる．右側の部分波と結合した外界の状態

が左側のそれと結合した状態と直交した時，あるいは位相分布関数の拡がりが1のオーダーを超えたとき，干渉性は失われる．動的な外界との相互作用の結果，位相は統計的な変数となる．位相の取り得る値は 2π までに限られるため，位相が完全に不確定な状態も現れる．外界から電子に与えられるポテンシャルが電子の径路に依らないものとすると，位相の不確定性は次式で与えられる．

$$\langle \delta\phi^2 \rangle = \int_0^{\tau_0} \frac{dt}{\hbar} \int_0^{\tau_0} \frac{dt'}{\hbar} \Big[\langle V_I(\mathbf{x}_r(t), t) V_I(\mathbf{x}_r(t'), t') \rangle \\ - \langle V_I(\mathbf{x}_r(t), t) \rangle \times \langle V_I(\mathbf{x}_r(t'), t') \rangle \Big] \quad (3.18)$$

$\langle \delta\phi^2 \rangle \gg 1$ ときの干渉項の正確な振舞い，すなわち $\langle e^{i\phi} \rangle$ の値は位相分布 $P(\phi)$ に依存する．しかし位相を統計的な変数と見なし，適当な条件下で中心極限定理を適用すると，$P(\phi)$ は単なる正規分布になる．中心極限定理は，たとえば互いに相関を持たない一連の事象（互いに相互作用を持たない，異なる散乱要因による一連の散乱など）によって位相の変化が引き起こされる場合，より一般にはポテンシャル－ポテンシャル相関関数が実験時間に比べてはるかに短い時定数で減衰する場合に成立する．熱浴と結合している通常の系では中心極限定理が成立している．正規分布の下で位相因子の期待値は，

$$\langle e^{i\phi} \rangle = e^{i\langle\phi\rangle - (1/2)\langle\delta\phi^2\rangle} \quad (3.19)$$

と表される．この式は外界が調和振動子の集団から成り，電子と線形結合しているモデルを想定すると全く正確に成立する．式 (3.19) の $\langle e^{i\phi} \rangle$ の式は，これに似たモデルに対する Feynman and Vernon の解析と同じ結果を与えている．Feynman and Vernon の結果は外界の全径路積分から得られるもので，彼らのモデルは量子現象に対する外界の影響を調べる際に有効であることが明らかになっている（たとえば Caldeira and Leggett 1983）．したがって式 (3.19) は中心極限定理が適用できるような外界による影響汎関数を計算する簡便な方法となる．

式 (3.15) で見たように，干渉波が外界と相互作用を持たない場合，位相の不確定性は定数となる．したがって外界の影響下である軌道が残る場合，

3.1. 位相緩和の原理

その軌道は相互作用が完了した後まで消滅しない．外界の相互作用によって，あるいは外部から古典的な力を作用させることによって，電子と外界との相互作用の後にそのような位相の不確定性を減じることは不可能である．この命題は電子の波動関数が外界に変化を引き起こす描像からも証明することができる．この証明は単純にユニタリー性に基づくものである．同じハミルトニアンによって時間発展する2つの状態のスカラー積は，時間に依存しない．したがって電子と外界の相互作用が生じた後の系の状態（電子と外界を合わせたもの）を，

$$|r(t)\rangle \otimes |\chi^{(1)}_{env}\rangle + |l(t)\rangle \otimes |\chi^{(2)}_{env}\rangle \tag{3.20}$$

と表すならば，スカラー積 $\langle \chi^{(1)}_{env}(t)|\chi^{(2)}_{env}(t)\rangle$ は時間に依存しない．このスカラー積を唯一変化させることができるのは，外界と電子の他の相互作用だけである（本章末尾の議論を参照）．そのような相互作用は $\langle \chi^{(1)}_{env}(t)|\chi^{(2)}_{env}(t)\rangle \otimes \langle r(t)|l(t)\rangle$ を定数に保つが，$\langle \chi^{(1)}_{env}(t)|\chi^{(2)}_{env}(t)\rangle$ を変化させる．直交性が外界の波動関数から電子の波動関数へ移行して電子の軌道が実験で決まらなくなる場合にのみ，干渉性が回復する．

上記の議論では右側の径路の位相 $\phi = \phi_r$ だけが変化する場合を考えている．左側の径路でも同様に外界との相互作用によって ϕ_l が変化する．干渉パターンは"位相差" $\phi_r - \phi_l$ によって決まり，量子干渉の消失はこの"位相差"の不確定性に起因する．2つの部分波の位相の不確定性の和が位相差の不確定性の上限であり，通常は両者の和よりも位相差の不確定性は小さい．ここでは非可換の位相については議論しない．

同一の外界が双方の部分波と相互作用をする場合は多い．典型的な例は電子が真空中で電磁場と相互作用する系である．この場合2つの部分波が等速度で平行に移動すると，エネルギーを電磁場へ与えるにもかかわらず干渉性を損なわない．輻射によってそれぞれの部分波の位相の不確定性は増すが，位相差に変化は生じない．ただし後から外界に対する励起が l と r を分離して干渉性を失う他の実例にも言及する．もうひとつの良く知られた例は結晶中の"コヒーレントな中性子散乱"である（たとえば Kittel 1963）．これは中性子が結晶中の"すべての"散乱体と"同じ"フォノンを交換し，コヒーレントな振幅の増加を生じる過程である．

先の方の例はエネルギーの交換が干渉性を失うための十分条件ではないことを示している．それは必要条件ですらない．重要な点は2つの部分波が外界の状態を"直交させる"ことである．この事情は原理的には外界の状態が縮退しているかどうかには無関係である．単純な実例は Stern et al. 1990a, b に与えられている．たとえば長波長の励起（フォノンやフォトン）は干渉性の消失を伴わないが，それはエネルギーが低いためではなく，径路間の位相差に影響しないからである．

位相の緩和は外界が離散系であっても連続系であっても起こることを強調しておこう．ただし離散系の場合は電子が励起を"再吸収"して位相を"戻す"傾向が強くなる．一方，連続系の外界では，引き起こした励起が外界中を逃避してしまうので，位相緩和は事実上非可逆過程となる．連続系は実効的な"熱浴"であり，式 (3.12) が成立するものと考えられるので ϕ は明確に定義される．外界が連続体の場合でも，特別なケースでは励起を再吸収して干渉性を回復する過程が存在することを指摘しておく．たとえば Holstein 1961 の絶縁体における Hall 効果の量子干渉モデルなどにおいてこのような過程が想定される（Entin-Wohlman et al. 1995a, b も参照）．

3.2 電子間相互作用による位相緩和

前節に示した一般原理の興味深い応用例のひとつが，電子間相互作用によるメソスコピックな導電体の干渉効果の消失である．Stern et al. 1990a, b は，拡散領域における金属電子の電子間相互作用による干渉性の消失に対して位相の不確定性の議論を適用し，この方法が Altshuler et al. 1981b, 1982a による先駆的な仕事の結果を再現することを示した．ここでは Stern et al. の流儀に従い，電子間相互作用による位相緩和を，外界の状態の変更という観点から，外界の応答関数を用いて考察することにする．Altshuler, Aronov and Khmelnitskii の仕事では，外界の電磁場のゆらぎに伴って生じる電子の位相の不確定性が検討されていた．我々は揺動散逸定理によって，これらの2つの描像の等価性が保証されることを見いだすであろう．

一般的な描像は，ひとつの粒子が外界と相互作用を持つというものであ

る．ここでは径路 $\mathbf{x}_{r,l}(t)$ を辿るひとつの"電子"が，外界となる多電子系（座標 $\mathbf{y}_i$）と相互作用をするものとする．着目する電子と外界の電子の同一性の問題については，後から近似的に考慮する方法を示す．着目している電子の他の電子との Coulomb 相互作用は，相互作用描像で，

$$\hat{V}_I(\mathbf{x},t) = \int \frac{e\hat{\rho}_I(\mathbf{r}',t)d^3r'}{|\mathbf{x}-\mathbf{r}'|} \tag{3.21}$$

と表される．ここで $\hat{\rho}_I(\mathbf{r},t) = e\sum_i \delta(\mathbf{r}-\hat{\mathbf{y}}_I^i(t)) - \bar{\rho}$ である．簡単のため，まず多電子系と右側の部分波との相互作用だけを考えて添字を省く．また多電子系の初期状態を基底状態 $|0\rangle$ とおく（この条件は後から外す）．左側の部分波は多電子系と相互作用をしないものと仮定するので，右側の部分波と結合した多電子系の状態が $|0\rangle$ でなくなる確率 P に対応して干渉パターンが弱まる．相互作用の 2 次の項まで考慮すると，この確率は次式で表される．

$$P = \frac{1}{\hbar^2} \sum_{|n\rangle \neq |0\rangle} \int_0^{\tau_0} dt \int_0^{\tau_0} dt' \langle 0|V_I(\mathbf{x}(t),t)|n\rangle\langle n|V_I(\mathbf{x}(t'),t')|0\rangle \tag{3.22}$$

基底状態では $\langle 0|\hat{\rho}|0\rangle = 0$ なので，式 (3.22) の和はすべての状態に関する和に置き換えることができる．相互作用による径路 $\mathbf{x}_{r,l}(t)$ の変化を無視し，位相の変化だけを考慮することにする．式 (3.22) の確率は，外界の多電子系との相互作用によって電子に与えられた位相の分散と解釈することができる．P を外界に対する応答の形で表してみよう．関数 f および g の Fourier 変換を $f_\mathbf{q}$，$g_\mathbf{q}$ とすると，畳み込み積分の定理により $\int d^3r' f(\mathbf{r}-\mathbf{r}')g(\mathbf{r}') = (2\pi)^{-3}\int d^3q f_\mathbf{q}g_\mathbf{q}e^{-i\mathbf{q}\cdot\mathbf{r}}$ なので，P は次のようになる．

$$P = \frac{1}{\hbar^2(2\pi)^6} \int_0^{\tau_0} dt \int_0^{\tau_0} dt' \int d^3q \int d^3q' \frac{4\pi e}{q^2}\frac{4\pi e}{q'^2}\langle \rho_\mathbf{q}(t)\rho_{\mathbf{q}'}(t')\rangle$$
$$\times e^{i\mathbf{q}\cdot\mathbf{x}(t) - i\mathbf{q}'\cdot\mathbf{x}(t')} \tag{3.23}$$

ここで並進不変性を仮定する．

$$\langle \rho_\mathbf{q}\rho_{\mathbf{q}'}\rangle = \frac{(2\pi)^3}{\text{Vol}}\delta(\mathbf{q}+\mathbf{q}')\langle \rho_\mathbf{q}\rho_{-\mathbf{q}}\rangle \tag{3.24}$$

(有限な系では $\mathbf{q}$ が離散的なので，係数が $\delta_{\mathbf{qq}'}$ になる．連続極限に移行するとき，Kronecker のデルタが Dirac のデルタ関数に $(2\pi)^3/\mathrm{Vol}$ を掛けたものに置き換わる）ひとつの $\mathbf{q}$ に関する積分を実行し，中間状態として一揃いの完全系を挿入すると次式が得られる．

$$P = \frac{1}{\mathrm{Vol}(2\pi)^3\hbar^2}\sum_{|n\rangle}\int_0^{\tau_0}dt\int_0^{\tau_0}dt'\int d^3q\frac{(4\pi e)^2}{q^4}$$
$$\times\langle 0|\rho_I^{\mathbf{q}}(t)|n\rangle\langle n|\rho_I^{-\mathbf{q}}(t')|0\rangle e^{i\mathbf{q}\cdot(\mathbf{x}(t)-\mathbf{x}(t'))} \quad (3.25)$$

Schrödinger 描像の演算子へと移行し（付録 A 参照），ダミーの積分変数 ω を挿入すると次のようになる．

$$P = \frac{1}{\mathrm{Vol}(2\pi)^3\hbar^2}\sum_{|n\rangle}\int_0^{\tau_0}dt\int_0^{\tau_0}dt'\int d^3q\int d\omega\frac{(4\pi e)^2}{q^4}|\langle 0|\rho_S^{\mathbf{q}}|n\rangle|^2$$
$$\times\delta(\omega-\omega_{n0})e^{i\mathbf{q}\cdot(\mathbf{x}(t)-\mathbf{x}(t'))-i\omega(t-t')} \quad (3.26)$$

外界の固有状態 $|n\rangle$ を実際に計算することはできないので，式 (3.26) は一見無用にも思われる．しかし動的構造因子（dynamic structure factor）の線形応答表現（付録 A，式 (A.11) 参照）もしくは複素誘電関数の虚部と関係づけることによって，この式の有用性が生じる．両者は揺動散逸定理（fluctuation-dissipation theorem：式 (A.13) 参照）によって関係している．

$$\mathrm{Im}\left(\frac{1}{\epsilon(\mathbf{q},\omega)}\right) = \frac{4\pi^2 e^2}{\mathrm{Vol}\,q^2\hbar}\sum_{|n\rangle}|\langle 0|\rho_S^{\mathbf{q}}|n\rangle|^2\delta(\omega-\omega_{n0})$$
$$= \frac{4\pi^2 e^2}{\mathrm{Vol}\,q^2\hbar}S(\mathbf{q},\omega) \quad (3.27)$$

したがって式 (3.26) は次のように書ける．

$$P = \frac{1}{\hbar(2\pi)^3}\int_0^{\tau_0}dt\int_0^{\tau_0}dt'\int d^3q\int d\omega\frac{4e^2}{q^2}\mathrm{Im}\left(\frac{1}{\epsilon(\mathbf{q},\omega)}\right)$$
$$\times e^{i\mathbf{q}\cdot(\mathbf{x}(t)-\mathbf{x}(t'))-i\omega(t-t')} \quad (3.28)$$

この式は本節の最も重要な結果である．有限温度へ一般化すると式 (3.28) の被積分関数に $\coth(\omega/2k_BT)$ が掛かる．外界の状態が時間 τ_0 の間に変

化する確率は，応答関数の散逸部分（励起の授受能力）の積分として表現される．動的構造因子に対する揺動散逸定理から得られるこれと等価な表現は，単純な非弾性散乱確率の積分となる．非弾性散乱による系のエネルギー損失が S もしくは $\mathrm{Im}(1/\epsilon)$ の積分で与えられることはよく知られている（Nozières 1963）．ここで得た結果の新しい点は，外界の励起を生じる古典的径路 $\mathbf{x}(t)$ があらわになっていることである．式 (3.28) の指数関数の位相は，径路上で $(\mathbf{q},\omega)$ の散乱がおこる時刻 t と t' の間の位相差である．これは（弱い）散乱確率を用いて平均化される．

式 (3.28) は径路 r を辿る電子が外界に励起を引き起こす確率であり，そのような励起は電子自身の位相に $\delta\phi_r^2$ の不確定性を発生させる．径路 l の相互作用も $\delta\phi_l^2$ の不確定性を生じ，径路間の相互相関項 $\langle\delta\phi_r\delta\phi_l\rangle = \langle\delta\phi_l\delta\phi_r\rangle$ も現れる．全体の干渉性の消失は，径路間の位相差のゆらぎによって決まる．

$$\langle\bigl(\delta(\phi_r - \phi_l)^2\bigr)\rangle = \langle\delta\phi_r^2\rangle + \langle\delta\phi_l^2\rangle - 2\langle\delta\phi_l\delta\phi_r\rangle \tag{3.29}$$

$\langle\delta\phi_i\delta\phi_j\rangle$ $(i,j=l,r)$ において式 (3.28) の $e^{i\mathbf{q}\cdot(\mathbf{x}(t)-\mathbf{x}(t'))}$ は $e^{i\mathbf{q}\cdot(\mathbf{x}_i(t)-\mathbf{x}_j(t'))}$ に置き換わる．式 (3.29) の各項の間の相殺効果は 2 次元以下の系において決定的な重要性を持つことになる．上記の計算から導かれる主要な結果を以下に示す．

1. 良導体では $\mathrm{Im}\bigl(1/\epsilon(\mathbf{q},\omega)\bigr) = \omega/4\pi\sigma$ であり，多電子系の状態が径路 $\mathbf{x}(t)$ を辿る電子によって変更される確率は，

$$P = \frac{1}{\hbar(2\pi)^3}\int_0^{\tau_0}dt\int_0^{\tau_0}dt'\int d^3q\int d\omega \frac{e^2\omega}{\pi q^2\sigma}$$
$$\times e^{i\mathbf{q}\cdot(\mathbf{x}(t)-\mathbf{x}(t'))-i\omega(t-t')}\coth\frac{\omega}{2k_BT} \tag{3.30}$$

である．$\mathbf{x}(t) = \mathbf{x}_r(t)$ の場合，この確率は（$P \ll 1$ であれば）右側の部分波の位相の不確定性 $\langle\delta\phi_r^2\rangle$ のちょうど $1/2$ になる．この結果は Altshuler-Aronov-Khmelnitskii の結果と等価なものであり，ここから位相緩和時間 τ_ϕ を導くことができる (3.3 節)．この導出方法は静電的な電子間相互作用が位相緩和の起源となることを示しており，位相緩和と多電子系の線形応答との関係を明確に表している．

2. 導電性に乏しい材料では Im $\epsilon(\mathbf{q},\omega) \ll$ Re $\epsilon(\mathbf{q},\omega)$ となる．この場合，式 (3.26) の $\mathbf{q}$, ω に関する積分は，Re $\epsilon = 0$ となる $\mathbf{q}$, ω の値のところだけで重要な寄与を生じることになる．典型的な例はプラズマ振動数 $\omega = \omega_p$ である．

3. 上記の両方の場合において，位相緩和の頻度（rate）は誘電応答関数の虚部に強く依存する．逆に言うと誘電応答関数の虚部が，1電子によって多電子系が励起される頻度を決めているのである．誘電応答関数の実部で表される，1電子によって引き起こされる多電子系の分極は，位相の消失を生じない．電子が分極を起こした部分を去ると，その分極は消失するので，分極によって電子の径路を決めることはできない．散逸や励起と位相緩和の一般的な議論については Stern et al. 1990a, b を参照されたい．

4. Coulomb 相互作用による位相緩和に関する上記の議論は，任意の2粒子相互作用 $V(\mathbf{r}-\mathbf{r}')$ へと容易に一般化できる．式 (3.21) の $e^2/|\mathbf{r}-\mathbf{r}'|$ を $V(\mathbf{r}-\mathbf{r}')$ に置き換えて，式 (3.22)-(3.30) の導出を繰り返せばよい．特に短距離力の極限 $V(\mathbf{r}-\mathbf{r}') \propto \delta(\mathbf{r}-\mathbf{r}')$ は興味深い．このようなポテンシャルの場合，多電子系の状態が変化を受ける確率は，多電子系の密度－密度相関関数に比例する．

$$\propto \int_0^{\tau_0} dt \int_0^{\tau_0} dt' \langle \rho(\mathbf{x}(t),t)\rho(\mathbf{x}(t'),t') \rangle \quad (3.31)$$

干渉性は多電子系の密度－密度相関に関する情報を持つが，これも動的構造因子と応答関数の虚部に関係している．

5. 上で強調したように，外界と電子の相互作用によって外界の状態が変わり，そのことによって外界は電子が辿った径路の情報を取得する．ひとつの電子がゆっくりと金属を通過する時の金属の状態の変化を考えてみよう．一見，金属は断熱的に電子の動きに追随して変化し，電子が金属を去ると初期状態に戻るように思える．しかし金属電子系の励起スペクトルは連続的なので，断熱的な議論は成立しない．電子が金属電子系に引き起こす分極が，断熱的に電子の動き

に追随し，電子が去ると分極が消えることは事実である．しかし金属電子系のスペクトルの連続性により，この分極は金属電子系の"励起"を含み，通過する電子と金属電子系の相互作用が終了した後までこの励起は残る．

電子が絶縁体を通過する場合の状況はもちろんこれと異なる．絶縁体には励起スペクトルにエネルギーギャップがある．このため低エネルギーで通過する電子は絶縁体を分極させても，励起を起こすことはない．すなわち電子は径路の情報を絶縁体に与えずに絶縁体を通過する．

6. 我々は位相緩和を密度の動的相関によって表した．連続の方程式 $\rho_{\mathbf{q}\omega} = -(\mathbf{q}/\omega) \cdot \mathbf{j}_{\mathbf{q}\omega}$ を用いると，位相緩和を動的な電流相関で書くことができる．Altshuler, Aronov and Khmelnitskii が示したように，緩和に伴って縦方向（$\mathbf{q}$ と平行方向）の成分が現れる（電荷保存の条件から現れる項 $\nabla \cdot \mathbf{j}$ はベクトルポテンシャル $\mathbf{A}$ の縦方向成分の相関によって表される）．我々はここに示したことによって，位相緩和と電子間 Coulomb 相互作用との関係が明確になると考えている．

7. $\omega \ll k_B T$ で，小さい ω を持つ過程が支配的になる場合には，式 (3.30) の最後の因子が違ったものになる．

3.3 各次元の位相緩和特性

前節の最終的な式 (3.30) は，右側の部分波の位相の不確定性を決定する．しかし物理的に意味を持つのは 2 つの径路，たとえばリングの右側と左側の径路間の"位相差"の不確定性である．一見，位相差の不確定性は，各々の位相の不確定性 $\langle \delta\phi_l^2 \rangle$ および $\langle \delta\phi_r^2 \rangle$ と同じオーダーになるように思われる．これは $d > 2$ の場合には正しいが，$d \leq 2$ になると各々の単一径路のゆらぎは熱力学的極限で発散する．この発散は合成項 $\langle \delta\phi_l \delta\phi_r \rangle$ によって打ち消されるので，合成項の引き算は非常に重要である．ここで見られる発散は典型的な"赤外効果"（q の小さい領域の効果）であり，$d \leq 2$ の

場合には，式 (3.30) の被積分関数にある $1/q^2$ の発散が，q の積分から生じる位相空間因子 q^{d-1} によって抑制できないことが見て取れる．この位相の不確定性の発散と，発散に対する処置の方法は，よく知られている 1 次元格子や 2 次元格子のゆらぎ異常（たとえば Imry and Gunther 1971）などの取り扱いと類似のものである．このことは第 7 章で取り上げる低次元超伝導体の振舞いにも関係する．

式 (3.30) と，式 (3.29) のところで言及した他の 3 つの項の評価を行うために，ω の積分から考察してみよう．被積分関数は $k_B T$ より十分高いエネルギーでは寄与を持たず，低エネルギー遷移のところでピークを生じることが 3.4 節で示される．したがって積分によって $t - t' = 0$ 付近に $(k_B T)^{-1}$ の幅のピークが現れることになる．ここで τ_ϕ や実験時間が $(k_B T)^{-1}$ に比べて十分長いことを仮定する．そうすると ω の積分は $2\pi\delta(t - t')$ に比例する形で近似できる．これが $k_B T \tau_\phi / \hbar \gg 1$ の近似である．この近似の意味は準粒子の励起エネルギーの幅が，そのエネルギー自体に比べて非常に小さいということであるが，これは金属に Fermi 流体論を適用する際の基本的な仮定であり，実験結果はこの仮定と整合するものになる．位相の不確定性を表す 4 種類の項すべての和を取ると，

$$\langle \delta\phi^2 \rangle = \frac{4}{\pi^2} \int_0^{\tau_0} dt \int d\mathbf{q} \frac{e^2 k_B T}{\hbar^2 \sigma q^2} \sin^2\left\{\frac{1}{2}\Big[\mathbf{q} \cdot (\mathbf{x}_1(t) - \mathbf{x}_2(t))\Big]\right\} \quad (3.32)$$

となる[†]．位相の不確定性が 1 程度に達する時間 τ_0 が位相緩和時間 τ_ϕ に相当する．

この表式に関して 2 つの点を強調しておく必要があろう．第 1 に $\langle \delta\phi^2 \rangle$ は必ずしも時間に対して線形に依存しないということである．干渉項は因子 $e^{-(1/2)\langle \delta\phi^2 \rangle}$ に従って小さくなるが，これは干渉項の減衰が単純な時間の指数関数にならないことを示している．この結果は第 5 章で扱うメソスコピックリングの磁気コンダクタンスの解析において重要となる．

第 2 の点は位相の不確定性が次元に強く依存することである．$d = 1, 2$ の場合（d は系の次元），式 (3.32) は次のように近似される．$\mathbf{q} \cdot (\mathbf{x}_1 - \mathbf{x}_2) \ll 1$ において，分母の q^2 による発散は $\sin^2$ によって打ち消されてしまい，小

[†]（訳注）式 (3.32)-(3.36) において原著で省かれている $\hbar$ を補った．

さな寄与しか持たなくなる．$\mathbf{q}\cdot(\mathbf{x}_1-\mathbf{x}_2)\gg 1$ では振動成分が積分に寄与せず，$\sin^2$ の平均である $\frac{1}{2}$ が残る．積分は q が小さいところで発散するが，$q(x_1-x_2)$ が 1 と同等以下になるところを切断（cut-off）すれば発散は避けられる．したがって積分 $\int dq q^{d-3}$ の発散に対して $q \sim 1/|\mathbf{x}_1-\mathbf{x}_2|$ 以下で "赤外切断" を施せばよい．位相の不確定性は導電率 σ（ただし薄膜の場合は厚さ，細線の場合は断面積を掛けたもの）を用いて，

$$\langle \delta\phi^2 \rangle \sim \frac{e^2 k_B T}{\hbar^2 \sigma} \int_0^{\tau_0} dt\, |\mathbf{x}_1(t) - \mathbf{x}_2(t)|^{2-d} \tag{3.33}$$

と表される．言い替えると式 (3.32) における q の積分への寄与は，主として $q \sim |\mathbf{x}_1(t)-\mathbf{x}_2(t)|^{-1}$ で生じており，大きい q からの寄与は少ない．拡散運動によって決まる径路は $|\mathbf{x}_1(t)-\mathbf{x}_2(t)|\sim \sqrt{Dt}$ なので，

$$\langle \delta\phi^2 \rangle \sim \frac{e^2 k_B T}{\hbar^2 \sigma} D^{(2-d)/2} \tau_0^{(4-d)/2} \tag{3.34}$$

となり，位相緩和時間（$\langle \delta\phi^2 \rangle \sim 1$ となる時間）は次式で与えられる．

$$\tau_\phi \sim \left[\frac{\hbar^2 \sigma}{e^2 k_B T D^{(2-d)/2}} \right]^{2/(4-d)} \tag{3.35}$$

$d=2$ の場合には対数因子が付け加わる．詳細な解析（付録 E）によると τ_ϕ への対数補正因子は $\log(\sigma d\hbar/e^2)$ であり[‡]（d は薄膜の厚さ），$\log T$ の寄与は現れない（log の引き数は正方形領域の無次元コンダクタンス $g_\Box$ である）．

$d=3$ の場合，式 (3.32) の $\mathbf{q}$ の積分は上限側で発散する．上限は $Dq^2 < \omega < k_B T/\hbar$ の条件，すなわち $|\mathbf{q}| = (k_B T/\hbar D)^{1/2}$ で切断されて[*]（たとえば Imry et al. 1982），

$$\langle \delta\phi^2 \rangle \sim \frac{e^2 k_B T}{\hbar^2 \sigma} \left[\frac{k_B T}{\hbar D} \right]^{1/2} \cdot \tau_0$$

[‡]（訳注）σ の使い方が変則的なので注意されたい．本書の σ の定義は基本的には式 (3.33) のところに書いてあるように系の次元 d に依存したもの（SI 単位：Sm^{2-d}）であるが，ここで対数の中にある σ は単位としては σ_{3D} の意味合いで使われている．ここでは 2 次元系を扱っているので上記の定義に整合させるならば σd を σ と置き換えて，$\log(\sigma\hbar/e^2)$ と書かなければならない．

[*]（訳注）この切断条件は $|\mathbf{q}|=1/L_T$ と書くこともできる．p.63 参照．

となる. ここではほとんどの t の値の下で $(k_BT/\hbar D)^{1/2}|\mathbf{x}_1(t)-\mathbf{x}_2(t)| \gg 1$ となっていることを仮定している. $d=3$ における位相緩和時間は,

$$\tau_\phi \sim \frac{\hbar^{5/2}\sigma D^{1/2}}{e^2(k_BT)^{3/2}} \tag{3.36}$$

である. 電子間相互作用に起因するこれらの位相緩和は, 特に低温で電子-フォノン結合による位相緩和よりも強くなる場合が多い. 不規則性を持つ金属電子の位相緩和は, 主として Coulomb 相互作用, すなわち縦方向の電磁ポテンシャルゆらぎによって起こる. 元々のフォトンのモードである横方向ゆらぎは絶縁体中でも存在するが, 縦方向モードは電子間相互作用に起因するもので, 系が絶縁体になるとこのモードは消失する. 1次元と2次元の導電試料において最も影響が大きいのは, 干渉する2つの径路間の距離と同程度の波長を持つ $q \sim L_\phi^{-1}$ のゆらぎである. これより長い波長のゆらぎは各々の部分波の位相の不確定性を増すことがあっても, 2つの径路に別々に影響を及ぼすことがないため, 位相差の確定度を乱さない. より短波長側のゆらぎは位相差を不確定にする効果を持つが, その強度は小さい.

$d>2$ の系では位相の不確定性が時間に対して線形に増大するが, これに対してたとえば1次元では,

$$\langle \delta\phi^2 \rangle \sim \left[\frac{t}{\tau_\phi}\right]^{3/2} \tag{3.37}$$

となる. τ_ϕ は式 (3.35) で与えられる. 式 (3.35) の指数 2/3 が正しいことは Wind et al. 1986, Pooke et al. 1989, Echternach et al. 1993 などの実験で確認されている. Wind et al. による τ_ϕ^{-1} の温度依存性を図 3.2 に示す. この τ_ϕ は弱局在領域の磁気抵抗から求めたものである.

ここで厚さ d の膜を考えて系の実効的な次元がどのように決まるかを考察しよう. 直観的に電子は時間 τ_ϕ の間に L_ϕ の距離を移動すると考えることができる. $L_\phi \ll d$ の場合, 電子は膜の厚さが有限であることを感知する前に位相緩和を起こすので, 位相緩和過程は3次元系の過程として近似できる. 他方 $L_\phi \gg d$ の場合は, 電子の拡散範囲が膜の厚さ全体に拡がり, 位相緩和が起こる前に2次元的な伝播過程が成立することになる. 実

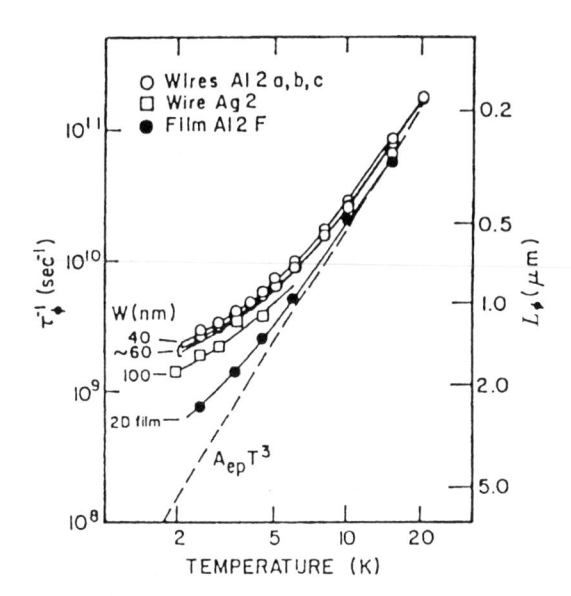

図 3.2 位相緩和時間の温度依存性（Wind et al. 1986）．細線のデータ（○, □）に重ねて描いた実線は，式 (3.35) で $d=1$ とおいたフィッティング曲線である．細線 Ag2（$W=100$ nm）の $2-4.5$ K のデータは，Al 細線のデータと比較ができるように，Al の $R_\square$ と D への規格化を施してある．2 次元の Al 薄膜に対する実線は $A'_{ee}T+A_{ep}T^3$，$A'_{ee}=3.9\times 10^8$ $K^{-1}s^{-1}$ とおいたフィッティング曲線である．破線は電子－フォノン緩和頻度 $A_{ep}T^3$ を表す．L_ϕ の目盛りは Al のデータだけに適用できる．

効的に低次元の振舞いを生じる条件は，

$$L_\phi \gg \text{(着目する方向の試料寸法)} \tag{3.38}$$

である．しかし式 (3.32) の q の積分に関する解析（たとえば Sivan et al. 1994b）によると，式 (3.38) で用いるべき距離指標は L_ϕ ではなく $L_T=(D\hbar/k_BT)^{1/2}$ である．温度エネルギー k_BT に依存するこの"熱拡散長"（thermal length）の重要性は以前から指摘されていた（たとえば Altshuler and Aronov 1979, 1985, Imry and Ovadyahu 1982a）．一般に $L_\phi \gtrsim L_T$ なので，正しい低次元化の条件はより制約の強いものとなる[†]．

[†]（訳注）多くの場合 $\tau_\phi > \hbar/k_BT$ なので $L_\phi = \sqrt{D\tau_\phi} > L_T$ となる．式 (5.51) のところの議論を参照されたい．

細線の横方向の寸法（太さ）が L_T よりも小さくなると，1次元系の振舞いが現れる．有限の長さ L を持つ細線では $L_T \gg L$ となるところで更に0次元系へのクロスオーバーが生じ，$1/\tau_\phi$ が T^2 に比例するようになる．同様の0次元へのクロスオーバーは $d = 2, 3$ の試料でも起こり得る（Sivan et al. 1994b）．この結果は以下に示す考察によって，更に興味深いものとなる．式 (3.38) の L_ϕ が L_T に置き換えられることは，0次元へのクロスオーバー点が $k_B T \sim E_c$ と表されることを意味する．ここで細線における0次元へのクロスオーバーがLandau-Fermi液体論の破綻を防いでいる様子を見てみよう．Fermi液体論の基本的な仮定は，準粒子のエネルギー準位の幅（拡がり）がエネルギー値自身に比べて十分小さいということである．準位幅は $\hbar/\tau_\phi$ であり，温度 T において上記の条件は $k_B T \tau_\phi / \hbar \gg 1$ と表される．式 (3.35) により $d = 1$ では $\tau_\phi \sim T^{-2/3}$ なので，この条件は低温で破綻するように見える．Einstein の関係式と，1次元系の σ（式 (3.35) で $d = 1$ とおいた場合）には断面積が掛け合わされることから，1次元系の準位幅は次式のように表される[†]．

$$\frac{\hbar}{\tau_\phi} \sim \left(\frac{k_B T \Delta}{\sqrt{E_c}}\right)^{2/3} \quad (3.39)$$

クロスオーバーは $k_B T \sim E_c$ で起こる．$k_B T$ は典型的な熱励起エネルギーであり，金属領域で $g \gg 1$ であるため，励起エネルギーと準位幅は $\hbar/\tau_\phi \sim E_c/g^{2/3} \ll k_B T$ の関係[‡]を満たす．このようにクロスオーバー点において Fermi 液体の要件 $(k_B T \tau_\phi / \hbar) \gg 1$ が満たされる．更にクロスオーバー以下の温度では緩和頻度 $1/\tau_\phi$ が $k_B T$ よりも速く減少するので，Fermi 液体の描像は常に成立する．このことは一般的な観点からも，τ_ϕ の導出の際に Fermi 液体論を仮定したことが無撞着になるという点でも好都合な結果である．低温の1次元系は難しい問題を内包しているが，$\hbar/\tau_\phi$ が $k_B T$ よりもゆっくりと減少するため，0次元への移行によって問題が回避される．上記の議論に対するもうひとつの見方は，Fermi 液体の描像が破綻する条件が（Altshuler and Aronov 1985）$L_T > \xi$ だというもので

[†]（訳注）式 (3.35) で $d = 1$ とおき，$k_B T \ll E_F$ における Einstein の関係式 $\sigma = e^2 n(0) D$，1次元系の準位間隔 $\Delta = 1/n(0) L$，Thouless エネルギー $E_c = \hbar D/L^2$ を用いる（それぞれ式 (2.7)，(2.12) および (3.40) を参照）．

[‡]（訳注）$g \sim E_c/\Delta$ と $k_B T \sim E_c$ から前半の近似が成立する．

ある．ξ は局在長である．0 次元への移行は $L_T > L$ において起こる．局在領域に属さない 1 次元系（すなわち $L < \xi$ を満たす細線）で，前者の状況（$L_T > \xi$）が生じることはない．0 次元への移行は $k_B T \tau_\phi / \hbar$ が 1 より小さくなる前に起こり，Fermi 液体論の破綻を防ぐのである．金属極限の薄膜の正方形領域のコンダクタンスは大きいので，2 次元薄膜においても Fermi 液体の描像は成立する（式 (E.3) 参照）．

我々はここで Sivan et al. 1994b による，0 次元の場合を含む"量子ドット"（quantum dot：有限の大きさを持つ微粒子）の位相緩和について簡単に議論することにする．緩和頻度を評価するには式 (3.29) の位相差のゆらぎを計算する必要がある．この式は 4 つの項から成り，それぞれが式 (3.28) のような形をしている．$i,j = r,l$ の 2 つの拡散径路を考慮して $\langle e^{i\mathbf{q}\cdot(\mathbf{x}_i(t)-\mathbf{x}_j(t'))} \rangle$ という平均量を計算しなければならない．まず始点に局在した初期状態の波束を，量子ドットでの適切な境界条件（電流がドット表面を透過しないものとする）を持つ固有関数系へ展開する．そうすると各固有値による時間因子を用いて，波束の時間発展を得ることができる．孤立ドットでは電荷を中性に保つ条件から $q = 0$ のモードを除かなければならない点が重要である．$T = 0$ の計算は Fermi 準位を基準としたエネルギーが ϵ の 1 電子について行う．次節で示すように Pauli の原理のため ω の積分は $[0, \epsilon]$ の範囲に制約される．

ドットの大きさ L_i によって，拡散領域における Thouless エネルギーが定義される．

$$E_c^i \equiv \frac{\hbar D}{L_i^2} \tag{3.40}$$

$\epsilon \gg$ (3 つの E_c^i) であれば積分は 3 次元になり，式 (3.36) の 3 次元の結果が得られる．$\epsilon \lesssim$ (いずれかの E_c^i) であると，実効的な次元の低下が起こる．数値計算によって係数因子も求められている（Sivan et al. 1994b）．0 次元の極限 $\epsilon \ll E_c \equiv \min_i(E_c^i)$ では，

$$\tau_\phi^{-1} \sim \frac{\Delta}{\hbar} \cdot \left(\frac{\epsilon}{E_c}\right)^2 \tag{3.41}$$

となる．これは $\epsilon \gtrsim E_c$ のエネルギーにおいて非弾性過程による準位の拡がりが，離散スペクトルを実効的に連続スペクトルに変えること（$\Delta \tau_\phi / \hbar \ll 1$）

を意味する．この式は実験結果とも一致している（Sivan et al. 1994a）．

3.4 位相緩和時間と電子－電子散乱時間

3.2節と3.3節では，3.1節に示した位相緩和の一般原理に従い，電子間相互作用による位相緩和時間の計算を行った．本節ではこの位相緩和時間と電子－電子散乱時間 τ_{ee} との関係を考察する．後者は次のように定義される．ひとつの電子が不規則な不純物分布を持つ系の1電子固有状態にあるものとしよう．この状態の固有エネルギーを E とする．この電子とFermiの海との相互作用によって，固有エネルギーに幅が生じる．可能なすべての不純物分布に関してこの幅を平均したものが $\hbar\tau_{ee}^{-1}$ である．電子－電子散乱時間がFermiの海の状態に依存することは明らかである．絶対零度のFermiの海を想定して Altshuler et al. 1981b が得た結果は $\tau_{ee}^{-1} \sim E^{d/2}$ である．2次元系の有限温度のFermiの海に関する検討は Abrahams et al. 1981によってなされた．他の場合についても Schmid 1974 や Eiler 1985 によって調べられている．

本節では2つの目的を念頭において τ_{ee} の計算を見てみることにする．第1の目的は τ_ϕ との関係を明らかにし，両者がどのような場合にどのような理由で同等になるのかを示すことである．第2の目的は τ_ϕ の計算における微妙な問題，すなわち電子のエネルギー損失に対する Pauli の制約について議論することである．3.2節と3.3節で採用したアプローチでは，着目する電子が残りの多電子系と区別できるものとしており，電子が散乱された後の状態が初めに空いていなければならないという制約を考慮していない．このため着目している電子とFermiの海を構成する電子との交換振幅が無視されている．我々は τ_{ee} の計算によって，上記の簡略化されたアプローチが実際とどの程度異なる結果を与えるかを明らかにし，その結果を半定量的に正しいものに修正する簡単な方法を見いだすことを試みる．

まず絶対零度の τ_{ee} の計算方法を見て，後からその結果を有限温度へ一般化することにしよう．散乱頻度に関する黄金律は次のように書かれる

(本章ではこれ以降 $\hbar = 1$ とおく).

$$\frac{1}{\tau_{ee}} = \frac{2\pi}{n(0)L^d} \int_0^E d\omega \int_{-\omega}^0 d\epsilon \sum_{\alpha\beta\gamma\delta} |V_{\alpha\beta\gamma\delta}|^2 \delta(E-\epsilon_\alpha)\delta(E-\omega-\epsilon_\beta)$$
$$\times \delta(\epsilon - E_\gamma)\delta(\epsilon + \omega - \epsilon_\delta) \tag{3.42}$$

$n(0)$ は Fermi 準位における状態密度である.α, β, γ, δ は 1 電子状態を表しており,固有エネルギーはそれぞれ ϵ_α, ϵ_β, ϵ_γ, ϵ_δ である.V は Coulomb 相互作用を表す.Altshuler et al. はダイヤグラムを用いた方法で不純な集団平均の τ_{ee}^{-1} を表す次の式を得た.

$$\tau_{ee}^{-1} = \frac{2e^2}{\pi} \int_0^E d\omega \int \frac{d\mathbf{q}}{q^2} \frac{\sigma\omega}{\omega^2 + (Dq^2 + 4\pi\sigma)^2} \operatorname{Re}\left[\frac{1}{i\omega + Dq^2}\right] \tag{3.43}$$

前節で導出した式との関係を議論する前に,この式自体の簡単な解釈を試みる.積分変数 ω は散乱におけるエネルギー遷移を表す.Pauli の排他律の制約から ω の上限は E になる.電子の海は絶対零度の状態にあり,ここでは散乱を受ける電子が Fermi の海からエネルギーを吸収することはない.被積分関数は遮蔽された Coulomb ポテンシャルの虚部,

$$\frac{e^2}{q^2} \frac{\sigma\omega}{\omega^2 + (Dq^2 + 4\pi\sigma)^2} = \frac{e^2}{q^2} \operatorname{Im}\left(\frac{1}{\epsilon(\mathbf{q},\omega)}\right)$$

に"拡散極"$\operatorname{Re}[1/(i\omega + Dq^2)]$ を掛けたものになっている.付録 D で示すように,

$$\frac{1}{\pi\hbar N(0)} \operatorname{Re}\left[\frac{1}{i\omega + Dq^2}\right] = |\langle m|e^{i\mathbf{q}\cdot\mathbf{r}}|n\rangle|^2_{av}$$

である.添字 av は拡散状態に関する集団平均を意味する.式 (3.43) は遮蔽された Coulomb ポテンシャル $(4\pi e^2/q^2)(1/\epsilon(\mathbf{q},\omega))$ の虚部を用いるか実部(静的近似で $1/n(0)$)を用いるかの違いを除き,式 (F.6) に似ていることを指摘しておこう.つまり式 (3.43) は,摂動項を複素ポテンシャル $4\pi e^2/q^2 \epsilon(\mathbf{q},\omega)$ とおいたときの,電子の自己エネルギーの虚部に対する交換の 1 次の寄与を表したものである.Pauli の原理による電子-正孔励起への制約(エネルギーが Fermi 準位の近傍 ω の範囲に限られることなど)はすべて誘電関数の中に隠れる.同じような考え方は Giuliani and Quinn

1982 によって行われた 2 次元のバリスティックな系の計算にも適用されている.

式 (3.43) の τ_ϕ との関係は,拡散極を次のように書き直すことで明らかになる.

$$\frac{1}{i\omega + Dq^2} = \int_0^\infty dt\, e^{-Dq^2 t - i\omega t}$$
$$= \tilde{N} \int_0^\infty dt \int D[\mathbf{x}(t)] \exp\left[\int \frac{\dot{x}^2(t')dt'}{4D} + i\mathbf{q} \cdot (\mathbf{x}(t) - \mathbf{x}(0)) - i\omega t\right]$$
(3.44)

これは拡散確率分布 $e^{-Dq^2 t}$ に関する $e^{i\mathbf{q}\cdot(\mathbf{x}(t)-\mathbf{x}(0))}$ の Laplace-Fourier 変換になっている.$\tilde{N}$ は規格化因子である.$x(0) = 0$ とおくと電子－電子散乱時間は次式のように表される.

$$\tau_{ee}^{-1} = \tilde{N}\int_0^\infty dt\int D[\mathbf{x}(t)] e^{-\int \dot{x}^2(t')dt'/4D}\frac{2e^2}{\pi}$$
$$\times \int_0^E d\omega \int \frac{d\mathbf{q}}{q^2}\,\mathrm{Im}\left(\frac{1}{\epsilon(\mathbf{q},\omega)}\right)\mathrm{Re}\, e^{i\mathbf{q}\cdot\mathbf{x}(t) - i\omega t} \qquad (3.45)$$

前節で我々は径路 $\mathbf{x}(t)$ を辿る電子が,外界の電子の海と相互作用をして外界の量子状態を変えるまでの時間の表式を得た（式 (3.28) 参照）.この式と式 (3.45) を注意深く見ると,τ_{ee}^{-1} は "ほとんど" 式 (3.28) で $P(\tau_0) = O(1)$ とおいた場合の可能な拡散径路 $\mathbf{x}(t)$ に関する平均散乱頻度と同じであることが判る.主な違いは遷移エネルギー ω に関する積分の上限である.τ_{ee} の式では ω の上限が Fermi 準位を基準とした電子エネルギー E となっているが,径路 $\mathbf{x}(t)$ の位相緩和の式ではこの制約がない.この矛盾は緩和される電子が Fermi の海を構成する電子と "識別不可能" であることを考慮すると辻褄が合うようになる.式 (3.28) の ω の積分も範囲を 0 から E に変更することで,この点が改善されることは明らかである.したがって $d > 2$ で,ひとつの径路が外界を励起する時間によって τ_ϕ が決まる場合,この緩和時間は τ_{ee} と同じオーダーになる.$d \leq 2$ の場合には 3.3 節の初めに議論したように,各径路の $\langle\delta\phi^2\rangle$ が発散して意味を持たないが,径路間の位相差を考慮して物理的に意味のある τ_ϕ を求めることができる.

3.4. 位相緩和時間と電子−電子散乱時間

有限温度では何が起こるであろうか？有限温度における τ_{ee} の表式は Abrahams et al. 1981 によって導出された（ここでは異なる表記を用いるので注意されたい）．容易に予想されるように，Pauli の排他律によるエネルギー遷移に関するステップ関数的な制約は，ω, E および温度 T に依存する緩やかな関数による制約に置き換わる．

$$\coth\frac{\omega}{2k_BT} - \tanh\frac{\omega-E}{2k_BT} \tag{3.46}$$

後の項が Pauli 原理の制約によって生じる項である．先に示した位相緩和の計算では $\coth(\omega/2k_BT)$ の因子はあったが $\tanh[(\omega-E)/2k_BT]$ の項が抜けていた．これも電子のエネルギー遷移における Pauli 原理の制約を省いたために生じた違いである．

ここまでの τ_ϕ と τ_{ee} の計算の比較から，$d>2$ の拡散的な電子−電子散乱時間 τ_{ee} の計算手順を次のようにまとめることができる．第 1 に径路 $\mathbf{x}(t)$ を辿る電子が Fermi の海の状態を変えるまでの時間を計算する．第 2 に可能な拡散径路 $\mathbf{x}(t)$ に関する平均化を行う．第 3 に熱的因子 (3.46) を用いて正しい Pauli 原理の制約を導入する．$d \leq 2$ の場合は位相の緩和でなく位相差の緩和が物理的な意味を持つ

τ_ϕ の計算に用いた近似が明らかになったところで，この近似計算が妥当となる条件，すなわち Pauli 原理が最終的な結果にあまり影響しない条件を考えてみよう．この問題に対する解答は式 (3.46) の検証によって容易に得られる．この温度因子の第 2 項は $\omega \ll k_BT$ の場合に無視することができる．したがって位相緩和が温度エネルギーよりもはるかに小さいエネルギー遷移 ω に支配される場合，Pauli 原理を無視しても結果にほとんど影響はない．3.3 節で見たように，低次元 $d=1,2$ の場合がこの条件にあてはまる．低次元系では運動量とエネルギーの遷移が小さくなるため，各々の径路 $\mathbf{x}_1(t)$, $\mathbf{x}_2(t)$ が Fermi の海の状態を変えるまでに要する時間は無限小である．位相緩和時間を有限にするのは，各々の径路によって引き起こされる励起が強く重なり合う効果である．したがって低次元系では Pauli 原理の制約は重要ではない．しかし $d=3$ になると状況は変わり，緩和時間は温度エネルギーと同等のエネルギー遷移によって決まるようになる．しかし電子のエネルギーが $E>k_BT$ ならば $\tanh[(\omega-E)/2k_BT]$

の因子の影響はあまり現れない．位相緩和の計算式に問題が生じるのは $E \ll k_B T$ の場合だけである．通常我々は Fermi エネルギーより $k_B T$ 程度大きいエネルギーを持つ電子を考察するので，先に得た位相緩和の式は定量的に妥当なものと考えてよい．

第4章 平衡系のメソスコピックな効果と静的特性

4.1 熱力学的ゆらぎの効果

　本章では非平衡輸送に必ずしも関係しないメソスコピックな効果の説明を行う．議論のほとんどの部分は電気的な効果に関するもので，そのような効果はしばしば試料毎の不純なゆらぎの問題にも関係する．しかしまずここでは有限系における通常の熱力学的なゆらぎの効果について簡単に復習することにしよう．

　示強変数や示量変数の $O(N)$ の部分に関する限り，"熱力学的極限"における熱力学的なゆらぎは無視できる．しかし系が長い距離相関を持つ特殊な状況において，熱力学的なゆらぎが重要な役割を果たすようになる．ここでは2つの例に言及しよう．低次元系における長距離秩序の喪失（相転移）と，通常の相転移に対する有限寸法の効果である．前者についてはいろいろな例が存在する．

　"不連続な秩序パラメーター"を持つ系，たとえば液体－気体平衡系の2つの相の間の"エネルギー障壁" U_W は，短距離力を持つ擬1次元系（有限の断面を持つ）では有限の値を持つ．そのような障壁のエントロピーは（Landau and Lifshitz 1959），L を系の寸法，L_0 を原子レベルの微視的な長さとすると $k_B \ln(L/L_0)$ のオーダーであり，系が十分大きい寸法を持つ場合には平衡状態で障壁が自発的に生成する．したがって任意の大きさの領域を想定した素朴な長距離秩序や相平衡の概念は成立しない．しかし現実の系は有限の L/L_0 を持つので（典型的なメソスコピック系では $L/L_0 \sim 10^3 - 10^4$ である），$U_W > k_B T \ln(L/L_0)$ であれば障壁は形成されず，長距離秩序が保持される（Imry 1969a；長距離相互作用の影響に

も言及してある）.

　"連続対称性"を持つ系（秩序パラメーターを連続的に"回転"できる系．たとえば超伝導状態の位相，Heisenberg強磁性体の磁化の方向，格子系の離散並進対称性の基準位置などは自由に選べる）では，Bloch 壁の生成（Bloch 1930）という興味深い現象が見られる．Bloch 壁とは別の"方向"を向いた秩序パラメーターを持つ領域の間を結合する距離 L の領域である．壁内の秩序パラメーターはこの距離にわたって連続的に変化するが，そのような壁エネルギーは $U_W \sim 1/L$ に過ぎない．この現象によって，その次元以下で長距離秩序が生じなくなる"臨界次元"$d_l = 2$ が与えられる．$d = 2$ の場合，秩序は $T \propto 1/\ln(L/L_0)$ 以下で保持される．これは第 2 章で見た，弱い不規則性を持つ系が，有限寸法 $L/l \lesssim \exp(\pi^2 g_\square)$（つまり $\pi^2 g_\square \gtrsim \ln(L/l)$）において金属的な振舞いを示すことと類似の現象である．低次元超伝導体については第 7 章で考察する．

　このような"連続対称性"を持つ系では，長距離秩序が長波長ゆらぎ（Hohenberg 1967）によって破壊される現象もあるため，状況は更に複雑になる．ゆらぎの影響は短距離ではごく弱いものである（Alexander 1968 私信）．しかし普通は短距離秩序に影響が無いにしても，特殊な場合には相関が冪に依存して破壊され（Imry and Gunther 1971），磁束の結合が解消してしまうような興味深い転移も起こる（Berezinskii 1971, Kosterlitz and Thouless 1973）．2 次元の局在問題がこのような現象と関係付けられるものかどうか，確かなことは分かっていない．

　上記の点に加え，熱ゆらぎによって長距離秩序が破壊される場合には更に特殊な効果が生じ得る．ひとつの例は第 7 章で取り上げる超伝導体の微小リングである．超伝導体では熱ゆらぎによって超伝導秩序が破壊される温度領域が存在する．この状況はたくさんの量子化された秩序パラメーターの位相状態がリング内に併存する形で現れる．量子化は周期境界条件に従って生じる．リング内に AB 磁束が導入されると各々の量子化状態に超伝導電流が流れ，磁束の非整数部分は妨げられる．磁束は完全な超伝導リングの中では秩序パラメーターの状態に対応して"量子化"されるが，長時間にわたる熱平均の下で量子化されているわけではない．量子化状態間の遷移が起こる時間は，典型的には他の微視的な諸過程に要する時

4.1. 熱力学的ゆらぎの効果

間に比べて十分長く, 天文学的な時間にさえ容易に達する (Langer and Ambegaokar 1967). 超伝導リングは (Gunther and Imry 1969, Imry 1969b, c) 平衡状態で"永久電流"を保持し, ほぼ量子化された磁束を持つ. この例を見ると, 常伝導体のリングにおける電流の振舞いにも関心が持たれるところであるが, この問題は本章の後の方で扱う.

与えられた細線が絶縁体, 導電体もしくは超伝導体の何れの性質を示すかという問題に関して, Kohn 1964 によって示された一般的な検討は非常に教育的である. Kohn は式 (B.4) と同様に速度の総和 v_x ($= \sum_n v_{xn}$), 基底状態 i, 多体系 (相互作用があってもよい) の励起状態 j を用いて表した基底エネルギーの式を使って, 境界条件に対する多体系の基底エネルギーの敏感さを調べた. また Kohn は $\hat{v}_x$ の行列要素を用いた $\sigma(\omega)$ に対する久保形式の正確な表式を導出した (付録 A および付録 B). ハミルトニアンの A^2 を含む項から現れる, 全電子数に比例した"反強磁性的"な寄与も考慮されている (章末問題 1 参照). Kohn はこれらの式を比較し, それ以上の仮定を使わずに次の関係を得た.

$$\lim_{\omega \to 0} \omega \, \mathrm{Im} \, \sigma(\omega) = -\frac{e^2 L^2}{\mathrm{Vol} \cdot \hbar^2} \frac{\partial^2 E_0}{\partial \phi^2} \tag{4.1}$$

ϕ は付録 C に示すように, リングを貫く磁束から決まる, 電子がリングを周回するときの位相シフト量である. 金属の誘電応答は一般的にこのように境界条件に対する感度と関係づけられる[1]. 系が超伝導体で基底状態の位相がよく定義できる場合には感度が著しく上がるが, これについては第 7 章で見ることにする.

ここで 2 次相転移付近における寸法のスケーリングについて短く言及するようにしよう. 外界と弱く結合した小さな系の熱力学的な諸量は"平均量"として明確に定義できる. しかしそれらは瞬時の値としてはゆらぎを持つ. 適当な定義を用いた場合 (Landau and Lifshitz 1959), 温度のような示強量にもゆらぎを持たせることができる[2]. 熱平衡状態にある有限系の温度は次のような熱ゆらぎ (thermodynamic fluctuation) は次式で

---
[1] 4.2 節および式 (2.22) のところの議論も参照のこと.
[2] 熱浴に結合した系では, 熱浴の温度は固定されているが, 系のエネルギーの方はゆらぎを持つ. このゆらぎはエネルギー (励起自由度) のゆらぎと見なすことも, 実効的な温度のゆらぎとみなすことも可能である

を持つ.

$$\langle \Delta T^2 \rangle = \frac{k_B T^2}{N c_v} \tag{4.2}$$

N は原子数, c_v は1原子あたりの比熱である. 式 (4.2) は外界と十分弱い結合を持つ系のゆらぎの強度を与えている. 時間依存性は, たとえば外界との結合の強さのようないくつかの要因によって決まる. 外界との結合が強ければその大きな外界と一緒にゆらぐことになる. 一方, 結合が弱ければ系自身のゆらぎは遅く, ゆらぎの速さは適当な結合の強さのパラメーターによって決めることができる (関連した例として第8章の問題1参照).

式 (4.2) は理論家の間でもあまり知られていないが, この式からいろいろと重要な結果が導かれることを強調しておきたい. たとえば2次相転移付近における有限寸法のスケーリング (Fisher 1971) に関する"最初の"理論は式 (4.2) とそれに関連する式を用いて D. J. Bergman と著者によって与えられた (Imry and Bergman 1971). 基本となる概念は, 有限系がどこまで転移点に近づけるかが, ゆらぎによって制約されるというものである. 転移温度は $(T - T_c)_{min} \sim (\langle \Delta T^2 \rangle)^{1/2}$ の範囲に拡がる. 拡がりを持った転移領域において, 相関長 ξ が許容される最大値, すなわち系の寸法にまで達し, 他の物理量 (感受率など) は, 典型的に N の冪程度の有限のピークを持つようになる. この観点により"有限寸法のスケーリング"で $N \to \infty$ に伴って転移が急峻になり, 有限のピークが特異点へと移行することを定量的に理解できるようになる.

この描像から異なる臨界指数を持つ種々の条件下のバルクのスケーリング則 (Imry and Bergman 1971) を導くこともできる. たとえば c_v が発散するとき, 式 (4.2) から"超スケーリング"(hyperscaling) を導くことができる. c_v の高次の微分だけが発散する場合, スケーリング則を導くためには適当な高次のゆらぎの式を用いなければならない (Landau and Lifshitz 1959). この描像から有限寸法における1次相転移の拡がり (Imry 1980b) を導くこともでき, 薄膜における2次元的な特性と3次元的な特性のクロスオーバーを理解することもできる[3]. またこの描像から異なる

---

[3] 同様の考察を電気伝導の問題に適用することもできる. 第2章参照.

次元の臨界指数を関係づける表式も得られる (Imry et al. 1973). これ らの式は完全に正確なものではないが, 多くの場合において驚くほどよい 結果を与える.

最後に有限系における相関長 ξ が系の寸法によって制限されることを改 めて強調しておく. したがって "熱力学的極限" では長距離秩序が存在し ない場合でさえ, 有限系ではあたかもバルク的な秩序が成立しているか のような振舞いを示すことがある (Imry 1969a). これは金属薄膜が "厳 密には" 良導体でないにもかかわらず, 有限の大きさを持つ薄膜試料が良 導体であり得ること (Abrahams et al. 1979) と全く同様の議論である. 局在長 ξ と比較すべき長さは, 系の寸法 L であったり, 位相干渉長 L_ϕ で あったりする.

低温において式 (4.2) に基づく興味深い結果が現れる (Imry 1986b, Gunther and Ford 1985 未出版, Gunther et al. 1989, 1990). まず式を書き 直すことにする.

$$\frac{\langle \Delta T \rangle^2}{T^2} = \frac{1}{N(c_v/k_B)} \tag{4.3}$$

一定の温度を持つ外界に弱く結合した小さな系を考えよう. T がゼロに近 づくと c_v はゼロになるので, 式 (4.3) の右辺はある温度 T_m 以下になると 1 を超える. T_m は準位間隔 Δ と同じオーダーで, $(300 \text{ Å})^3$ の金属微粒子 では ~ 10 mK であり, 絶縁体でははるかに大きな値となる. ここで外界 の温度を下げて微粒子の温度を T_m 以下にすることを試みる. 微粒子中の 素励起の自由度に対して定義される実効温度は大きなゆらぎを持つことに なるので, このような冷却操作の可否は疑わしい. "仮に" 通常の熱力学 的な式が妥当であるとすると, T_m はある意味で微粒子が到達できる最低 温度である. T_m 以下では熱力学的な諸量 (エネルギーなど) のゆらぎが その平均値よりも大きくなってしまう.

我々にとって今最も興味のある問題は, 静的な平衡状態にあるメソスコ ピック系の電気特性に対する量子効果である. バルクを扱う場合には, 状 態が "準連続" なエネルギーを持つことが仮定される. しかしたとえば 10^5 個程度の原子からなる金属微粒子では, Fermi 準位における 1 電子状 態の準位間隔 Δ が 0.1 K のオーダーとなる. したがって 1 K 程度以下の温

度では微粒子特有の準位の離散性が重要となり，系の比熱や磁気感受率といった熱力学的な性質に離散性の影響が現れるようになる（Kubo 1962, Gorkov and Eliashberg 1965, Mühlschlegel 1983）．微粒子系の"正確な"エネルギースペクトルは欠陥分布，粒子の形状や粒子表面の形態に依存する．しかし微粒子の集団を扱う多くの応用例では準位分布について統計的な情報を与えれば十分である．実効的な不規則系（多くの詳細な要因に対する敏感さによる）に対する強力な理論が存在し，原子物理や核物理において成功を収めている．これらの方法とその応用は多くの文献で見ることができる（Wigner 1951, 1955, Dyson 1962, Mehta and Dyson 1963, Mehta 1967, Brody et al. 1981）．ここではこの問題の全般的な議論は行わず，直接的に有用となる部分だけを見てみることにしよう．これらの議論は不規則性を持つ系（Efetov 1982），微粒子系（Mühlschlegel 1983），強局在の凝縮系（Sivan and Imry 1987）に深く関係する．Δ が問題に関係する唯一のエネルギー尺度ではなく，Thouless エネルギー E_c（式 (2.20)-(2.22) および式 (B.6) 参照）も重要な役割を果たす（Altshuler and Shklovskii 1986）．

本章で集中的に取り扱う効果は電子波の干渉と，その磁場もしくは磁束に対する敏感な依存性である（Aharonov and Bohm 1959）．原理的に，温度が十分低く，問題とする空間スケールにわたって波動関数が緩和されない場合には干渉が起こる．不純物原子，欠陥，不規則な表面による電子の散乱は干渉効果の程度を決める重要な役割を担うが，干渉を消し去ることはない．

これから議論する干渉現象は，ある面で超伝導体においてよく知られている"非対角な"長距離秩序の効果（上記の磁束量子化などに関係する）と似た性質を持つものである（Byers and Yang 1961, Yang 1962, Bloch 1970）．しかし我々はまず"常伝導体"だけを考察の対象とすることを強調しておこう．ここで見られる干渉性は電子間引力に起因する相関には無関係で，試料が位相の消失する距離よりも小さい寸法を持つことによって生じる．超伝導体を含む系については第7章で考察する．

干渉の"強度"を制限する要因として議論すべき点は，干渉現象と並行して起こる何らかの平均化の過程，たとえば有限温度で電子エネルギーが

一定の分布を持つことによる平均化である．試料の寸法が小さいほど，また温度が低いほど干渉効果が強まり，干渉を観測しやすくなる．

4.2　平衡状態の量子干渉：永久電流

リング形試料の一般的性質

単純な"理想形状"，たとえば完全な円盤やリングの形をした小さな自由電子系（芳香族炭化水素型の分子など）の平衡状態の性質が磁場に対して敏感であることは，Pauling 1936, London 1937, Hund 1938, Dingle 1952によって早くから指摘されてきた[4]．系を貫く磁束が磁束量子 $\Phi_0 = hc/e$ のオーダーに相当する磁場周期で振動する特性が観測される．Aharonov-Bohm 磁束 Φ がリングの穴を貫く場合（図 4.1a），リングの熱力学的関数は Φ に対して Φ_0 の周期依存性を示す（付録 C）．分子の磁場周期特性を観測するためには $\sim 10^5$ T 以上の非常に強い磁場が必要である．しかしここでは人工の導電性リングを考える．人工リングを微視的な分子のレベルまで連続的に縮小する試みは，将来にゆだねられた刺激的な課題である．

この節ではリング形の導電体を考察するが，いくつかの異なった観点から Dingle と同様の結果が得られる（Gunther and Imry 1969, Kulik 1970, Brandt et al. 1976, 1982）．しかし難しい点は，現実的な系では電子の散乱による振動効果への影響を考慮しなければならないことである（Kulik 1970a, b, Altshuler et al. 1981a, 1982b）．

現実の試料に不純物や欠陥を全く含まないことを望むのは不可能であり，完全な理想形状を期待することもできない．表面の粗さはどの試料にもある（図 4.1b ほど極端な場合は少ないにしても）．したがって平均自由行程 l は，リングの太さや厚さの程度以下に制約を受ける．大抵の場合 l はリングの周 L に比べてはるかに短くなる．そうすると電子はリングに沿って伝播する際に多くの散乱過程を経ることになるので，ともすれば干渉効果は完全に消失してしまうような誤った印象を受けかねない．電子線

---

[4] ここではリング形の系を取り上げることにするが，単一の"量子ドット"の軌道応答（たとえば van Ruitenbeck and van Leeuwen 1991) も興味深いものである．

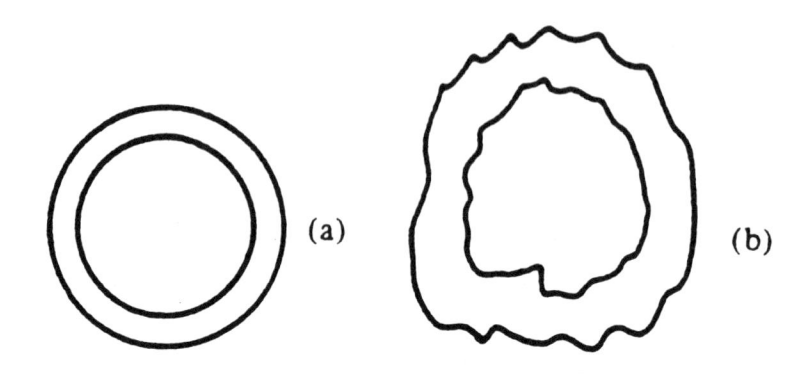

図 4.1　リングの概念：(a) 理想リング；(b) 粗雑な形状と表面を持つリング.

回折の実験は，電子の乱雑な散乱を抑えるために高真空中で行われる場合もあるが，通常は上記のような状況があてはまる（Aharonov-Bohm 型の回折実験も含む．Chambers 1960, Merzbacher 1961, Tonomura et al. 1982）．

　第3章の議論によれば，このような印象は導電体リングに関しては全く誤ったものであり，電子線実験からの類推は適切でないことが分かる．重要な点は"静的な"ポテンシャルによる"弾性散乱"と，動的な"非弾性散乱"との区別である．波動関数は静的なポテンシャルの下で，よく定義された位相を保持することができる．一方，電子は非弾性散乱過程においてフォノンを励起したり，他の粒子の状態を変えたりするが，その際に第3章で述べたような機構によって位相情報を失うのである．弾性散乱と非弾性散乱の区別の重要性は局在の理論（Anderson 1981, Abrahams et al. 1979）を用いた不規則系における伝導の解明（Thouless 1977, Bergmann 1984, Lee and Ramakrishnan 1985, Imry 1983）に伴って明らかにされてきた．これに先立ち 1966 年に R. Landauer は非公式に同様な洞察を提示しており（Landauer 1957 に基づく），Gunther and Imry 1969 は有限抵抗系の"反磁性"永久電流を見いだしていた（第7章も参照）．この問題の詳細な議論を始める前に，"リング"全般に関する結果を概観しておくことにしよう．基本的な考え方は，2つの結合部を持ち，その間の穴の部

分を Aharonov-Bohm 磁束 Φ が貫く場合（Byers and Yang 1961, Bloch 1970），この"リング"の物理的性質は Φ に関して磁束量子 Φ_0 単位の周期性を持つというものである．証明は付録 C に与えてあるが，これは Φ の変化とリングの周回に沿った波動関数の位相変化，

$$\phi = 2\pi\Phi/\Phi_0 \tag{4.4}$$

が完全に等価であることに基づく．つまり Φ と $\Phi + n\Phi_0$ の磁束は"識別不可能"である．各種の物理的性質の周期性（エネルギー準位，行列要素など）に加えて，式 (4.4) は非整数磁束の導入が数式上は境界条件の変更と等価であることも示している．この概念は本書全体の中で非常に有用となるものであり，後から基礎的な議論を行うことにする．

位相情報を失うか，もしくは位相の平均化が起こって"古典的"法則に従っている任意の系の性質は Aharonov-Bohm 磁束 Φ とは無関係になる．このときの物理的な諸性質は磁束の値によらない．これが上記の定理と無撞着であることは自明である（ある種の定数は周期性を持つが，特に興味深いものではない）．問題はエネルギー準位や遷移確率が，実際にどの程度 Φ に敏感に依存するかということである．周期性は常に保証されている！ここでは境界条件に対する系のエネルギーの敏感さを見ることになる（Kohn 1964, Edwards and Thouless 1972, Thouless 1977）．この問題は基本的に系が絶縁体であるか，金属であるか，あるいは超伝導体であるかという問題に直接関係している．

$T = 0$ における基底状態のエネルギー E_0，もしくは $T \neq 0$ における自由エネルギー F の磁束に対する敏感さに依存して，リングを周回する電流が生じる．電流値は次式で与えられる．

$$I = -c\frac{\partial F}{\partial \Phi} \underset{T \to 0}{\to} -c\frac{\partial E_0}{\partial \Phi} \tag{4.5}$$

Φ はベクトルポテンシャル A に比例し，$\partial F/\partial A$ は電流演算子の平均に比例するので，上記の関係を微視的な試料を用いて実際に確認することが可能である．熱力学的な関係に関しては（Bloch 1970），Φ が時間的にゆっくり変化する場合，誘導起電力が $V = -(1/c)\dot{\Phi}$ と与えられる．一定温度 T の下で系に供給される単位時間あたりの自由エネルギーは積 $I \cdot V$ で与

えられ，ここから式 (4.5) が簡単に得られる．この電流は平衡状態において見られるものであり，Φ が保持される限りにおいて"減衰しない"ので，"永久電流"（persistent current）と呼ぶことにする．超伝導体において永久電流が存在し得ることはよく知られている．超伝導体の永久電流は平衡状態でも，準安定状態においても見られる（たとえばリングもしくは円筒において磁束が量子化された状態．第 7 章）．ここでは有限の Φ が存在するときの平衡状態における常伝導リングの永久電流だけを考えよう．常伝導体における永久電流の存在に対する疑念は最近まで唱えられていた．そのような主張は，不純物散乱が干渉性を破壊するという誤った観念に基づいていたり，熱力学的極限への誤った固執に基づいたりするものであった．

不規則性を持つ 1 次元リングの単純なモデルに基づき，弾性散乱の効果を初めに理解したのは Büttiker et al. 1983a であった．彼らは境界条件（式 (4.4)）が，単位周期 L の周期ポテンシャルの下で Bloch 関数 ψ_k の満たす条件と似ていることに着目した．ϕ を kL と読み替えれば，2 つの問題が 1 対 1 の対応関係を持つことになる．実際に式 (4.4) は，電子がリングを何回も周回するときに，リング 1 周分の単位格子を持つ格子中と同じ周期ポテンシャルを感じることを表している．リング中の電子のエネルギー準位を Φ の関数として考えると，1 次元 Bloch 電子のそれと同様の関数となる．これを図 4.2 に模式的に示す†．図 4.2a に示した依存性は，リングに沿って任意の不規則なポテンシャルが"ある"場合に適用できることに注意してもらいたい．1 次元系における $E(k)$ の極値は $k = 0, \pm\pi/a$ だけにあることを示せる（Peierls 1955）．電子がかなり自由に動けるならば，エネルギーギャップ Δ は比較的狭く，バンド幅 V と同程度になる（$V \sim \Delta$）．一方，強い散乱ポテンシャルが存在する（リングを周回する確率が低い）場合は強い束縛（tight-binding）の状況が現れる（バンド幅は狭く，ギャップは広い．$V \ll \Delta$）．

低温（$k_B T \lesssim \Delta$）におけるリングの全エネルギー E_0 を，占有されてい

---

† (訳注) Bloch 電子の多電子系では，異なる k の値を持つ状態が順次満たされていくが，ここではそのとき印加している特定の ϕ の値に対応する状態だけを考えることになる．低エネルギー側から E_F まで，各"バンド"の中から"ϕ 状態"をひとつずつ選び出して，順次電子を満たせばよい．

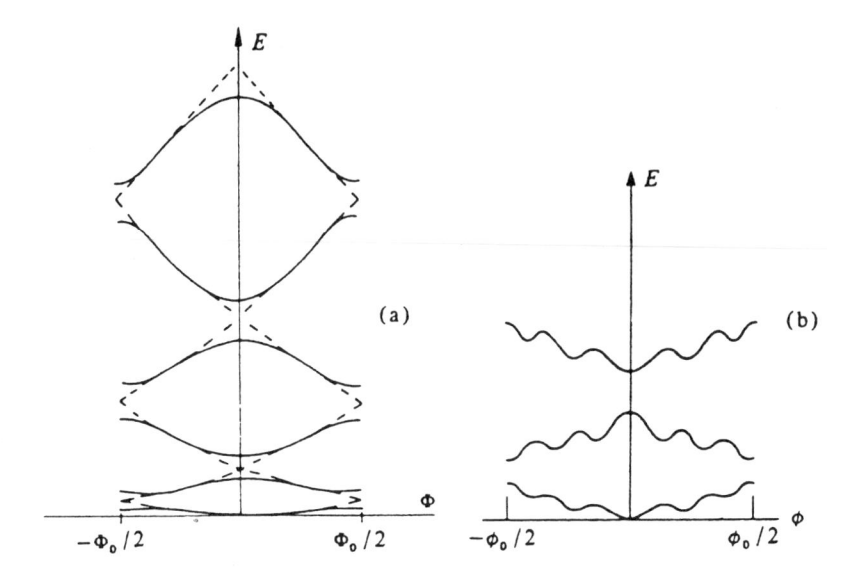

図 4.2 エネルギー準位の Φ 依存性の模式図. (a) 1 次元リング, (b) 非 1 次元リング.

る準位のエネルギーの和として見積もることができる. 各準位の $\partial E_j/\partial \Phi$ の符号は順次反転するので全体的に強く相殺し合い, 総和は E_F 付近の最後の項と同じオーダーになる. N 電子系で $V \sim \Delta$ を仮定すると次式が得られる.

$$I = -c\frac{dE}{d\Phi} \sim \frac{eE_F}{Nh} \sim \frac{ev_F}{L} \qquad (4.6)$$

$E_F \sim 2$ eV, 円周 1 μm の 1 次元金属のリングでは $I \sim 10^{-8}$ A である. $\Delta \sim 10$ K なので, $k_B T < \Delta$ の条件は容易に実現し得るものである. Φ に関する振動が観測可能となるためには, 非弾性散乱時間が十分長くなければならない.

$$\hbar/\tau_\phi \ll \Delta, V \qquad (4.7)$$

すなわちエネルギー準位の幅は, バンドギャップとバンド幅に比べて十分狭くなければならない. $\hbar/\tau_\phi \ll V \sim E_c$ は Thouless の判定条件によって $\sqrt{D\tau_\phi} \gg L$ と等価であることが示される. この条件は物理的に明瞭であ

る．すなわち電子はリング全体にわたって干渉性を保持しなければならない．$V \ll \Delta$ の極限では干渉効果が極めて小さくなる．局在した状態は境界条件に対して敏感ではない．

Φ_0 に対して非整数の有限な Φ が存在する場合，リングを周回する小さい反磁性電流（電流の向きについては以下の記述に注意）は，温度が十分低く式 (4.7) が成立するならば "永久電流" になる．非弾性散乱が弱ければ電流は減衰しない ─ τ_ϕ の数倍程度の時間が経過すると，各状態間に平衡分布が成立する．電流値は適当な平均計算によって求まり，永久電流を減衰させる要因はない．この結果は驚くべきものと感じられるかも知れないが，金属における通常の反磁性電流と同様に，その正当性は明白である．τ_ϕ が短く散逸が強い場合の電流振幅の減衰については Landauer and Büttiker 1985 によって議論されている．永久電流は周期 Φ_0 で振動する"軌道磁気能率" M（M の向きは H に対して平行であったり反平行であったりするが，"反磁性"磁気能率という述語で一括して言及される[†]）と磁気感受率 χ を生じる．

ここまで我々は Aharonov-Bohm 型の磁場だけを議論してきた．しかし金属自身がゼロでない磁場を保持しており，別の磁束成分 Φ_M が存在するならば，そのような磁束（スピン，軌道いずれによるものでも）の効果も考えなければならない．Aharonov-Bohm 磁束 Φ の部分を除くと全磁束に対する周期性は見られない．周期依存性を持つ効果と材料中の磁場の効果は加算された形で現れる．試料全体に対する穴の大きさの比率が十分大きい（アスペクト比が高い）ときには Φ に対する周期依存が Φ_M による緩慢な変化と重なった形で観測される．コンダクタンスのゆらぎ（第 5 章）に類似した非周期的な軌道効果も生じる．エッジ状態によって実効的にリングが形成される興味深い例が Sivan and Imry 1988 および Sivan et al. 1989 によって考察されている．

磁束 Φ が変化して起電力 $V = (-1/c)d\Phi/dt$ が生じるとき，いろいろ興味深いことが起こる．V が純粋な直流電圧であれば Josephson 型の固有

[†] (訳注) 理想的な単 の 1 次元リングにおける永久電流の向きは，リング中の準位（図 4.2(a) において与えられた ϕ のところの準位だけを考える）が奇数番目まで満たされているか，偶数番目まで満たされているかによって決まる．磁束 Φ が有限であっても Φ_0 の整数倍のときには永久電流は流れない．

振動数（実効的なキャリヤの電荷を e とする）で電流が振動する（Bloch 1968, 1970）．

$$\omega = eV/\hbar \tag{4.8}$$

Φ の変化が十分緩慢ではない場合（交流電圧もしくは有限の直流電圧の下で），バンド間の Zener 型遷移（Zener 1930）が生じる可能性がある．この遷移を考察するためには動的な取り扱いが必要であるが，ここではその問題には立ち入らない．

ここまで純粋な1次元リングを考察してきた．しかし実験においてリングを構成する細線は有限の断面積 A を持つ．したがって E_F 以下の横方向（細線断面方向）の状態数は，

$$N_\perp \sim k_F^2 A \tag{4.9}$$

のオーダーであり，全電子数は，

$$N \sim k_F L N_\perp \tag{4.10}$$

の程度となる．Φ に依存する準位は1次元リングよりはるかに複雑な構造を持つことになる．関数 $E(\Phi)$ は図 4.2b に模式的に示したように，たくさんの極大値と極小値を持つ．こうなると電流のオーダーを見積もることさえ簡単ではないが，この問題は後で扱うことにする．

自由電子の場合について全体的な概説をする前に，永久電流は原子や分子だけではなく通常の金属試料にも Landau 反磁性[†]として現れるものであることを繰り返し強調しておこう．均一な試料においてバルクの部分の寄与は相殺されるが，表面からの寄与は残る．興味深いのは不均一な系，たとえば金属と絶縁体の混合系で，バルクの部分でも金属－絶縁体界面に沿って有限の反磁性電流が生じる．しかしメソスコピックな問題とバルクの問題とでは重要な違いがあり，巨視的なバルクでは必ずしも干渉性が現れるわけではない．

適当な熱力学ポテンシャル J（絶対零度では E, 有限温度の正準系では F, 大正準系では $\Omega = F - \mu N$）が磁場 H に依存する場合，平衡状態において

[†]（訳注）自由電子のサイクロトロン運動によって生じる磁化効果．磁化率は常に負である．

軌道磁気能率が存在し得る．平衡状態における系の磁化は $M = -\partial J/\partial H$ と与えられる．これはリングにおける電流と磁束の関係 (4.5) に対応している．磁化は周回する電流がゼロでない状態に伴って現れる．厚いリングでは電流が内側表面と外側表面に流れ，これらの周回電流の和が AB 磁束 Φ に対する周期性を持つ．

リング内部で起こる弾性散乱が永久電流の減衰要因になることはないので，ここで単純な多チャネルリング（$N_\perp \gg 1$）の自由電子の問題を取り上げることは教育的である[5]．結果において興味深い点は，全永久電流とその温度依存性が，次に示すようなリングを周回する状態の準位間隔によって決まることである．

$$E_1 \equiv \frac{\hbar v_F}{L} \sim N_\perp \Delta \qquad (4.11)$$

上式は通常のバリスティック領域 $l \gtrsim L$ において成立する．不規則性が極めて小さな摂動となり（Sivan and Imry 1987），$l \gg N_\perp L$ である非常に純粋な試料では，因子 $\sqrt{N_\perp}$ による増大（Cheung et al. 1988, 1989）が生じる．Altland and Gefen 1995 はこの摂動領域と通常のバリスティック領域（式 (4.11) が成立）のクロスオーバーを議論している．

不規則性を持つリングの中の自由電子

バリスティック領域における"試料形状に依存した"チャネル数 $N_\perp$ は，拡散領域では g のオーダーの実効的なチャネル数に置き換わるので（Imry 1986a，第 5 章参照），式 (4.11) のエネルギースケール $N_\perp \Delta$ は拡散領域で $g\Delta \sim E_c{}^\ddagger$ に置き換わるものと予想される．この予想が正確に成り立つことを後から確認する．

したがって不規則性を持つ個々のリングの永久電流は E_c/Φ_0 のオーダーである．不純な統計集団全体を考えると，たとえば原点（$\Phi = 0$）におけるポテンシャルの傾きがランダムであるため，電流は互いに相殺する傾向がある．したがって集団平均を取ると，永久電流は完全に消えるか，残る

---

[5] 簡単のため周回部分の幅が狭く薄いリングを考える．長い円筒も直接的な扱いが可能である（Gunther and Imry 1969, Cheung et al. 1988）．

‡ （訳注）本書の定義によると $g\Delta = \pi E_c$．

としても非常に小さいものになる．実際に弱い不規則性を仮定した計算 (Entin-Wohlman and Gefen 1989, Cheung et al. 1989) によると，相互作用を持たない電子系の大正準集団では，集団平均操作によって永久電流が消失する．この場合"大正準"とはリングが化学ポテンシャル μ を持つ多電子系に結合しており，各リング内の電子数 N が Φ に依存して変化することを意味する．

永久電流に関する実験結果を概観することにしよう．3つのグループによる結果が発表されている．Levy et al. 1990 による第1の実験は直径約 $0.5~\mu$m の小さい銅のリングの集団（約 10^7 個）を用いて行われた．第2の実験は寸法がこれより大きい金の単一もしくは少数のリングによって行われた (Chandrasekhar et al. 1991)．第3の実験は更に寸法が大きい（しかし L_ϕ も十分大きい）バリスティック領域 $(l \sim L)$ の単一 GaAs リングを用いたもので (Mailly et al. 1993)，このリングは適当に設けた"ゲート電極"によって外部導線に結合させたり分離させたりできる．従ってこの GaAs リングでは h/e 周期[†]の Aharonov-Bohm 振動の観測（第5章）によって試料の正常性を確認することが可能である．3つの実験すべてにおいて，Φ の周期関数の形から弱磁場を検出する高感度の SQUID 磁束計が用いられている．後者2つの実験では試料の数に頼って信号強度を確保することができないので，高い検出感度と雑音の低減が必要である．

この種の実験は極めて難しいものである．得られた結果（初めの2つの実験結果を図 4.3 と図 4.4 に示す）は秒程度の時間スケールで減衰しない電流（微視的な観点での"永久電流"）の存在を示しているように見える．測定された信号強度は比較的大きい．多数の銅リングを用いた実験では，相互作用のない電子系の理論より2桁，相互作用のある電子系の理論より1桁大きい結果が得られている（後から議論する）．金のリングの実験は既存の理論より1桁以上大きな結果を与えているが，Mailly et al. 1993 のバリスティックな GaAs 試料による結果は，式 (4.11) から得られる単純な理論式に合致している．もし前者2つの実験結果が正しいならば，これらは理論が解明すべき深刻な問題を投げかけることになる．読者の便宜の

[†]（訳注）磁束量子 Φ_0 は cgs-gauss 単位系では hc/e ($\approx 4.14 \times 10^{-7}$ gauss-cm^2) であるが，SI 単位系では h/e ($\approx 4.14 \times 10^{-15}$ Wb) である．

表 4.1　永久電流の検討状況

	理論 (相互作用なし)	理論 (相互作用あり)	実験
単一の リング	$L \lesssim l$, $\sim \dfrac{\hbar v_F}{L\Phi_0}$	相互作用なしの 場合と同様	$\sim \dfrac{\hbar v_F}{L\Phi_0}$ (Mailly)
	$L \gtrsim l$, $\sim \dfrac{\hbar v_F l}{L^2 \Phi_0}$		$\gtrsim 10-50 \dfrac{E_c}{\Phi_0}$ (Chandrasekhar)
集団 平均	0 (大正準集団) $\sim \dfrac{\Delta}{\Phi_0}$ (N が定数)	$\dfrac{\tilde{V} E_c/\Phi_0}{1 + \tilde{V}\ln(E_>/E_<)}$ $\sim \dfrac{E_c/\Phi_0}{5-10}$	$\dfrac{E_c}{\Phi_0} \sim 10^2 \dfrac{\Delta}{\Phi_0}$ (Levy)

ため表 4.1 に状況をまとめておく‡. 最近 Mohanty et al. 1995 は金のリングにおける h/e 成分が, 上記の実験結果よりも小さいことを見いだしている. この問題については更に慎重な実験検証が必要である.

永久電流の大きさの理論的な推定方法を理解するために, まず "典型的な" 固有電流を考察してみよう. 小さい AB 磁束 ϕ に対する任意の準位からの電流応答は Thouless エネルギーによって直ちに与えられる. $E_n(\phi)$ が 2 次関数 $\sim E_c \phi^2$ で近似できる小さい ϕ の範囲において, 1 次微分を次のように与えることができる.

$$|I_{n,typ}| = -c \left|\dfrac{\partial E_n}{\partial \Phi}\right|_c \sim cE_c \dfrac{\Phi}{\Phi_0^2} \qquad (\phi \ll 1) \tag{4.12}$$

全領域 $|\phi| \leq \pi$ にわたる典型的な全電流はどうなるであろうか？ Cheung

---

‡ (訳注) 表 4.1 では Φ_0 を用いた SI 単位系の電流の式が示されていが, Φ_0 の代わりに e をあらわに示した式が用いられることが多い. 単一リングの永久電流はバリスティック領域で $\sim \hbar v_F/L\Phi_0 \sim ev_F/L$ で, おおよそ Fermi 速度を持つ "1 電子" が担うことのできる電流にあたる (Fermi 準位より下の電子の寄与は互いにほとんど打ち消し合ってしまうため. 式 (4.6) の前後を参照). 拡散領域では理論上この l/L 倍にあたる $\sim \hbar v_F l/L^2 \Phi_0 \sim ev_F l/L^2$ となる (粗い見積もりなので $\hbar$ と h を厳密に区別する必要はない. 表 4.1 中の $\hbar$ は原著では省かれている). また $E_c = \hbar D/L^2 \sim \hbar v_F l/L^2$ である.

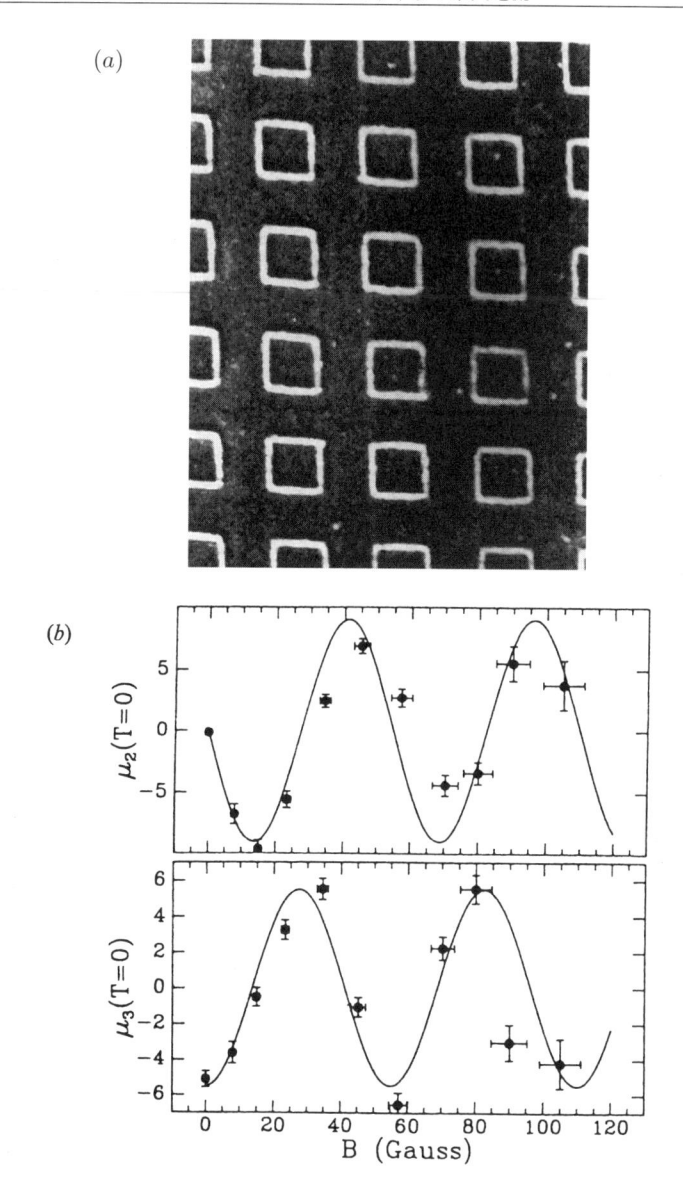

4.2. 平衡状態の量子干渉：永久電流

(a)

(b)

図 4.3　Levy et al. 1990 による実験. (a) に示すような銅の微小リング 10^7 個の集団を用いて，磁場に対する非線形応答を測定（$B = 130$ G が h/e に相当）. 振幅 15 G の低周波信号磁場（~ 1 Hz）に対する 2 倍成分（μ_2）および 3 倍成分（μ_3）を示してある. 磁束に周期依存する非線形性が現れており，これらの結果は周期 $h/2e$ の永久電流の存在を示している.

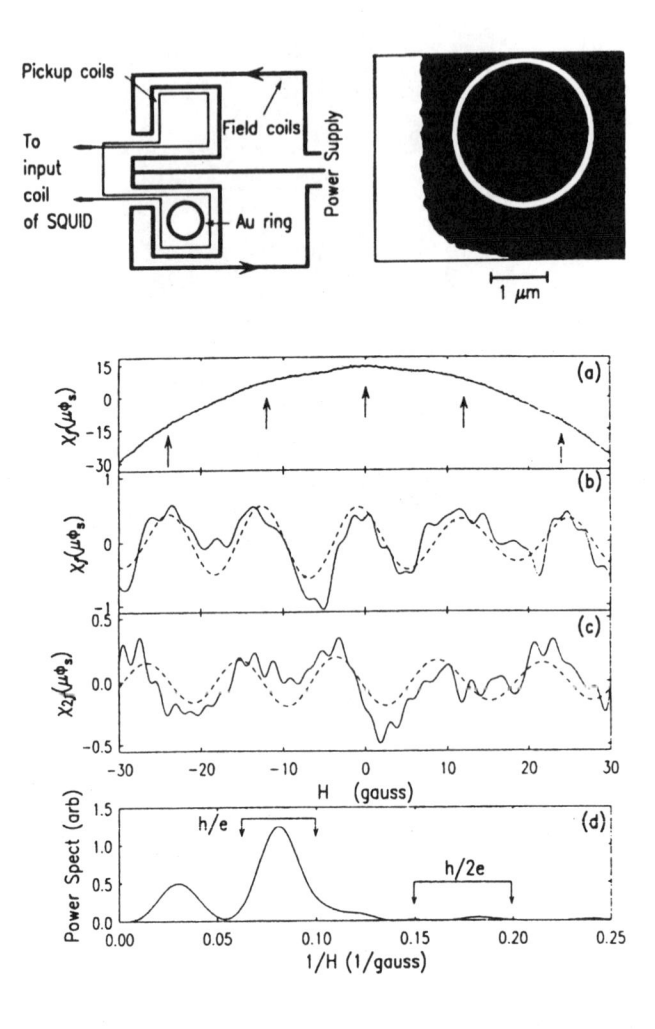

図 4.4　Chandrasekhar et al. 1991 の実験．上図に示した測定方法で，基板の応答を差し引いて，単一リングだけからの応答を得ている．下図に $1.4\,\mu\text{m}\times2.6\,\mu\text{m}$ の金のループの 7.6 mK における f と $2f$ の信号の磁場依存性を示してある．(a) f の応答の生データ．矢印は h/e 周期の最大値の点を表す．(b) 2 次関数のバックグラウンドを差し引いたあとの (a) のデータ．(c) 線形のバックグラウンドを差し引いた後の $2f$ 応答．信号磁場は 4 Hz, 4.12 G．(d) データ (b) のパワースペクトル．h/e の矢印範囲は (b) と (c) の破線を得るために用いた領域．試料の内側と外側からの寄与を考慮したときに予想される $h/2e$ の領域も示した．(b) と (c) ではデジタルフィルターをかけて $0.50\,\text{G}^{-1}$ 以上の"高周波成分"を消してある．

et al. 1989 は摂動計算をして次の結果を得た．

$$I_{tot,typ} \sim cE_c/\Phi_0 \qquad (4.13)$$

同様の結果が SNS (superconducting-normal-superconducting) 接合のモデルでも得られているので (Altshuler and Spivak 1987) 第 7 章を参照されたい (h/e と $h/2e$ のコンダクタンス振動の研究のため，位相シフトを引き起こす AB 磁束を伴ったリングのモデルが Büttiker and Klapwijk 1986 によって検討されている). SNS 接合と今扱っている常伝導 AB リングの類似性は，以下に示す観点から生じる．常伝導体側から NS 界面に入射する電子は Andreev 反射を起こし (Andreev 1964), 位相が $-\chi_2$ (χ_2 は電子が反射した超伝導体の秩序パラメーターの位相) だけずれた正孔が，時間反転径路を辿るように反射される．その正孔がもう一方の NS 界面に入射すると，χ_1 (正孔が反射した超伝導体の秩序パラメーターの位相) だけ位相のずれた電子が反射される．したがって電子は 2 回の Andreev 反射を経て，位相が $\chi_1 - \chi_2$ だけずれた状態になって元の径路に戻る．これは電子が $\phi = \chi_1 - \chi_2$ の AB リングを周回することと等価である．したがって SNS 接合における超伝導電流の $\chi_1 - \chi_2$ 依存性は，AB リングの永久電流の ϕ 依存性と同様のものになる．上記の議論では界面における常伝導反射成分を無視しているが，理想的な状況では常伝導反射は起こらない (Blonder et al. 1982).

式 (4.13) を多体効果を含めて理解するもうひとつの方法は，全系の基底エネルギー E_0 の磁束に対する敏感さに関する Kohn 1964 の考察から与えられる．Kohn は式 (B.4) のエネルギーを E_0 とおいて"反磁性"項を加え，次式を見いだした (式 (4.1) 参照).

$$\left.\frac{\partial^2 E_0}{\partial \phi^2}\right|_{\phi=0} = \frac{\hbar^2 N}{mL^2} - \frac{2\hbar^2}{m^2 L^2} \sum_{j \neq 0} \frac{|\hat{p}_{0j}|^2}{E_j - E_0} \qquad (4.14)$$

p は x 方向の全運動量である (久保公式を用いると式 (4.14) から直接式 (4.1) が与えられる). Edwards and Thouless 1972 が仮定したように，式 (4.14) の右辺の 2 つの項はほとんど相殺し合うものと予想される．これらの項の (微小な) 差は，最小の $E_j - E_0$ (Δ 程度) を分母に含む項のオー

ダーになる．基底状態と第1励起状態の間の半古典的行列要素 $\hat{x}$ を得るために式 (D.1) で $q \to 0$ と置いて x_{0j} から p_{0j} への遷移を考えても，導電率 (B.2) から $|p_{0j}|^2$ を決めても，一般的な結果として式 (4.13) のオーダーの値を得ることができる．

半古典的描像

径路積分の形式に基づく半古典的な近似によって，永久電流の問題に対する多くの洞察が与えられる（Imry 1991, Argaman et al. 1993）．この方法は集団平均として求まる永久電流が実際に現れる条件を理解するのにも役立つ．

Green 関数 $G(\mathbf{r}, \mathbf{r}', E)$ を用いて話を始めよう．状態密度は次のように与えられる．

$$n(E) = \sum_j \delta(E - E_j) = (1/\pi) \int d^d r \mathrm{Im} G(\mathbf{r}, \mathbf{r}, E) \tag{4.15}$$

これ以降，空間積分は既知とし，単位体積領域を扱うものとする．また与えられたエネルギーで $\mathbf{r}$ を発して $\mathbf{r}$ へ戻る古典的径路からの寄与の総和によって $G(\mathbf{r}, \mathbf{r}, E)$ を近似することにする．リングの穴を時計回りに n 回まわる径路からの $G(E)$ への寄与を A_n とおく．A_n の振幅については後から議論する．磁束がゼロのとき $A_n = |A_n|e^{i\phi_n}$ と書くと，時間反転対称性により $A_n = A_{-n}$ である．AB 磁束 Φ があると A_n に因子 $e^{in\phi}$ ($\phi = 2\pi\Phi/\Phi_0$) が掛かる．したがって磁束が存在するときの状態密度は次式で与えられる．

$$\begin{aligned}n_\Phi(E) &= n_0(E) + 2|A_1|\sin\phi_1 \cos\phi + 2|A_2|\sin\phi_2 \cos 2\phi + \cdots \\ &\equiv n_0(E) + \delta n_1 \cos\phi + \delta n_2 \cos 2\phi + \cdots \\ &\equiv n_0(E) + \delta n_\Phi(E)\end{aligned} \tag{4.16}$$

$n_0(E)$ は磁束に依存しない成分（通常の状態密度の主要部分）で，$\delta n_\Phi(E)$ が磁束による補正である．A_n と ϕ_n は E の関数である．距離 L にわたる拡散径路の位相変化量は $k_F L^2/l \sim E_F L^2/\hbar D$ なので，ϕ_1 は一般に E に

対して単位時間あたり $\sim \pi/E_c$ で増加し,また ϕ_n は n が大きくなるに従って顕著に増加することが予想される[6]. 式 (4.16) は $n_\phi(E)$[‡] の磁束依存性を調和関数の級数で表した便利な表式である. この式に基づく簡単な考察から,いくつかの重要な知見を得ることができる.

1. 全行程を辿るのに位相緩和時間 τ_ϕ より長い時間がかかる径路からの寄与は指数関数的に減衰する. したがって $\sim \hbar/\tau_\phi$ より細かい状態密度の微細構造は消失する. A_1 からの寄与は $t_L \sim \hbar/E_c$ の時間を要する. したがって磁束に依存する基底振動成分が残るための条件は,

$$\tau_\phi \gtrsim t_L \Leftrightarrow L_\phi \gtrsim L \tag{4.17}$$

であり,高次の成分は急速に消失する. エネルギーのスケール Δ はこの問題には無関係である (Stern et al. 1990a, b).

2. 磁束に依存する状態密度の振動は,位相緩和に加え,有限温度の平均化の効果によっても失われる. ここで $k_B T$ と比較すべきエネルギーのスケールは(あまり重要でない $|A_i|$ のエネルギー依存性を無視すると)$n=1$ に対して E_c であり[7],n が大きいほどエネルギースケールは小さくなる. 温度による平均化は磁束依存性を指数関数的に消失させる.

3. $\sin\phi_n$ のような量を不純な統計集団で平均化すると,通常は位相 ϕ_n が大きなゆらぎを持つために $\langle \sin\phi_n \rangle_{av} = 0$ となる. この平均化によって,リングにおける h/e 周期の AB 振動や細線の普遍コンダクタンスゆらぎ (universal conductance fluctuation:UCF) が消失する(第5章). 平均化の効果は,系の寸法が不純物散乱の起こるスケールに比べて十分大きいときに現れる. 実際に適当な条件下で,平均化された永久電流が L/l に依存して指数関数的に減衰する様子

---

[6] ここで得られるほとんど周期的な $n_\Phi(E)$ のゆらぎは数値計算の結果と一致する (Bouchiat and Montambaux 1989, Divincenzo 1990 未出版).

[‡] (訳注)n_ϕ と n_Φ は同じものである(ϕ と Φ は 1 対 1 で対応. $\phi = 2\pi\Phi/\Phi_0$).

[7] $E_c/k_B T \sim (L_T/L)^2$ であることに注意せよ.

が観測されている (Entin-Wohlman and Gefen 1989, Cheng et al. 1989).

4. 閉じた各径路からの寄与の和として表される δn の表式 (Berry 1985) は,導電率 σ に対する弱局在の補正に関係している (Larkin and Khmelnitskii 1982, Khmelnitskii 1984b, Bergmann 1984, Chakravarty and Schmid 1986, Argaman 1993 未出版) これらの量はそれぞれ $\mathrm{Im} G$ および $|G|^2$ で決まる. g に対する補正は 1 のオーダーである. したがって,

$$\delta n_1 \sim 1/\Delta \qquad \text{etc.} \tag{4.18}$$

と予想される. 磁束に依存する状態密度の変化が導電率の補正に対応していることは興味深い. 同様の考察によって式 (4.13) を確認することもできる.

上記 2 と 3 から導かれる重要な結果は"$L \gg l$ ならば状態密度の集団平均は磁束に依存しない"ということである. 同じことが $k_B T \gg E_c$ の温度条件についても言える. このことが通常の文献で前提とされている,平均化された平衡状態の性質は磁束に依存しないという仮定の基礎になっている (たとえば Altshuler et al. 1981a, 1982b). 分配関数は状態密度を含む関数の積分 (Laplace 変換) なので, 熱力学的性質の磁束に対する敏感さは平均化の操作によって失われる.

上記の議論は 1 粒子の分配関数については完全に正しいが, 多体系になると相互作用を考慮しなくとも状況が変わってくる. 大正準系, すなわち粒子数でなく化学ポテンシャルが与えられた系において, 平衡状態の物理量はやはり $n(E)$ に Fermi 分布関数および (または) それを微分したものを掛けた関数の積分で与えられる. したがってこの場合も大きな系では,平衡状態の平均の性質は磁束依存性を持たない. これは Entin-Wohlman and Gefen 1989 や Cheung et al. 1989 の結果と一致している. 相互作用のない系の平均化した平衡状態の性質に磁束依存性が現れるならば, それは $\delta n_\phi(E)$ の非線形性によるものである. このような平均化が起こる状況は多くの実験 (おそらく Levy et al. のものも含まれる) において成立して

いるものと推定される．巨視的な変数の値は共通で，不純物の分布状態が個々の試料で異なる統計集団を考えよう．Φ が変わっても"各々のリングの中の電子数は変化しない"ものと仮定する．このような状況は，たとえば絶縁体基板の上に金属のリングが形成されている試料にあてはまる．集団を構成する各試料の電子数 N の違いを許容して，このような集団も正準集団と呼ぶことにする（種々の集団に関する議論は Kamenev and Gefen 1993, 1994, Kamenev et al. 1994 を参照）．重要な点は N が"個々の試料において定数である"ということだが[8]，我々はこれが拡散領域で決定的に重要にはならないと信じている．N が試料間で異なることはもちろん有り得るが，そのことによる結果の違いはおそらく生じない．拡散領域では N の奇偶による結果の違いも規則的なものではなくなる．通常の大正準集団と N が定数の場合の違いは Landauer and Büttiker 1985 によって議論されている．また Cheung et al. 1988 もこの問題を取り上げている．

話を明確にするため，絶対零度の取り扱いを示すことにする．エネルギーの低い方から E_F まで N 個の準位が満たされており，N が定数であるため E_F が磁束 ϕ に依存して変化する．Imry 1991 の議論に従い，

$$E_F(\phi) = E_F^0 + \Delta(\phi) \tag{4.19}$$

と書くことにすると，N が定数であることから，磁束依存成分 δn_ϕ の 2 次の項までで，

$$\Delta(\phi) + \frac{\delta N_\phi(E_F^0)}{n_0} = -\frac{1}{2}\frac{n_0'}{n_0}\Delta^2(\phi) \tag{4.20}$$

となる．n_0 は $n_0(E_F^0)$，n_0' はその E_F^0 における微分であり，$\delta N_\phi(E)$ は次式で定義される．

$$\delta N_\phi(E) \equiv \int_0^E \delta n_\phi(\epsilon) d\epsilon \tag{4.21}$$

次に $\phi = 0$ のときのエネルギー E_0 を基準とした，系のエネルギーの正準平均を評価する．

$$E - E_0 = \int_{E_F^0}^{E_F^0 + \Delta(\phi)} n_0(\epsilon)\epsilon d\epsilon + \int_0^{E_F} \delta n_\phi(\epsilon)\epsilon d\epsilon \tag{4.22}$$

---

[8] 集団を構成する個々の試料の N の違いを強調したのは Bouchiat and Montambaux 1989 である．

第1項を $\Delta(\phi)$ (または δn) の冪級数に展開し,第2項には部分積分を施す.前者からの1次の項は消え,$E - E_0$ に対する1次の項全体の寄与は,

$$\Delta E^{(1)}(\phi) = -\int_0^{E_F^0} \delta N_\phi(\epsilon) d\epsilon \tag{4.23}$$

となる.これは個々の試料によって異なる寄与である(しかし対称性はある —— ϕ に関する周期性と時間反転対称性を仮定すると ϕ の偶関数になる).式 (4.23) と似た試料固有の h/e 周期の項が大正準集団の場合にも現れることは簡単に分かる.

式 (4.18) と式 (4.23) を用いて $\Delta E^{(1)}(\phi)$ (および永久電流) の大きさを見積もることができる.しかしそのためには積分式 (4.21) や (4.23) の中で起こる相殺効果の詳しい情報が必要となる.ここでは暫定的な仮定を設けることにするが,正確な理解のためには後で議論するスペクトル相関の議論が必要となる.式 (4.21) と (4.22) の振動する非積分関数は,最後の厚さ E_c の"殻"の部分(これは先に述べたように $\delta n(E)$ の平均"周期"である)以外は相殺されて消失するものと仮定しよう.このエネルギー範囲にある準位の数は g のオーダーである.この範囲の寄与がランダムに加算されるものとすると次式が得られる.

$$|\delta N(E_F)|_{typ} \sim n_0 \Delta \sqrt{g} \sim O(\sqrt{g}) \tag{4.24}$$

積分 (4.23) も同様に"最後の殻"で決まると"仮定"すると,$|\delta E|_{typ} \sim E_c$ となるが,これは Cheung et al. 1989, Altshuler and Spivak 1987, Montambaux et al. 1990 の結果と一致する.

集団平均操作においてもちろん $\Delta E^{(1)}(\phi)$ は,他のすべての高次の項と同様に消滅する.しかし式 (4.22) の2次の項 (δN, $\Delta(\phi)$ について) は,

$$\begin{aligned}\Delta E^{(2)}(\phi) &= \left[\frac{1}{2}\frac{\partial}{\partial \epsilon}(n_0 \epsilon)\right]_{E_F^0} \Delta^2(\phi) + \Delta(\phi) \delta N_\phi(E_F^0) \\ &\quad -\frac{1}{2}E_F^0 \frac{\partial n_0}{\partial \epsilon}\bigg|_{E_F^0} \Delta^2(\phi) - \Delta(\phi)\delta N_\phi(E_F^0) \\ &= \frac{n_0}{2}\Delta^2(\phi) \end{aligned} \tag{4.25}$$

となる．ここで式 (4.20) を用いた．式 (4.18) と式 (4.20) の 1 次の部分を用いて平均化を行うと次式が得られる．

$$\langle \Delta E^{(2)}(\phi) \rangle_{av} = \frac{1}{2n_0} \langle \Delta N_\phi^2(E_F^0) \rangle = \frac{1}{2} \frac{\partial \mu}{\partial N} \langle \Delta N_F^2 \rangle$$
$$= \text{const} \times \cos^2 \phi \tag{4.26}$$

ϕ が小さい場合は次のようになる．

$$\Delta E^{(2)}(\phi) = \text{const} - \text{const}' \times \phi^2 \tag{4.27}$$

小さい ϕ に対する永久電流は線形な奇関数で"常磁性の符号"を持つ！この符号が式 (4.26) に現れている ϕ の増加に伴うゆらぎの"減少"という非常に基礎的な性質によるものであることを後から見る．このゆらぎの減少は磁束が時間反転対称性を破り，実効的な準位間反発を抑制する効果に起因するものである．

集団平均化した永久電流（関連文献 Bouchiat and Montambaux 1989）は，最も単純な場合を考えると ϕ の奇関数で $h/2e$ 周期を持ち，小さい ϕ の下で"常磁性"的である．$h/2e$ の基底周期が残るかどうかは基本的に（そして単純に）N が ϕ に対して定数か否かによる．"周期の半減"（Landauer 1990a, b も参照）は導電率に見られる同様の現象（第 5 章）とも関係があるが，完全に同じものではない．導電率は $|A_1|^2$ のような項を用いて $|G|^2$ から求められるが，全体の相殺効果によって ϕ_1 依存性が消失する．

N が定数の集団で平均化された永久電流の性質

式 (4.26) の最後の式で表される集団平均化された"正準系の"永久電流に対する磁束の寄与の形は一般的なもので，熱力学的考察から導くこともできる（Altshuler et al. 1991a, b, Schmid 1991, Montambaux et al. 1990）．リング中の電子数 N を定数に保つために，Φ に依存した μ の変化を想定する．一般的な熱力学的関係式から議論を始めよう（$k_B T \gtrsim \Delta$ の場合の興味深い補正効果が Kamenev and Gefen 1996 によって見いだされている）．

$$\left. \frac{\partial F}{\partial \Phi} \right|_N = \left. \frac{\partial \Omega}{\partial \Phi} \right|_\mu \tag{4.28}$$

F は自由エネルギー（正準集団），$\Omega = F - \mu N$ は熱力学ポテンシャル（大正準集団）で，微分は平衡状態が持つ各変数の値を保って，たとえば $\mu = \left.\dfrac{\partial F}{\partial N}\right|_\Phi$ の値を保ちながら実行する．上記のように Φ が変化すると μ が変わる．

$$\mu(\Phi) = \langle\mu\rangle + \delta\mu(\Phi) \tag{4.29}$$

$\langle\mu\rangle$ は磁束の周期にわたって平均化した化学ポテンシャルである．

式 (4.28) の右辺を小さい $\Delta\mu$ について展開すると次式が得られる．

$$\left.\frac{\partial\Omega}{\partial\Phi}\right|_\mu = \left.\frac{\partial\Omega}{\partial\Phi}\right|_{\langle\mu\rangle} + \delta\mu(\Phi)\frac{\partial}{\partial\mu}\left.\frac{\partial\Omega}{\partial\Phi}\right|_{\langle\mu\rangle} \tag{4.30}$$

最後の項の微分の順序を変えて（Maxwell の関係），$\left.\dfrac{\partial\Omega}{\partial\mu}\right|_\phi = -N$ の関係を用い，平均化を行うことで次式を得る．

$$\overline{\left.\frac{\partial F}{\partial\Phi}\right|_N} = \overline{\left.\frac{\partial\Omega}{\partial\Phi}\right|_{\langle\mu\rangle} - \delta\mu\frac{\partial}{\partial\Phi}N(\langle\mu\rangle)} = \overline{\left.\frac{\partial\Omega}{\partial\Phi}\right|_{\langle\mu\rangle}} + \left.\frac{\partial\mu}{\partial N}\right|_\Phi \overline{\left.\delta N \frac{\partial N}{\partial\Phi}\right|_{\langle\mu\rangle}} \tag{4.31}$$

ここでは次の陰関数微分を用いた．

$$-\left.\frac{\partial\mu}{\partial\Phi}\right|_N = \left.\frac{\partial N}{\partial\Phi}\right|_\mu \left.\frac{\partial\mu}{\partial N}\right|_\Phi$$

最後に定数 $\mu = \langle\mu\rangle$ の下で集団平均化された永久電流は指数関数的に小さくなることと，相互作用のない準粒子の状態密度 $\partial N/\partial\mu$ の最低次の項が典型的な準位間隔 Δ の逆数であることを用いて，次式を得ることができる．

$$\overline{\left.\frac{\partial F}{\partial\Phi}\right|_N} = \frac{\Delta}{2}\frac{\partial}{\partial\Phi}\langle\Delta N_\mu^2\rangle \tag{4.32}$$

これで正準平均の永久電流は式 (4.26) と同様に平均量を用いて，準位間隔と大正準粒子数ゆらぎの磁束微分の積として表された．一般に大正準平均量は計算が容易である．

式 (4.32) の右辺を評価するために，エネルギー E（後で $E \cong E_F$ とおく）の付近で ϵ だけ準位を隔てた状態密度のゆらぎを表すスペクトル相関関数，

$$K(E,\epsilon) \equiv \left\langle \delta n\left(E - \frac{\epsilon}{2}\right)\delta n\left(E + \frac{\epsilon}{2}\right)\right\rangle \tag{4.33}$$

4.2. 平衡状態の量子干渉：永久電流

が必要となる．式 (4.32) の右辺にある平均量は $T = 0$ で次のように与えられる．

$$\langle \Delta N_{E_F}^2 \rangle = \int_0^{E_F} \int_0^{E_F} \langle \delta n(E_1) \delta n(E_2) \rangle dE_1 dE_2$$
$$= \int_0^{E_F} dE \int_{-E}^{E} d\epsilon K(E, \epsilon) \tag{4.34}$$

Altshuler and Shklovskii 1986 が求めたスペクトル相関関数 K に基づく上式の評価が Schmid 1991 や Altshuler et al. 1991a, b によって行われた．Φ 依存性は "2 クーペロン" のダイヤグラムから現れる[†]．結果は次のように表される．

$$\bar{I}(\phi) = \sum_m I_m e^{2im\phi} \tag{4.35}$$

$$I_m = \frac{4i\Delta}{\pi \Phi_0} e^{-2m/\sqrt{E_c \tau_\phi}} \mathrm{sgn}(m) \tag{4.36}$$

有限温度では τ_ϕ が $\hbar/k_B T$ 程度で指数関数的に減少する．この電流は予想通り常磁性の符号を持つ（スペクトル相関 $K(\epsilon)$ に反映された Φ に対する "スペクトルの剛性" による）．電流の大きさは各々の "周期成分" に関して Δ/Φ_0 のオーダーに過ぎないが，τ_ϕ の減少（$k_B T$ の上昇）による電流の減衰に関与するエネルギーのスケールは Thouless エネルギー E_c である．

スペクトル相関の半古典的な理論とリングへの適用

式 (4.34) はスペクトル相関関数 $K(E, \epsilon)$ が系のスペクトルの性質を反映した，物理的に適切に定義された関数であることを示す一例となっている．不規則性を持つ "メソスコピックな" 量子ドットや微細リングは（Efetov

---

[†] (訳注) " — on" という呼称を見ると何かの擬粒子のように錯覚しそうであるが，クーペロン (cooperon) という述語は不純物散乱の媒介によって 2 電子間に生じる "相互散乱過程" を指す．不規則な不純物ポテンシャルによる弱局在の効果はちょうど反対向きの波数（$\mathbf{k}_2 = -\mathbf{k}_1$）を持つ電子間に顕著な干渉効果をもたらすが，この性質が超伝導の Cooper 対形成を連想させることから cooperon という呼称が使われている．2 クーペロン過程の考察により，共通の不純物ポテンシャルの下での 2 つの量の相関を評価することができる．

1982, 1983），一定の変数領域においてランダム行列理論（random matrix theory：RMT，たとえば Mehta 1967）の統計に従うことが明らかになっている[‡]．準位密度の自己相関関数から，平均準位間隔と Thouless エネルギーの間のエネルギー領域におけるランダム行列理論型のスペクトルの剛性が導かれることが Altshuler and Shklovskii 1986 によって示された（後の議論を参照）．この仕事により Thouless エネルギー以上（かつ弾性散乱時間の逆数以下）で，新たに普遍的なエネルギー領域が見いだされた．Efetov 1982 は異なる方法で，ランダム行列理論の統計が低エネルギー領域に適用できることを早くから証明していた．多くの物理的現象に関係する統計的性質がどのように決まるかを物理的に理解するには，準古典的な描像が有効となろう．"量子カオス"の分野でも Berry 1985 によって，カオス的な系の準古典的スペクトルがランダム行列理論に従うという観測結果（Bohigas et al. 1984）に対する理論づけがなされた．最近 Argaman et al. 1993 は Berry の方法を応用して，低エネルギー領域で拡散的に運動する粒子の準古典的なスペクトルにもランダム行列理論が適用できることを示した．Altshuler and Shklovskii 1986 の結果は詳細にわたって確認されている．これを一般化した説明を付録 G に与えることにして，ここでは結果の要約と永久電流への適用を示す．

　Argaman et al.（Doron et al. 1992 も参照）は Berry の結果を次のように表現した．"スペクトル形状因子"（spectral form factor，$K(E, \epsilon)$ の ϵ を t へ Fourier 変換したもの）は，半古典的近似によって次のように与えられる．

$$\tilde{K}(t) = \frac{t}{\hbar^2} \frac{d\Omega}{dE} P_{cl}(t) \tag{4.37}$$

$\Omega(E)$ は与えられたエネルギー E に対する（純粋に古典的な）位相空間の体積であり，$P_{cl}(t)$ は与えられた有限体積中の拡散粒子が時間 t の後に元に戻る古典的な確率密度である．これは金属的な極限，

$$\Delta \ll E_c \ll \hbar/\tau_{el} \ll E_F \tag{4.38}$$

[‡]（訳注）ランダム行列理論は金属微粒子系などを扱うために考えられたものである．微粒子の形状が不揃いで各微粒子のハミルトニアンがランダムなエルミート行列で表されると仮定すると，ハミルトニアンの各固有値（エネルギー準位）が互いに近づきにくい傾向を持つことが導かれる．この傾向をエネルギー準位間の"反発"（energy level repulsion）と呼んだり，エネルギースペクトルの"剛性"（spectral rigidity）と称したりする．

で適用可能である．これで $E < E_c$ のときのランダム行列理論の結果（拡散粒子が L^d の体積を満たすように $t > L^2/D$ とする）と $E > E_c$ のときの Altshuler-Shklovskii の結果（拡散する粒子が無限体積の中にあるように振舞う）の両方を扱うことができる．

AB 磁束を伴うリングの準古典的な議論は簡単である．「半古典的描像」の小節で示したように，周回回数 m で AB 位相が $e^{im\phi}$ のすべての軌道と，それらと時間反転の関係にある AB 位相 $e^{-im\phi}$ の軌道をすべて併せて考える．この方法によって，単一試料や集団平均の永久電流の計算に適用できる磁束の関数 $K(\epsilon,\phi)$ を導くことができる（Argaman et al. 1993）．

前者を得るために次のように書く．

$$\overline{I^2} = c^2 \overline{\frac{\partial}{\partial \Phi} E \frac{\partial}{\partial \Phi'} E}$$

$T=0$ において E は $\int_{-\infty}^{E_F} \epsilon n(\epsilon) d\epsilon$ と表される．磁束に依存する状態密度のゆらぎを式 (4.16) のように書き，各径路の和に関して式 (G.3) のような対角近似を適用する．再び式 (G.3) と (G.4) を用いると，リングを n 回周回する古典的確率（ここでも時間反転軌道と一緒に考える．位相は $e^{\pm in\phi}$）は，粒子が n 回の周回運動の後に元の位置に戻る確率であることが分かる．この確率は $e^{-n^2L^2/4D|t|}$ に比例する．このようにして最終的に次式が得られる（Argaman et al. 1993）．

$$\langle I^2 \rangle \simeq 4c^2 \int_{-\infty}^{0} d\epsilon\epsilon \int_{-\infty}^{0} d\epsilon'\epsilon' \int_{-\infty}^{0} dt e^{-i(\epsilon-\epsilon')t/\hbar} \frac{|t|}{h^2} \frac{L}{\sqrt{4\pi D|t|}}$$
$$\times \sum_{n=1}^{\infty} \left(\frac{2\pi n}{\Phi_0}\right)^2 \exp\left(-\frac{n^2L^2}{4D|t|}\right) \sin^2 \frac{2\pi n\Phi}{\Phi_0} \qquad (4.39)$$

この式を評価すると，$T=0$ における電流の第 n 振動成分の振幅は，n が小さいならば $eE_c/\hbar$ のオーダーであり，次式で与えられることが分かる．

$$\overline{I_n(\Phi)^2} = \frac{24}{\pi^2 n^3}\left(\frac{eD}{L^2}\sin\frac{2\pi n\Phi}{\Phi_0}\right)^2 \qquad (4.40)$$

有限の温度もしくは有限の τ_ϕ において，式 (4.39) の時間積分は $\hbar/k_BT$ 以上のところで指数関数的に減衰する．式 (4.17) の後ろで説明したように高次の振動成分ほど強く減衰する．

同様の考え方で式 (4.32) と (4.34) を用いると，集団平均の永久電流を求めることもできる（Argaman et al. 1993）．これにより式 (4.35) および (4.36) と等価な結果が得られるが，これは Altshuler-Shklovskii が得た $K(E,\epsilon)$ に基づく計算結果と整合するものである．

既に説明したように，集団平均の電流の計算値は観測された値より少なくとも 2 桁小さいので，相互作用のない電子系のモデルは物理的な本質を捉えていないことになる．従って電子間相互作用を考慮することが不可欠である．

単純な孤立系（量子ドット）における磁場の効果も興味深いものである．磁場は時間反転対称性を破り，ランダム行列理論の範疇のスペクトル相関を"ユニタリー型の相関"にしてしまう．半古典的描像で量子ドットを考えると，磁場は互いに時間反転の関係にある軌道間の干渉を消失させるので，$K(\epsilon)$ に $\frac{1}{2}$ の因子が現れる．これは Altshuler and Shklovskii 1986 が示した"クーペロン"（cooperon）型の弱局在効果の描像からの類推も可能である．この"直交－ユニタリー遷移"の詳細は Argaman et al. 1993 によって議論されており，量子ドット系において本質的な，非線形の新奇な軌道常磁性を論じるための基礎を与えている（Altshuler et al. 1991, 1993, Oh et al. 1991, Raveh and Shapiro 1992）．

永久電流に対する電子間相互作用の効果

相互作用を持つ電子系の軌道応答に関する最初の微視的な計算は，超伝導ゆらぎの研究として Aslamazov and Larkin 1974 によって行われた（Aslamazov et al. 1969 も参照）．これより早く Schmid 1969 はこの問題を GL のアプローチによって考察していた．この結果はかなり一般的なもので，相互作用が超伝導転移を引き起こさない場合にも適用できる．相互作用が十分弱いならば，ベクトルポテンシャルに対する電流応答はその強度に比例する．電流もしくは軌道磁気応答（orbital magnetic response）の符号は，相互作用が実効的に引力（たとえば臨界温度 T_c 以上の超伝導体）ならば反磁性，一般的な斥力ならば常磁性となる．前者の符号は超伝導体のメソスコピックリングが熱ゆらぎによって非超伝導状態になった場

合と同じであり，$\Phi \ll \Phi_0$ の非整数磁束を遮蔽するように周回電流が流れる (Gunther and Imry 1969). 斥力の下で常磁性応答を生じることは，通常の1次の摂動論から見て自然な結果である (Halperin 1991 私信). この寄与は計算技法上"2クーペロン"(two-cooperon) ダイヤグラムに"相互作用線"を加えることによって得られる. このようなダイヤグラムはたとえば Altshuler and Shklovskii 1986 が $K(\epsilon)$ を求めるのに用いたり，Altshuler et al. 1991a, b や Schmid 1991 が相互作用のない電子系の集団平均の永久電流を求めるために用いたりしている. 集団平均化した永久電流 I の計算は，初めはこのような考え方で Ambegaokar and Eckern 1990, 1991 および Eckern 1991 によって行われた. 相互作用の1次の項までで，相互作用のある系の準位間隔 Δ は $E_c \cdot \tilde{V}$ に置き換わる.

$$\Delta \to E_c \tilde{V} \text{ to 1st order in } \tilde{V} \qquad (4.41)$$

$\tilde{V}$ は低エネルギーにおける無次元の結合定数であり，遮蔽効果を含めるためには高次の部分和を計算しなければならない. しかし以下に示すように電荷中性の概念を用いて式 (4.41) と同じ結果が得られる (Schmid 1991, Argaman and Imry 1993). この結果は $\tilde{V} \ll 1$ ならば厳密に正しい. 銅のように $\tilde{V}$ があまり小さくない場合も ($\sim 0.3-10$) おそらく2以下の因子を付加することによって Levy et al. の実験結果と合わせることができる.

$\tilde{V}$ が大きい場合には高次の補正が重要になる. この高次補正は早くから Spivak and Khmelnitskii 1982 と Altshuler et al. 1983 によって，Aslamazov and Larkin 1974 の初期の仕事に基づいて計算されていた. その結果は "Cooper チャネル" 中の相互作用が繰り込みによって次のように変更を受けるというものである.

$$\tilde{V}_{\text{eff}} = \frac{\tilde{V}}{1 + \tilde{V}\ln(E_>/E_<)} \to \begin{cases} \tilde{V} & \text{for } \tilde{V} \ll \dfrac{1}{\ln(E_>/E_<)} \\[2mm] \dfrac{1}{\ln(E_>/E_<)} & \text{for } \tilde{V} \gtrsim \dfrac{1}{\ln(E_>/E_<)} \end{cases}$$
$$(4.42)$$

$E_>$ と $E_<$ は諸条件によって決まる特徴的なエネルギースケールの大きい

方と小さい方を表している．現実的な条件下で相互作用は $\tilde{V}$ に対して 1 桁程度減少する．この繰り込みの本質は Bogoliubov and Tolmachev が求めた超伝導における Coulomb 相互作用の抑制効果（たとえば de Gennes 1966）と類似のものである．超伝導において本質的な斥力の抑制は，低エネルギー（E_F 付近）の相互作用 V_{eff} がどのように高エネルギーに関係するかを考慮することによって得られる．これは高エネルギー遷移を積分することで簡単に求まる．しかし残念ながらそのような手続きによる $\bar{I}$ の計算結果は実験値より 1 桁程度小さくなってしまう．$\tilde{V}$ の摂動論は現状では実験値を説明できないようである．

$\bar{I}$ に対する相互作用の効果について物理的描像を持つことは有意義であろう．この描像は最初 Schmid 1991 によって与えられた．Coulomb 相互作用の重要な効果は，遮蔽距離 Λ 以上の寸法を持つ任意の体積要素において局所的に電荷の中性を保つことである．Schmid は単に"全電子数" N が一定に保たれることよりも，むしろこの局所的な電荷中性の条件が永久電流に対して本質的な寄与を持つことを論じた．この取り扱いによって先に示した相互作用の 1 次の結果が得られるが，やはり上記のような "Cooper チャネル" の繰り込みによる相互作用の抑制が起こる．

単純化した Schmid の議論を示すために，空間分布を持つ実効ポテンシャル (Argaman and Imry 1993) を導入し，磁束の変化の下で局所的な電荷の中性が保たれるものと考える（Thomas-Fermi の遮蔽）．不純な統計集団で平均化した永久電流は，実効ポテンシャルの磁束に対する感度と，相互作用のない局所電子密度の積（の空間積分）に比例する項を含む（式 (4.43)-(4.45) 参照）．これは正準集団の結果（式 (4.31) と (4.32)）を一般化したものになっており，全体の化学ポテンシャルと大正準系の電子数は磁束に敏感に依存する．後に示す式 (4.45) に基づく結果 (Argaman and Imry 1993) も依然として Ambegaokar and Eckern の 1 次の結果に似たものになる．このようなレベルの議論では相互作用の繰り込みの効果が明確に現れないので，更に進んだ検討が必要である．しかし小さい $\tilde{V}$ についてはこの描像によって Schmid の議論を裏付け，洞察を深めることができる．

Schmid 1991 およびその描像を一般化した Altshuler et al. 1991a, b に

4.2. 平衡状態の量子干渉：永久電流

従い，遮蔽距離よりは大きいけれども系を特徴づける他の長さより小さいブロック（番号 i で識別）に試料を分割することを考える．Coulomb 相互作用の効果はすべてブロック i 内の電子に対するポテンシャルエネルギー v_i で表されるものとする．実効的に相互作用を持たない電子系のエネルギーは $\Omega_{\it{eff}}(\{v\},\Phi)$ と与えられる．$\{v\}$ はすべての i に対する v_i 一式を表し，Φ は Aharonov-Bohm 磁束を表す（$\Omega_{\it{eff}}$ は間接的に温度，化学ポテンシャル，不純物ポテンシャルに依存する）．永久電流は $I(\{v\},\Phi) = -c\partial\Omega_{\it{eff}}/\partial\Phi$ と与えられ，領域 i の中の電子数は $N_i(\{v\},\Phi) = \partial\Omega/\partial v_i$ となる．Φ が変化すると v_i が局所電荷中性を保つように変化をして，N_i が領域 i にあるイオン電荷総量に等しくなるように保たれる（式 (4.30) を得る際には"全体の"電荷中性だけが維持されており，このときの化学ポテンシャルの変化は小領域 i への分割とは無関係な v_i に対する寄与の部分と見なすことができる）．

与えられた試料について v_i^0 を v_i の平均と定義し，Φ の1周期にわたる v_i を $v_i^0 + \Delta v_i(\Phi)$ と表すと次式が得られる．

$$I(\{v\},\Phi) = I(\{v^0\},\Phi) + \sum_i \Delta v_i \left.\frac{\partial I}{\partial v_i}\right|_{\{v^0\}}$$
$$= I(\{v^0\},\Phi) - c\sum_i \Delta v_i \left.\frac{\partial N_i}{\partial \Phi}\right|_{\{v^0\}} \quad (4.43)$$

最後の行では熱力学的な Maxwell の関係，

$$\frac{\partial I}{\partial v_i} = -c\frac{\partial N_I}{\partial \Phi}$$

を用いた．リングの物理的性質の磁束依存性は弱いものと仮定して，Δv_i の高次の相関を無視した．また $N_i(\{v\},\Phi)$ に対する上記と類似の式が定数となることを仮定して Δv_i を決定する．

$$N_i(\{v\},\Phi) = N_i(\{v^0\},\Phi) + \sum_i \Delta v_j \left.\frac{\partial N_i}{\partial v_j}\right|_{\{v^0\}}$$
$$\simeq N_i(\{v^0\},\Phi) - N(0)\Delta v_i \quad (4.44)$$

ここで局所的な近似 $\partial N_i/\partial v_j \simeq -N(0)\delta_{i,j}$ を導入し，各々の領域の状態密度 $N(0) = \partial N_i/\partial\mu$ が i によらないことを仮定した．$\delta_\Phi N_i = N_i(\{v^0\},\Phi) - $

N_i と定義すると次式が得られる.

$$\langle I \rangle = \langle I(\{v^0\}, \Phi) \rangle - c \left\langle \sum_i \frac{\delta_\Phi N_i}{N(0)} \frac{\partial N_i}{\partial \Phi} \right\rangle$$

$$= -\frac{c}{2N(0)} \frac{\partial}{\partial \Phi} \left\langle \sum_i (\delta_\Phi N_i)^2 \right\rangle \quad (4.45)$$

上式では不純な集団平均を導入し,相互作用のない(大正準)平均の電流と同様に $\langle I(\{v^0\}, \Phi) \rangle$ を無視した.

最後の項は局所ポテンシャルを定数に保った際の局所的な電子数のゆらぎの和(の磁束微分),すなわち不規則ポテンシャル v_i^0 の下で磁束について平均化した相互作用のない電子のゆらぎである.このポテンシャルが不純な集団においてランダムに変化すること(ホワイトノイズ)を仮定すると,既に導いてある相互作用のない電子系の理論によって,ゆらぎの量を評価することができる.この寄与は式 (4.41) の 1 次の結果(電子間斥力のある場合)と似ていて数値は大きく,小さい Φ の下で常磁性を示し,磁束に対して $\Phi_0/2 = hc/2e$ の周期性を持つ.この結果は繰り込みを考慮しない"素朴なレベル"では実験結果に合う.また Argaman and Imry 1993 は,密度ゆらぎの理論(Kohn and Sham 1965, レビューとして Kohn and Vashishta 1985)を応用することによって上記の結果を得た."Cooper チャネルの繰り込み"によって生じる効果がどの程度のものになるかは今のところ未解決の問題である.

現時点で永久電流に関する検討状況をまとめると次のようになる.実験結果は収束しつつあるように見える.しかし現在得られている実験結果に対し,理論は集団平均の場合も,またおそらく特定試料の場合についても,桁違いに小さい電流値を与えている.全く新しい表面や界面の現象を考慮するといったことがない限り,Coulomb 相互作用へ摂動以外の理論を適用しなければならない.現在提示されている手がかりは 2 つある.ひとつは上記の電荷中性の議論,もうひとつは Altland et al. 1992, Müller-Groeling et al. 1993 および Müller-Groeling and Weidenmuler 1994 による,相互作用が不規則性の効果を強く抑制しているかもしれないという興味深い観測結果である.この結果は最近行われた Berkovits and Avishai 1995,

4.2. 平衡状態の量子干渉：永久電流

1996 による数値計算でも支持されている．しかしながらこの効果が輸送状態よりも平衡状態において顕著に現れることについて明確な説明が与えられなければならない．上記の考え方は両方とも，今後さらなる検討が必要である．

問題

（これは付録 B の初めに言及する "微妙な点" に関する設問である）$[\hat{p}, \hat{x}] = \hbar/i$ を用いて式 (B.4) の右辺の 2 つの項が正確に相殺し合うことを証明せよ．$v_{ij} = i\omega_{ij} x_{ij}$ とする．これが何故，どのような場合に問題となるか？　どのような場合に妥当となるか？　上記の相殺効果は系が境界条件に対する感度を持たず，系の軌道磁気応答が全くないことを意味していると納得せよ！

第5章　量子干渉効果とLandauer形式

5.1　有限系の久保導電率

　メソスコピック系の輸送特性は，通常の巨視的な系と比べて新奇で興味深い多くの性質を持つ．中でも特に重要なものとして，直列した試料の抵抗加算則や並列した試料のコンダクタンス加算則の破綻，リング（すなわち2つの並列抵抗）における，開口部を貫くAharonov-Bohm磁束に依存する周期的な抵抗振動（Gefen et al. 1984a, b, Webb et al. 1985a, b），微細な単独の細線に見られる，これと似た非周期的コンダクタンスゆらぎ（Blonder 1984, Umbach et al. 1984, Altshuler 1985, Lee and Stone 1985, Licini et al. 1985a, Stone 1985, Skocpol et al. 1986）が挙げられる．最後に挙げたコンダクタンスゆらぎにも普遍的な性質がある．前章で述べたように，これらの現象を理解するためには，弾性散乱と非弾性散乱の区別が重要となる．また試料が非常に小さいために，測定される抵抗が試料への直接のコンタクトの有無，コンタクトの形や構造に依存する可能性がある．更に導波路系に見られるような多様な効果が起こる可能性もある．たとえば先端を解放した枝を系に付加することによって，系の抵抗は大きく変わり得る（Gefen et al. 1984a, b）．抵抗はこの意味で非局所的なものとなり，ある2点の間で測定される抵抗が，2点の間の領域から離れた部分からも影響を受けることになる（Anderson et al. 1980, Engquist and Anderson 1981）．コンタクトの有無と非局所伝導の効果が無視できない場合も少なくない（Imry 1986b, 5.2節参照）．

　メソスコピック系の輸送現象を理論的な観点から見ると，通常の輸送に比べて（非弾性散乱の少なさのため）電子系が容易に平衡状態から大きくずれた状態になるという点も興味深い．そのような状態を取り扱うため

に，特別な方法を用いなければならない場合もある．我々はまず不規則な系に対するThoulessの描像を念頭に置いて，久保の線形応答理論（linear response theory：Kubo 1957, 1962）をメソスコピック系に適用する際の微妙な問題を簡単に見てみる．それから5.2節で，両端に理想導線を結合した不規則性を持つ小片試料のコンダクタンスに関するLandauerの定式化を示し，それを多端子系へと一般化する．これらのアプローチの類似点と相違点についても議論する．また5.3節は理論の様々な応用例のレビューにあてる．

無限大の系の角振動数ωの下での久保導電率は付録AおよびBに示す方法（式(B.1)参照）から求まるが，黄金律を用いた古典的な電磁場からの吸収エネルギーの計算によって求めることもできる（ここではσ_{xx}成分を考える）．Debyeの緩和吸収による付加的な寄与は後から論じる．ここで用いる電場は，系の中の電荷の分極による場も自己無撞着に含んだ実電場である（たとえばLandauer 1978）．

$$\sigma(\omega) = \frac{1}{\text{Vol}} \frac{\pi}{\omega} e^2 \sum_{k,l} |\langle k|\hat{v}_x|l\rangle|^2 \delta(E_l - E_k - \hbar\omega)(f_k - f_l) \tag{5.1}$$

簡単のため相互作用のない電子系（もしくはHartree-Fock型の電子系）を考察する．自己無撞着な場の補正は既に含まれているものとする．Volは系の体積，$|k\rangle$, $|l\rangle$は自由電子（自己無撞着な単一電子）の状態，f_k, f_lはそれぞれの状態の占有確率，$\hat{v}_x$は電子のx方向の速度である．系が無限大であるという仮定は，状態の連続性を保証する条件として不可欠であり，この条件が欠けると任意の強度の外場による遷移が起こらなくなる．離散スペクトルを持つ"孤立した"有限系は単色の電磁場からエネルギーを吸収できない．小さな系において有限の導電率を得るには，大きな熱浴――たとえばフォノン系と結合させなければならない（現実的な状況としてそのような場合が多い）．小さな系と熱浴との結合があると，電磁場のエネルギーが小さな系を介して熱浴へ遷移できるようになる．熱浴との弱い結合は元々の離散準位それぞれに有限の幅を生じさせるので，式(5.1)においてE_kに幅を持たせること，もしくは振動数ωに虚部$i\eta$を付け加えることが妥当となる．Thouless and Kirkpatrick 1981はこのようにして，Czycholl and Kramer 1979の方法に従い，有限系の直流（$\text{Re}\,\omega \to 0$）の

5.1. 有限系の久保導電率

導電率 σ_{dc} を求めた[†].

$$\sigma(i\eta) = \frac{1}{\pi}\int_{-\infty}^{\infty} \frac{\sigma(\omega')\eta}{\omega'^2 + \eta^2}d\omega'$$
$$= \frac{e^2\hbar}{\text{Vol}}\sum_{k,l}\frac{|v_{kl}|^2}{E_k - E_l}\frac{\hbar\eta(f_k - f_l)}{(E_k - E_l)^2 + (\hbar\eta)^2} \quad (5.2)$$

この手続きによって式 (5.1) のデルタ関数に拡がりを持たせたことになるが,電子系と熱浴の結合という観点からこの点について厳密な正当化が必要である.Van Vleck and Weisskopf 1945 は半古典的な衝突による準位拡がりの描像を用いてこれに似た結果を得ていたが,Imry and Shiren 1986 は更にこの議論を発展させた.以下の説明は式 (5.2) を基礎におくものである.

$\hbar\eta$ が E_F における電子のエネルギー準位間隔 Δ よりもはるかに大きくなると(問題に関係する他のエネルギースケールよりは十分小さいものとする)式 (5.2) は必然的に"バルク"の式に帰着する.巨視的な系では $\Delta/k_B \sim 10^{-18}$ K であり,$\hbar/(\tau_{in}k_B)$ が $\sim 10^{-4} - 10^{-5}$ K を下回ることは稀なので(この程度の値でも通常は系を数 mK 程度まで冷却しないと得られない),バルクの条件が十分成立する.式 (5.1) から通常の σ の表式を得るために,和を積分に直し,$|\langle l|\hat{v}|k\rangle|^2$ を E_F 付近における典型値 $|\langle v\rangle|^2$ に置き換えると(付録 B 参照)低温における次の直流導電率の式が得られる.

$$\sigma_{KG} = \pi e^2 \text{Vol}\,\hbar|\langle v\rangle|^2[n(0)]^2 \quad (5.3)$$

$n(0)$ は E_F における単位体積あたりの状態密度である[‡].これは久保 − Greenwood の導電率と呼ばれる(Kubo 1957, Greenwood 1958).

しかし我々が関心を持つような微小な金属系では Δ が数 mK のオーダー

[†] (訳注) $\lim_{\eta\to 0}\dfrac{\eta}{\omega^2 + \eta^2} = \pi\delta(\omega)$.

[‡] (訳注) スピンの縮退を数えた状態密度とする.$|\langle v\rangle|^2$ は遷移前後の状態として任意のスピンを選ぶ場合の平均で,スピン値がそろった状態間の行列要素を V とすると $|\langle v\rangle|^2 = |\langle V\rangle|^2/2$ である.p.25 のトンネルコンダクタンスの議論でも似たような行列要素の扱い方が見られる.遷移前後のスピン値を明示していない行列要素を扱う際には(特に代表的"平均値"を採る場合には)スピンの扱い方に関して注意が必要である.

にもなる．したがって ~ 0.1 K 以下では，

$$\hbar\eta \lesssim \Delta \tag{5.4}$$

の新たな領域に入ることになる．$\hbar\eta \ll \Delta$ の極限における久保の導電率は簡単に（$|E_k - E_l| \sim \Delta \sim [n(0)\Omega]^{-1}$ の関係を用いて），

$$\sigma \sim \sigma_{KG} \frac{\hbar\eta}{\Delta} \tag{5.5}$$

のオーダーと推定される．この式は電磁場からのエネルギー吸収過程によって定義される $\omega \to 0$ の導電率が，$\hbar\eta/\Delta \to 0$ でゼロになるという興味深い性質を示している（Landauer and Büttiker 1985, Büttiker 1985b, Imry and Shiren 1986）．この極限ではエネルギー準位の離散性のためにエネルギー吸収が起こらない．久保の直流導電率の η 依存性を模式的に示すと図 5.1 のようになる．この導電率は，たとえばコンタクトを一切設けず空洞共振器内に置いた試料の低周波吸収によって決定されるような特殊なものであることを強調しておく．このように定義した導電率は必ずしも他の方法で決まる導電率と一致しない．たとえばひとつの試料の両端にそれぞれコンタクトを設けて導電率を測定した場合，十分小さい η の下で η に依存しない有限の抵抗を定義できることが 5.2 節で明らかになる．この場合には熱浴において Joule エネルギーの散逸が生じるが，コンタクトの存在がこの過程に関わりを持っている．

有限温度における離散準位系と熱浴の結合は，よく知られた "Debye 緩和" による吸収を生じ（たとえば Gorter 1936, Gorter and Kronig 1936, Kittel 1986），久保の項 "以外" にこの過程による寄与が付け加わる．この吸収は $\omega/\eta \to 0$ および $\omega \gg \eta, \omega_0$ の時にゼロになる．Landauer and Büttiker 1985 が強調したように，この吸収は電磁場に伴う準位間隔の振動によるものである．各準位の占有率は時定数 η^{-1} で平衡状態へ緩和しようとするが，場の変化に対する遅延が生じる．$\omega \ll \eta$ において系が場の変化に完全に追随して緩和する場合にも，$\omega \gg \eta$ で緩和を全く無視できる場合にも，この効果は消失する．このような吸収の例は交流の AB 磁束を伴うリングに関する Landauer and Büttiker 1985 および Trivedi and Browne 1988 の検討において見いだされている．$T = 0$ では各準位の占有

5.1. 有限系の久保導電率

[図: 縦軸 σ/σ_{KG}, 横軸 $\hbar\eta/w$ のグラフ]

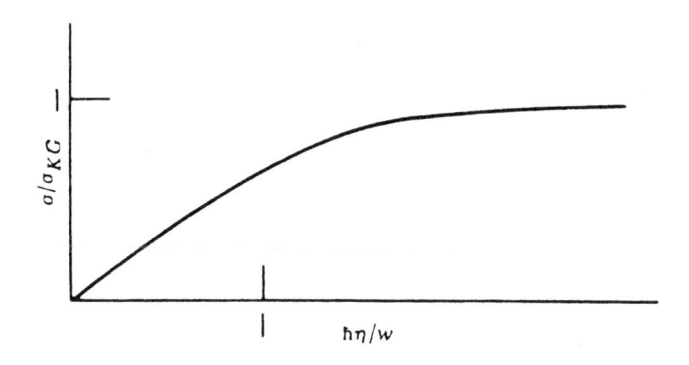

図 5.1 直流の久保導電率の $\hbar\eta/\Delta$ 依存性. $\hbar\eta \gg \Delta$ において久保-Greenwood 導電率 σ_{KG} に漸近するが, $\hbar\eta \ll \Delta$ の場合は $\sigma_{KG}\hbar\eta/\Delta$ に比例する.

率が準位間隔に依存しないので,この吸収が起こるためには $T \neq 0$ でなければならない.

時間依存の相関関数として導電率を表す久保-Greenwood の公式は輸送理論の定式化の際に有用なものである.この公式は不規則性の強さを表すパラメーター $(k_F l)^{-1}$ が小さい場合に,これに関するダイヤグラム展開を行うための基礎を与える. l は弾性散乱長である.古典的な Boltzmann 輸送に修正を施すと,第 2 章で論じた弱局在の寄与が導かれる (Langer and Neal 1966, Gorkov et al. 1979, Abrahams et al. 1979, Hikami et al. 1981).

導電率に対する Thouless の表式は,元々は久保公式に基づいて導出されたものである (付録 B). したがって Thouless の式が成立するためには,たとえば $\hbar\eta \gg \Delta$ という条件が必要と考えるのが自然である.このことは式 (2.4) に示した黄金律に基づく描像とも整合する.しかし次節で我々が扱う Landauer 公式は本来 $\eta \to 0$ である試料小片の有限なコンダクタンスを与えるものであるが,この Landauer 公式も Thouless コンダクタンスと密接な関係を持つ. Thouless コンダクタンスは $\hbar\eta \gg \Delta$ の場合だけ久保公式と等価である. Landauer の定式化においても系の外界との結合が上記の η と同様な役割を果たし得るかという点には議論の余地がある.

5.2 Landauer公式とその一般化

"単一チャネル"の場合

Landauer公式 (Landauer 1957, 1970, 1975, 1985) は系内で起こる弾性散乱過程に着目してコンダクタンスを表したもので,両端にコンタクトを形成した微小な試料小片(不規則性を伴う)のコンダクタンスを扱うのに適している.この公式は単に計算手段として有用というだけでなく,微小な系に見られる種々の新しい現象に対する物理的解釈を可能にする点でも重要なものである.この形式ではひとつの系を単独で扱い,集団平均を導入する必要がない.したがってメソスコピック系のゆらぎの効果がごく自然な形で現れる.Landauerは1957年に1次元のモデルを示した.バリアの両側がそれぞれ1次元理想導線(平坦ポテンシャル)を介して外部の電源(異なる化学ポテンシャルを持つ一対の電極)に接続されており,電流Iがそのような1次元系を流れるものとする.バリアの特性は透過係数Tと反射係数$R = 1 - T$によって特長づけられる(絶対零度における線形輸送に関しては,Fermi準位付近のTとRだけが関与する).Landauer 1970, 1975が強調したように,両側の電極から入射する電子波は互いに"干渉性を持たない"(incoherent)という仮定が重要である.そうでないと時間反転に関して物理的でない結果が導かれてしまう.

Landauerはまず中性粒子の系を考察し,バリアのところに生じる密度差を求めて拡散係数を得た.それからEinsteinの関係式を適用してコンダクタンスを導いた.荷電粒子系の場合も,自己無撞着な遮蔽の効果によって,中性粒子と同じ結果が得られた (Landauer 1957)."バリアのコンダクタンス"(4端子コンダクタンス) は,スピン縮退を考慮した形で,次のように与えられる (Landauer 1957, 1970).

$$G = \frac{e^2}{\pi\hbar}\frac{T}{R} \tag{5.6}$$

これはバリアを通る電流の値と,バリア自体の両端の化学ポテンシャルの差によって定義される"バリアそのもののコンダクタンス"であることを強調しておく.以下に示す事情により,種々の文献においてコンダクタンスの定義に関する混乱が見られる.試料に電流を通す場合には,図5.2に

5.2. Landauer 公式とその一般化

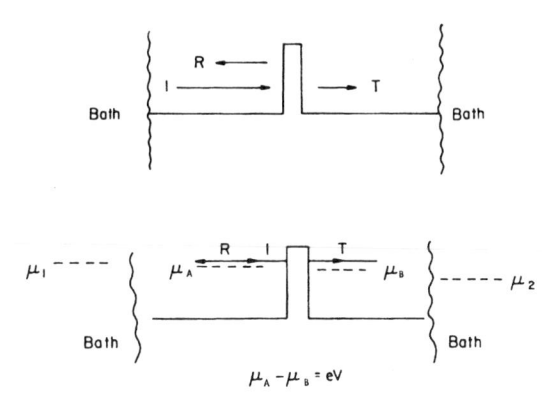

図 5.2　Landauer のモデル.　μ_1 と μ_2 は電極の化学ポテンシャル,　μ_A と μ_B はバリアの両端に接続された理想導線の化学ポテンシャルである.

示すように,　試料の両端から化学ポテンシャル†の異なる 2 つの電極 (化学ポテンシャル $\mu_1 > \mu_2$) に理想導線を結合する.　ここで I と $\mu_1 - \mu_2$ の比によって定義されるコンダクタンス G_c を計算すると (式 (5.6) と (5.7) の導出については,　式 (5.16) および (5.19) の議論を参照),

$$G_c = \frac{I}{\mu_1 - \mu_2} = \frac{e^2}{\pi\hbar}T \tag{5.7}$$

となる.　一方,　先に示した式 (5.6) のコンダクタンスは,　バリアの左右に接続した理想導線の化学ポテンシャルをそれぞれ μ_A および μ_B として,　$G = I/(\mu_A - \mu_B)$ と表される (図 5.2 参照).　G_c (G よりも小さい) は"電極間の"コンダクタンスなのである.　2 つの巨視的な電極が狭いチャネ

---

† (訳注) ここに出てくる「化学ポテンシャル」(μ_1, μ_2, μ_A, μ_B など) は,　通常用いられるエネルギーの次元を持つ化学ポテンシャルを電荷素量 e で割ったものとひとまず理解してもらいたい (このような定義は本書だけの特殊なものである).　絶対値はいわゆる"電位"と同じだが,　粒子の電荷によって符号が変わる (電子系では符号が反転する).　化学ポテンシャルに着目すると粒子は電荷の符号によらずポテンシャルが高い方の"電極"から入射することになるので,　図 5.2 は正電荷粒子系にも負電荷粒子系にも適用できる.　図中の矢印は電流ではなく"粒子流"を示しており,　粒子の電荷が負なら電流 I の方向は逆向きに定義される.　なお半導体のエネルギーバンド図では,　電子の化学ポテンシャルを縦軸に取る描き方 (負電荷粒子なので上側が低電位) が通例となっている.　但し残念ながら原著者は化学ポテンシャルと電位の違いを必ずしも正確に区別しておらず,　本節の後の方では文中の「化学ポテンシャル」をそのまま「電位」と置き換えた方が良いような記述も見られるので注意されたい.

ルで結ばれると (Sharvin 1965, Jansen et al. 1983), チャネルの透過率が $T = 1$ であっても $G_c = (e^2/\pi\hbar)$ という有限のコンダクタンスが現れる (Imry 1986b). このコンダクタンスは電極と導線の接続部分に発生するコンタクト抵抗 $\pi\hbar/2e^2$ に起因するものである. $G_c^{-1} = G^{-1} + (\pi\hbar/e^2)$ であり, 電極間の全抵抗はバリアの抵抗と2箇所のコンタクト抵抗の和になっている. 久保の形式に基づくコンダクタンスの導出(たとえば Economou and Soukoulis 1981a, b)からは2端子コンダクタンス G_c "だけ"しか求まらない. このようなことから "2つの Landauer 公式のどちらが正しいか?" という長い論争が続いた. この問題の結論は, 両方とも正しいが, それぞれに対応する物理量(コンダクタンス)の定義が異なっている, というものである (Imry 1986b).

ここで生じるコンタクト抵抗は, 巨視的な電極に細いチャネルが結合しているという形状と, 電極内の非弾性過程による電子の熱的緩和に起因するものである. 後から論じるが, 単一チャネルのコンタクト抵抗と多チャネルのコンタクト抵抗は同じオーダーになる. この量が本当に普遍量なのか, それとも導線と電極の結合状態に依存するのかという点は興味深い. 導線と電極の間の透過性が完全 ($T = 1$) であれば, チャネルによって $e^2/(\pi\hbar)$ の電極間コンダクタンスがもたらされる. これは "普遍的" な結果であり, 多チャネルの場合にも一般化できることを後から見ることにする.

バリアの両側の化学ポテンシャルの差 $\mu_A - \mu_B$ を測定するための正しい概念は(いくつかの問題点は残っているものの)Engquist and Anderson 1981 によって提案され, Büttiker et al. 1985 および Sivan and Imry 1986 によって更に検討された. 詳細は後から議論する.

"バリア" は2本の1次元導線に接続した "任意の物体" と考えてよいので, たとえば複数の試料を直列に結合した鎖状の構造物でもよい. 上記の議論はこのような意味で任意の1次元問題に適用可能できる. Landauer 1970 は初期の段階から, 2つのバリア(もしくは "量子抵抗器")を直列につないだ系の性質も考察し(式 (5.36), (5.39), (5.40) 参照), 更に帰納的推論によってランダムに並べた n 個の直列バリアの抵抗までを検討した. その結果 n がある特徴的な "大きさ"(局在長に相当する)を超える

と，n の増加に伴って抵抗が指数関数的に増大するという結論が得られた．この仕事は1次元系の局在問題を電気抵抗の観点から明示した最初のものであり，後に平均化すべき変数を特定することによって Anderson et al. 1980 が確立した1次元系の局在に関するスケーリング理論の基礎となった．量子抵抗器を2つ直列につないだ場合，一般に通常の加算則 $R_1 + R_2$ よりも大きい抵抗になることに注意されたい．

Landauer の定式化に基づく並列した1次元抵抗の問題は Gefen et al. 1984a によって最初に解かれたが，この場合も古典的なコンダクタンスの加算則とは異なる結果が得られた．2つの抵抗によって形成されるループの中に Aharonov-Bohm 型の磁束 Φ を導入することにより，前章で議論した一般論と整合して，透過係数が基本周期 Φ_0 で振動することが見いだされた (Gefen et al. 1984b)．直列および並列の抵抗系の議論は，他の Landauer 形式の応用と共に後から紹介することにする．この定式化の方法は一般性を持ち，電子間相互作用，超伝導体の構成要素，共鳴状態その他の複雑な要因を取り込むことができる．上記の例は個々の試料に固有な輸送上の特徴を示す"コンダクタンスゆらぎ"の最も基本的な実例でもある．一般的なコンダクタンスゆらぎの現象は Φ_0 の周期振動の観測を意図した実験において発見された．コンダクタンスゆらぎの"普遍性" (Altshuler 1985, Lee and Stone 1985, 5.3節 2-3 小節，付録 I 参照) はメソスコピック現象の中で最も基本的で興味深い性質のひとつである．

Landauer のアプローチを多チャネルへ一般化することは，たとえば2次元以上の系における局在のスケーリング理論 (Anderson 1981) を考察する上で関心が持たれるものである．ここでは主としてこの形式をメソスコピックな状況，すなわち導線の小片や微小リング構造などを含む系へ適用することを考える．それらの構造の磁場に対する敏感さが，我々の主要な関心事である．ここでは2端子と4端子の比較に注意しながら，一般の多チャネルコンダクタンスの定式化を見てみることにする (Anderson et al. 1980, Azbel 1981, Anderson 1981, Fisher and Lee 1981, Langreth and Abrahams 1981, Büttiker et al. 1985a, b)．次の小節では Onsager 型の相反関係に注意しながら Büttiker による2端子から多端子への一般化を示す．その後の部分で種々の応用を紹介する．

Landauer の定式化は走査型トンネル顕微鏡 (Binning et al. 1982) の特性や種々の表面抵抗 (Castaing and Nozières 1980, Uwaha and Nozières 1985) など，他の多くの問題にも適用できることを指摘しておく．

Landauer の形式はフォノンの輸送のように直接類推できる対象への一般化の他にも，熱の伝播や熱電現象 (Sivan and Imry 1986), 内部で非弾性過程が生じる系の輸送 (Büttiker 1985a, 1986a), Hall 効果 (Entin-Wohlman et al. 1986, Büttiker 1988), 種々の雑音の問題にも適用することが可能である．有限の振動数への一般化 (Büttiker 1993) と Coulomb 相互作用の導入も重要である．

多チャネル系の Landauer 形式

図 5.3 に示すような系を念頭において Landauer 公式の多チャネル化および有限温度への一般化を考察しよう．弾性散乱系 S に接続している導線は有限の断面積 A を持つ理想導線とする．横方向のエネルギーは量子化された離散エネルギー E_i を持ち，Fermi エネルギー E_F において $N_\perp$ 個の導電チャネルが寄与を持つものとする．絶対零度における各々のチャネルは長さ方向の波数 k_i (速度 $\hbar k_i/m = v_i$) によって，

$$E_i + \frac{\hbar^2 k_i^2}{2m} = E_F, \qquad i = 1,\ldots,N_\perp \tag{5.8}$$

のように特徴づけられる．スピンを考慮すると 2 次元の断面の場合は $N_\perp = Ak_F^2/2\pi$, 幅 W の 1 次元断面では $N_\perp = 2Wk_F/\pi$ である．有限温度になると各 k_i は熱的な幅を持つようになる．入射チャネル (左側にある右向きのチャネル，もしくは右側にある左向きのチャネル) は化学ポテンシャルが μ_1, μ_2 の電極に接続されているものとし，全体の温度を T とする (Sivan and Imry 1986 が議論している $T_1 \neq T_2$ の場合について後から簡単に言及する)．各々の電極から電子が供給されるチャネルの中では，電極を出るときの平衡分布が乱されないものと仮定する．散乱がない場合には，この仮定は特定の立体角への黒体輻射が熱平衡分布を持つこと (Landau and Lifshitz 1959) と基本的に同じ方法で証明することができる．この証明には Liouville の定理が適用される．理想導線を介して電極に"入射す

る"電子が,そこで完全に吸収されるものと考えると"都合がよい". 入射電子のエネルギーが電極の Fermi エネルギーよりはるかに低い場合には,電極内に外から来る電子が入れる空の状態がないことになるので,上記の仮定は厳密に正確なものではない. しかしそのような電子が反射されれば, それは電極からの電子の供給分への寄与となり, その分電極自身からの電子の放出が減る. したがって"実際に"電子がすべて電極に入るのではないとしても, 上記の仮定は"実効的に"は認し得るものである. この仮定の下で平衡状態を考えると"正味の電流"は流れず, ゆらぎによる電流の"雑音"が内在する動的な平衡状態が現れる. これが通常の熱平衡雑音となることを第 8 章で示す. 我々は異なるチャネルの電子に位相相関がないことを仮定し (つまりチャネルは"コヒーレントでない源"として働く), また $\mu_1 - \mu_2$ が十分小さく線形応答領域にあるものとする. 系 S の散乱は次のように起こる. 左の i 番目のチャネルから入射する波 (図 5.3 参照) が右の j 番目のチャネルへ透過する確率は $T_{ij} = |t_{ij}|^2$, 左の j 番目のチャネルに反射される確率は $R_{ij} = |r_{ij}|^2$ である. 右側から入射する波についても同様の係数をダッシュ記号「$'$」をつけて表すことにする. $2N_\perp \times 2N_\perp$ の散乱行列 S を,

$$S = \begin{pmatrix} r & t' \\ t & r' \end{pmatrix} \tag{5.9}$$

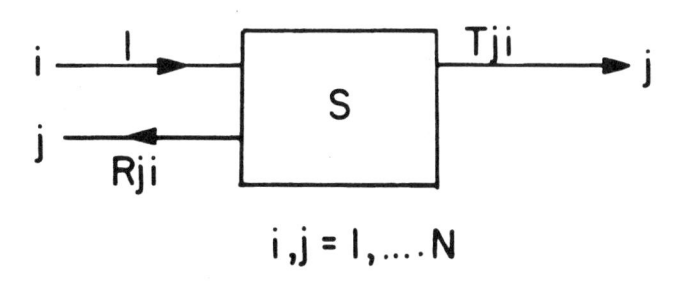

図 5.3 多チャネル散乱体 S. 左側のチャネル i から振幅 1 で入射した波は, 反射確率 R_{ij}, 透過確率 T_{ij} で左右のチャネル j に入る.

と定義すると，行列 T_{ij} と R_{ij} が導線の"電流"を変換することに基づき，電流保存の要請からこの行列はユニタリーになる．更に時間反転対称性を仮定すると，

$$SS^* = I, \qquad S = \tilde{S} \tag{5.10}$$

となる．アステリスク「$*$」は複素共役，ティルデ記号「$\sim$」は行列の転置を表す．I は単位行列である．磁場が存在する場合，式 (5.10) の第 2 式は $S(H) = \tilde{S}(-H)$ となる．

i 番目のチャネルにおける全透過確率および全反射確率は，

$$T_i = \sum_j T_{ij}, \qquad R_i = \sum_j R_{ij} \tag{5.11}$$

と与えられる．右側からの入射についてもダッシュ付きの表記をあてて同様に定義する．ユニタリー条件は，

$$\sum_i T_i = \sum_i (1 - R_i) \tag{5.12}$$

である．ダッシュ付きの場合も同様である．

完全を期するために，次の等式関係，

$$R_i' + T_i = 1, \qquad R_i + T_i' = 1 \tag{5.13}$$

が，右側（左側）への透過と右側（左側）での反射の間だけで成立することを指摘しておく．これらの式は，バリアの両側のすべての入射状態が占有されている時には，放出方向の状態もすべて占有されていることを意味している．S の列から別のユニタリー条件も決まる．時間反転対称性がある場合には，更に付帯条件が加わる（式 (5.10) 参照）．

上記の制約の範囲内で S の要素を任意に与えることができる．これらは原理的にはエネルギーに依存する（ただし低温でのエネルギー依存性は小さい）．行列 S が与えられれば，各チャネルの入射に関する仮定によって，すべてのチャネルにおける放出状態を決定することができる．ここではいわゆる"擬 Fermi 分布"を成立させるような過程が働いておらず，チャネル間で化学ポテンシャルの違いを打ち消すような電子の移動が起こらない

5.2. Landauer 公式とその一般化

ため，一般に非平衡状態が成立する．しかし非平衡であっても電子の分布状態を正確に知ることができ，全電流，電子密度，エネルギー密度，エントロピー密度等の諸量を計算することができる．与えられたモデルからSを計算する方法が存在するので（Anderson の強い束縛のモデルのように），この定式化は数値計算に適している．

コンダクタンスを導く前に，上記の諸仮定が想定できる唯一のものではないということを指摘しておく．たとえば Langreth and Abrahams 1981 は電子間相互作用の効果によってバリアの両側それぞれの導線中で各チャネルが共通の化学ポテンシャルに到達できるものと仮定し，それから入射成分に関して Fermi 分布の仮定を外すという取り扱いをした．我々の採用した仮定はそれなりに理に適っており，既に述べたように黒体から出てくるフォトンの分布 (Landau and Lifshitz 1959) に類似したものであるが，上記の Langreth and Abrahams の仮定が成立するような異なった物理的状況の可能性を排除してしまうことはできない．

チャネルにおける状態密度は 1 次元的であり，スピンを考慮すると次式で与えられる．

$$n_i(E) = (\pi \hbar v_i)^{-1} \tag{5.14}$$

右側の電流は次のように書かれる．

$$\begin{aligned} I &= \frac{e}{\pi \hbar} \sum_i \int dE \, [f_1(E) T_i(E) + f_2(E) R_i'(E) - f_2(E)] \\ &= \frac{(\mu_1 - \mu_2) e^2}{\pi \hbar} \int dE \left(-\frac{\partial f}{\partial E} \right) \sum_i T_i(E) \end{aligned} \tag{5.15}$$

電子の速度は状態密度の因子によって相殺されている．また線形輸送領域にあることを仮定し，最後の式を得る際に式 (5.12) を用いた．バリアの左側の電流も上記の I に一致すること（電流の保存）は簡単に確認できる．式 (5.7) のような "外部電極の間のコンダクタンス" は次式で与えられる．

$$\begin{aligned} G_c &\equiv \frac{I}{\mu_1 - \mu_2} \\ &= \frac{e^2}{\pi \hbar} \int dE \left(-\frac{\partial f}{\partial E} \right) \sum_i T_i(E) \xrightarrow[T \to 0]{} \frac{e^2}{\pi \hbar} \sum_{ij} T_{ij} \end{aligned}$$

$$= \frac{e^2}{\pi\hbar} \operatorname{tr} tt^\dagger \tag{5.16}$$

絶対零度ではすべてのパラメーターに，E_F における値を用いる．

式 (5.16) は 2 端子コンダクタンスに対する"正しい"表式である（Imry 1986b）．"正しい Landauer 公式はどれか"という初期の議論の多くは誤解に基づくものであった．式 (5.16) は電流を"電極間の化学ポテンシャルの差"で割ったものである．したがって G_c は電極と系（導線）のコンタクト部分の抵抗を含んでいる．この 2 端子コンダクタンスが無限大になることはなく，系と電極の結合が理想的であっても"最大" $N_\perp e^2/\pi\hbar$ である（Imry 1985, 1986b）．2 つの 2 次元電子系の間に形成した狭い結合領域（量子ポイントコンタクト：quantum point contact）を介した"コンダクタンスの量子化"が実験的に明瞭に観測されて以来[†]（van Wees et al. 1988, Wharam et al. 1988），このような理想的なコンダクタンスの振舞いが現れる条件の検討が精力的に行われるようになった．各チャネルが順々に寄与を持つ（電子密度が上り，E_F 以下の横方向モードが増える）ことによる明瞭な"ステップ"を観測するためには，電極と導線の接続部分における境界条件の変化が"ゆるやか"でなければならないようである．結合部のゆるやかさによって，電子の初期運動に対する"断熱条件"が保証される．この条件が非断熱的な反射を抑制するのである（Yacoby and Imry 1990）．コンダクタンスのステップを観測するためには（Imry 1985, 1986b），チャネル間の準位の分離が保たれる程度の低温が必要である．元々の GaAs 試料で準位間の分離が成立するのは 1 K 程度以下であるが，10 K のオーダーからそのような効果が現れ始める．原子的な寸法の試料では（良好な導電性を確保できるなら），各準位が分離している温度の上限は室温を超える．最近 Costa-Krämer et al. 1995 は自己形成

[†]（訳注）量子ポイントコンタクトの部分に生じている離散的なサブバンドのうち，Fermi 準位以下にあるそれぞれのバンドが"チャネル"に相当する．半導体の 2 次元電子系に対して，共通電位を持つ近接したゲート電極から負の電圧を印加すると，電極直下とその周囲の領域が空乏化するため，電極の間の部分が狭い導電部（ポイントコンタクト）となる．ゲートの電圧を変えると導電部の実効的な幅が変化して各サブバンドの準位が変わるので，伝導に関与するサブバンド数（チャネル数）も変わることになる．量子ポイントコンタクトのコンダクタンスは $(e^2/\pi\hbar) \times$ (Fermi 準位以下のサブバンド数) に量子化され，ゲート電圧を連続的に変えながらコンダクタンスを測定すると，各サブバンド準位が Fermi 準位をよぎる電圧のところで階段状にコンダクタンスが変化する様子が観測される．

5.2. Landauer 公式とその一般化

した原子レベルの寸法のコンタクトにおいて，室温で実際にそのような効果を観測した（Lang 1987 も参照）．

"試料そのもの"の抵抗を調べる 4 端子測定の問題については様々な考え方がある．最も簡単に"試料そのもの"のコンダクタンスの式 $I/(\mu_A - \mu_B)$ に到達する方法としては，μ_A と μ_B を次のように定義する．左側の導線の電子密度は次式で表される．

$$n_l = \frac{1}{2\pi\hbar} \int dE \sum_i \frac{1}{v_i} [(1 + R_i)f_1 + T_i f_2] \tag{5.17}$$

左側の電子気体が化学ポテンシャル μ_A の Fermi 分布 f_A を持つものと仮定すると，電子密度は次のようにも書ける．

$$n_A = \frac{1}{\pi\hbar} \int dE \sum_i f_A(E)/v_i \tag{5.18}$$

我々は $n_l = n_A$ となるように μ_A を決定するが，これは理に適った決め方で，Einstein の関係式が自動的に満たされるという利点がある（このように $\mu_A - \mu_B$ を定義することは，Einstein の関係式を仮定することと等価である）．ここで得た $\mu_A - \mu_B$ を用いると，4 端子コンダクタンスを表す次の式に到達する．

$$G = \frac{I}{\mu_A - \mu_B} = \frac{2e^2}{\pi\hbar} \frac{\int dE \frac{\partial f}{\partial E} \sum_i T_i(E)}{\int dE \sum_i \frac{\partial f}{\partial E} [1 + R_i(E) - T_i(E)] v_i^{-1} / \sum_i v_i^{-1}}$$

$$\xrightarrow[T \to 0]{} \frac{2e^2}{\pi\hbar} \frac{\sum T_i \sum 1/v_i}{\sum (1 + R_i - T_i)/v_i} \tag{5.19}$$

上記の μ_A と μ_B の定義は相互作用のない電子系に適用されるものである．Coulomb 相互作用を持つ実際の電子系では，遮蔽距離 λ を上回るスケールにおいて"電荷中性の条件"が優先されなければならない（4.2 節参照）．左右の理想導線が十分大きいと仮定すると，電荷中性の条件は電子密度を平衡時の値 $\bar{n}$ と同じにするような（つまりイオンの正電荷をちょうど相殺する電子電荷が現れるような）自己無撞着ポテンシャル δV_A と δV_B によって実現される．すなわち $-\delta V_A = \frac{\partial \mu}{\partial n}(n_A - \bar{n})$ である．これに

よって新たな"電気-化学ポテンシャル"μ_A が決まることになる．V_B と μ_B の関係も同様である．静電ポテンシャルの差 $V_A - V_B$ は"静電容量を用いる方法"で原理的に測定可能である．実際の $\mu_A - \mu_B$ の測定は微妙な問題を含んでいるが，これは後から論じる．しかしながら上記の議論によって，式 (5.19) の 4 端子コンダクタンスを表す基本式としての妥当性が確認されたことを強調しておく．静電容量を用いた方法で $V_A - V_B$ を正しく測定できることは Landauer 1989c によって繰り返し強調されてきた．Payne 1989 も参照されたい．

ひとつの重要な例は，すべての T_i が $T_i \ll 1$ の場合であるが，このときには $1 + R_i \simeq 2$ で G と G_c の差は小さい．この条件は $N_\perp$ が大きく $G \ll e^2 N_\perp / \hbar$ である場合，もしくは試料の長さが $L \gg l$ の場合に適用できる．この状況は $G \sim e^2/\pi\hbar$ の局在転移点付近のかなり広い範囲に現れる．式 (5.19) の絶対零度の結果は，最初これと同じ仮定の下で Azbel 1981 によって求められた．この結果は後に Büttiker et al. 1985 によって支持され，さらに Büttiker 1985a, b（および私信）や Sivan and Imry 1986（および未出版の結果）によって有限温度へと一般化された．そこでは熱電流も議論されている．式 (5.19) の絶対零度の極限の結果は（透過率が小さく G_c と G がほぼ等しい場合を除き）それまで種々の文献の中で論じられてきた多チャネル系の理論に一致するものではない（Abrahams et al. 1979, Anderson et al. 1980, Anderson 1981, Fisher and Lee 1981, Langreth and Abrahams 1981）．この不一致は，単純な独立のチャネルの場合でも，式 (5.1) が並列加算の形（$\sum_i T_i (1 + R_i - T_i)^{-1}$ のような形）に還元できないという観点から理解することができる．理由はもちろん，すべてのチャネルの電気化学ポテンシャルの差が共通であるという仮定にある．Langreth and Abarhams 1981 との不一致については既に言及した通りである．ここで示した議論と Azbel 1981 に共通した議論は，既に Kapitza 抵抗の問題に対して以前から存在していたものである（Castaing and Nozières 1980, Uwaha and Nozières 1985）．式 (5.19) は Engquist and Anderson 1981 の有限温度の単一チャネルに対する結果に類似していることも重要である．これは式 (5.19) の絶対零度の場合から出発し，異なるエネルギーを（一連の連続した）異なるチャネルと見なすことによっ

5.2. Landauer 公式とその一般化

て得られる．実際に得られる結果は並列加算の形ににはならない（この点の注意事項について Sivan and Imry 1986 を参照）．

Engquist and Anderson 1981 は化学ポテンシャル μ_A と μ_B の測定方法の概念も導入している．これは原理的に温度 T, 可変の化学ポテンシャル μ'_A と μ'_B を持つ 2 つの"電位測定用の電極"によって行われる．これらの電極はそれぞれ左右の導線と電子をやり取りできるものとする．ただし電子の授受はわずかなもので，系の状態に影響を与えない！ まず μ'_A を調整して測定用電極と左の導線の間に正味の電流が流れないようにする．それから同じ調整を μ'_B についても行う．一般的な原理により，この時点で測定用電極と導線の化学ポテンシャルはそれぞれ等しくなっているはずである．

$$\mu'_A = \mu_A, \qquad \mu'_B = \mu_B$$

この作業によって 4 端子測定を完遂することができる．電圧計（$\mu_A - \mu_B$ を測定する）に電流が流れることは一切ない．この概念は，先に言及した静電容量による測定の裏付けになるものである．実際にこのような状況を実現するのは難しいが，この概念に基づいて試料にかかる電圧の正確な定義が与えられる．

3 つの微妙な点をここで指摘しておかなければならない．第 1 の点は既に言及した通り，測定用電極と系との結合が十分弱くなければならないことである．そうでないと電極は総体的な電流を担わないとしても，電子をあるチャネルから受け取って別のチャネルに戻すような，チャネル間の電子の遷移を引き起こす（Castaing and Nozières 1985 私信）．この遷移は右向きの状態から左向きの状態への遷移も含む．この効果（概念的な理想実験においては排除されなければならないが，実際の実験系では"存在し得る"効果である）がチャネル間の平衡化に寄与する（これは原理的には望ましくない"対象を乱す測定"である．測定行為が測定されるべき性質，すなわち系の化学ポテンシャルに影響を与えるほど結合が強いのである）．このような問題は弱い結合を用いない 4 端子測定全般に存在することが Büttiker 1986b によって指摘されているが，これは後から論じる．通常は考慮しなくてよい測定方法の詳細が結果に影響する可能性を持つという点

が，メソスコピック系の不可避的な性質である．

　第2に我々は測定用電極と系の結合のエネルギー依存性を知る必要がある．もちろん実際に右向きと左向き，各チャネル，各エネルギーをいちいち区別した測定を実行しようというわけではない．結合の詳細な条件を得るために，電極の状態密度 $n_r(E)$ が系の j 番目のチャネルに行列要素 $V_j(E)$ で結合しているものとする．ポテンシャル μ_A の電極から系への正味の電流がゼロであるという条件から，Fermi の黄金律によって次式が得られる．

$$\int dE \sum_i n_r(E)|V_i(E)|^2 f_A(E) \left[2 - f_1(1 + R_i(E)) - f_2 T_i'(E)\right]/v_i$$
$$= \int dE \sum_i \frac{1}{v_i} [f_1(1 + R_i) + f_2 T_i'] n_r(E)(1 - f_A(E))|V_i(E)|^2$$
(5.20)

左辺は電極から系への電子の流れを表し，電極側の電子の占有率と遷移行列要素の絶対値の平方と状態密度，および系の正孔密度を掛けて積分したものである．右辺も同様に系から電極への電子の流れを表している．式 (5.13) の関係を用い，式 (5.20) を (5.17) および (5.18) と比較しながら計算すると，$n_r(E)|V_i(E)|^2$ が "E およびチャネル番号 i に依存しないならば" 2つの μ_A の定義は等価になる (Sivan and Imry 1986 および未出版の結果による)．厳密にはこれは自明な条件とは言えず，議論の余地がある．しかしチャネル数が多い場合に必要とされる条件は $n_r(E)|V_i(E)|^2$ が E および i に対して "系統的な" 依存性を持たないということだけである．すなわち個々の依存性が "乱雑" であれば平均化の効果が生じる．このような事情から実際の測定は正当な $\mu_A - \mu_B$ の結果を与えると言ってよいのかも知れない．しかしこれは現時点では証明されていないことであり，特別な平均化の過程を考慮する必要もあるかもしれない．実際に測定を行なう寸法のスケールは電子波の波長や遮蔽距離よりも大きくして，電子波による振動の効果を避け，電荷中性（および静電的測定）の条件を満足しなければならない．G_c と G の関係，および端子に関する詳細な議論については Landauer 1989c を参照されたい．

　第3にここで評価する G は，測定電流と測定電圧の比という意味で "実

効的なコンダクタンス"であり，有限温度の G は熱起電力による成分（通常は小さいが）も含む（Sivan and Imry 1986）．外部電極の温度 T_1 と T_2 が同じであっても，試料の両側の温度 T_A および T_B の温度は（μ_A, μ_B と同様に）有限温度では一般に異なる．したがって有限の $T_A - T_B$ に依存した電流成分が現れる．この点はコンダクタンスの式 (5.19) の分母が重要になる時（すなわち $G \simeq G_c$ の近似が妥当な場合）に問題となる．G_c が G のよい近似となる条件は（既に示したように）$G \ll N_\perp e^2/\hbar$ であり，これは試料寸法 L が平均自由行程 l よりもはるかに長いという条件と等価である．

磁場中の Onsager の関係：多チャネルコンダクタンスの一般化

多チャネルの 4 端子コンダクタンスの式 (5.19) の興味深いひとつの側面は，一般的な場合における種々の制約や対称性が輸送係数の間に Onsager 型の関係を保証して"いない"ことである（Onsager 1931）．たとえば $G(H) = G(-H)$ の関係は保証されない（ただし 2 端子コンダクタンスでは $G_c(H) = G_c(-H)$ が成立する．下記参照）．Büttiker and Imry 1985 は少数チャネルで，

$$G(H) \neq G(-H) \tag{5.21}$$

となる実例を示した．不規則性を持つ大きな試料に関する Stone 1985 の計算においても，このような非対称性が導かれている．この"非対称性"はメソスコピック系の実験でも観測されており，磁性不純物（Shtrikman and Thomas 1965）を含まない場合には，試料の不均一性と，実験における 4 端子測定の方法が関与しているとの示唆がなされている（Von Klitzing 1985 私信[1])．

外部電極間の"2 端子コンダクタンス"については Onsager の関係式（式 (5.21) を等式にしたもの）が成立する．これを得るために時間反転対

---

[1] Von Klitzing は著者に対し，Onsager の関係は $\sigma(H) = \sigma(-H)$ を意味しており，均一系においてのみ $G(H) = G(-H)$ が成立することを指摘した．試料が均一でなければ（H に対して非対称な）コンダクタンステンソルの Hall 係数部分が現れて，実効的な G に対する寄与を持つ．著者はこの点の認識について Klitzing に恩義を負っている．

称性の関係 (5.10) を有限の磁場のある場合へ一般化すると，

$$T_{ij}(H) = T_{ji}(-H) \tag{5.22}$$

の関係が得られ，これにより実際に，

$$G_c(H) = G_c(-H) \tag{5.23}$$

となる (Büttiker and Imry 1985). G が Onsager の関係から"外れる"ということは，4端子測定の対象が単純な $G(H) = G(-H)$ の関係を持たないということである．ここで4端子測定に関して，Onsager の対称性に基づく正しい予言がどのようになるかを考察する必要があろう．同じような検討の必要性は4端子の熱起電力の測定においても生じる (Sivan and Imry 1986).

この問題はかなり以前に Casimir 1945 によって考察されたもので，その結果は導電率が局所的であるという仮定（我々の扱う状況は必ずしもそうではないが）の下でも成立することが Sample et al. 1987 によって証明されている．4端子測定の技法のレビューとしては van der Pauw 1958 を参照されたい．Büttiker 1986a, b は一般化された n 端子の Landauer 型コンダクタンスを考察し，正しい Onsager の対称性を示した．$n = 4$ の例を考えよう．試料が2つの電極1と2へ理想導線で結合されている場合，電極間の電流は次式で表される．

$$I_{1\to 2} = \sum_{ij} \frac{e^2}{\pi\hbar} T_{ij}^{1,2}(\mu_1 - \mu_2) = G_c^{12}(\mu_1 - \mu_2) \tag{5.24}$$

G_c^{12} の時間反転対称性は式 (5.23) のように表される．試料が化学ポテンシャル $\mu_1, \ldots, \mu_4$ の4つの電極に接続しているものとしよう[†]．線形な輸送特性と，電極から供給されるキャリヤが干渉性を持たないことから，i 番目の電極から出る全電流は，各々の電流成分の総和として表される．

$$I_i = \sum_{j \neq i} G_c^{ij}(\mu_i - \mu_j) \tag{5.25}$$

[†] （訳注）ここに現れる $\mu_2, \ldots, \mu_4$ (および式 (5.27) の $\mu_k, \ldots, \mu_n$) は化学ポテンシャルではなく電位と考えた方が辻褄が合う．p.113 訳注参照．

5.2. Landauer 公式とその一般化

これは 4 つの電流 $I_1, \ldots, I_4$ を化学ポテンシャルに関係づける 4 本の連立 1 次方程式である．行列表記を用いると分かりやすい．

$$\mathbf{I} = \hat{G}\boldsymbol{\mu} \tag{5.26}$$

$\hat{G}$ は 4×4 の行列である．この行列は正則ではなく，行列式はゼロになる．平衡状態で電流はゼロになるので，4 成分がすべて等しいベクトル $\boldsymbol{\mu}$ が固有値ゼロに付随する $\hat{G}$ の固有ベクトルであることは明らかである．これは $\hat{G}$ の各行の成分の和がゼロであることを意味する．したがって式 (5.26) は，任意のベクトル $\mathbf{I}$ の下で解を持つことができない．物理的な電荷保存則から $\mathbf{I}$ の 4 つの成分の和はゼロにならなければならない．これは数式的には $\hat{G}$ の各列の要素の和がゼロになることに依っている．したがって 4 成分の総和がゼロになるようなベクトルだけが $\mathbf{I}$ として許容される．時間反転対称性を仮定すると式 (5.23) が成立するので，連立回路方程式は古典的な 4 端子の導電体に対する方程式と"同一"になる．G_c^{ij} が干渉性を持つかもしれないという事情は対称性には"影響しない"．Casimir 1945 はこのような状況における一般的な Onsager の対称性を解析した．Büttiker 1986a, b は Casimir の定式化を継承して，上記のような理由から現れる Onsager の対称性の正しい形を示した．4 端子（一般に n 端子）の定式化は多くの状況に対して有用であることが明らかになった．

以下に示す電流の扱い方が便利である（Casimir 1945）．1234 に置換を施したものを $klmn$ と書き，$I_k = -I_l \equiv J_1$, $I_m = -I_n \equiv J_2$ とする．式 (5.26) を解くことにより，J_1 と J_2 は電圧 $V_1 = \mu_k - \mu_l$ および $V_2 = \mu_m - \mu_n$ を用いて次のように表される．

$$\begin{pmatrix} J_1 \\ J_2 \end{pmatrix} = \begin{pmatrix} \alpha_{11} & -\alpha_{12} \\ -\alpha_{21} & \alpha_{22} \end{pmatrix} \begin{pmatrix} V_1 \\ V_2 \end{pmatrix} \tag{5.27}$$

Büttiker が見いだしたように，行列要素 α_{ij} は次式で与えられる（付録 H に $k=1$, $l=3$, $m=2$, $n=4$ の例を示してある）．

$$\frac{\pi\hbar}{e^2}\alpha_{11} = \sum_{p \neq k} T_{kp} - (T_{kn} + T_{km})(T_{nk} + T_{mk})/S$$

$$\frac{\pi\hbar}{e^2}\alpha_{12} = (T_{km}T_{ln} - T_{kn}T_{lm})/S$$

$$\frac{\pi\hbar}{e^2}\alpha_{21} = (T_{mk}T_{nl} - T_{ml}T_{nk})/S$$

$$\frac{\pi\hbar}{e^2}\alpha_{22} = \sum_{p\neq l} T_{mp} - (T_{mk} + T_{ml})(T_{lm} + T_{km})/S \qquad (5.28)$$

$$S = T_{km} + T_{kn} + T_{lm} + T_{ln}$$

$$= T_{mk} + T_{nk} + T_{ml} + T_{nl} \qquad (5.29)$$

ここで $T_{rs} = (\pi\hbar/e^2)G_c^{rs} = \mathrm{tr}\, t_{rs}t_{rs}^{\dagger}$ である.即座に次の関係が得られる.

$$\alpha_{ij}(H) = \alpha_{ji}(-H) \qquad (5.30)$$

これが4端子コンダクタンス行列における"正しい Onsager の対称性"である.式 (5.27) を逆に解くと,

$$\begin{pmatrix} V_1 \\ V_2 \end{pmatrix} = \frac{1}{\det}\begin{pmatrix} \alpha_{22} & \alpha_{12} \\ \alpha_{21} & \alpha_{11} \end{pmatrix}\begin{pmatrix} J_1 \\ J_2 \end{pmatrix} \qquad (5.31)$$

と書ける.$\det = \alpha_{11}\alpha_{22} - \alpha_{12}\alpha_{21}$ である.これで4端子抵抗の議論の準備は整った.k, l を電流測定端子,m, n を電圧測定端子とすると,測定は $J_1 = J_{kl}$, $J_2 = 0$ の条件で行われる(無関係なコンタクト抵抗の寄与を避けるため,電圧計を接続する回路には電流を流さない).$V_2 = V_{mn}$ は,

$$V_{mn} = R_{kl,mn}J_{kl} \qquad (5.32)$$

と書くことができ,

$$R_{kl,mn} = \frac{\alpha_{21}}{\det} = \frac{e^2}{\pi\hbar}\frac{T_{mk}T_{nl} - T_{ml}T_{nk}}{(\alpha_{11}\alpha_{22} - \alpha_{12}\alpha_{21})S} \qquad (5.33)$$

が正しい4端子抵抗を表す.k, l は電流端子,m, n は電圧端子である.ここから即座に次の関係が見いだされる(van der Pauw 1958).

$$R_{kl,mn}(H) = R_{mn,kl}(-H) \qquad (5.34)$$

これが"4端子抵抗に関する正しい Onsager の対称性"である. 一般には明らかに $R_{kl,mn}(H) \neq R_{kl,mn}(-H)$ である.したがって Landauer の4端子コンダクタンスが対称性を持たないことは驚くにはあたらない!

上記の議論は明らかに，式 (5.19) において電圧端子に任意の結合強度を許容する Engquist-Anderson 型のアプローチの一般化になっている．このように一般化した場合，コンタクトが寄与を持ってしまい，もはや"試料自体の抵抗"を測る"対象に影響のない測定"とは見なせなくなるが，これを扱う利点もある．(a) 実験における輸送特性の測定は，リソグラフィーの手法で形成された，決して"対象に影響がない"とは言えない電圧コンタクトを用いて行われる（しかしこれは自然法則的な意味で不可避のものではなく，原理的にはたとえば STM 型のコンタクトを用いることによって影響の少ない測定ができるはずである．ただしこの場合，異なるチャネルへの結合の一様性が保証できるかどうかが検証されなければならない．また既に述べたように，静電容量による静電ポテンシャルの測定も可能である）．(b) この定式化においては電圧端子と電流端子が同等に扱われるので，電圧端子を別扱いとする式 (5.19) とは違って，正しい Onsager の対称性 (5.34) を扱うことができる．

上記の定式化を利用した種々の考察が可能である．たとえば各々の 4 端子抵抗を H に対する偶の成分と奇の成分の和として書き，それらを 2 重端子構成の形で考察することができる．この問題は Büttiker 1988 と Benoit et al. 1986, 1987 においてレビューされている．多端子の形式は非局所的な効果を記述するためにも便利である．これはたとえば k と l の間の電流が，これらの端子から距離 L だけ隔たった他の端子対 m と n の間に電圧を生じるといった効果である．容易に想像されるように $L \lesssim L_\phi$ であればこのような非局所的効果が現れる．

5.3 Landauer 公式の応用

量子抵抗体の直列結合：1 次元局在

Landauer 1970 に従って 2 つの量子障壁（量子抵抗体）が直列に接続することの効果を考察しよう（問題 4 も参照）．電子が 2 つの障壁を結ぶポテンシャルの勾配がない領域（理想導体）を通過する際の位相変化を ϕ とおく．障壁の間の波動関数は多重散乱波の総和であり，左向きの成分と右

向きの成分を含む．A および D はそれぞれ試料全体の反射振幅および透過振幅を表す．A, B, C, D は複素数である．障壁 1 から障壁 2 に向けて発生する波は $Be^{i(kx-\omega t)}$ であり，障壁 2 に到達するまでに位相が ϕ だけ変化する．障壁 2 から障壁 1 に向かう波 C も同様に位相が変化する．各障壁における波動成分の関係式は以下のようになる．

$$A = r_1 + Ct_1, \qquad B = t_1 + Cr_1', \\ Ce^{-i\phi} = Be^{i\phi}r_2, \quad D = Be^{i\phi}t_2 \tag{5.35}$$

これらを解くと，次式が得られる．

$$D = \frac{e^{i\phi}t_1t_2}{1 - e^{2i\phi}r_2r_1'}$$

これにより試料の透過率 T_{12} が次式で与えられる．

$$T_{12} = \frac{T_1T_2}{1 + R_1R_2 - 2\sqrt{R_1R_2}\cos\theta} \tag{5.36}$$

$\theta = 2\phi + \arg(r_2r_1')$ で，$T_{12} = T$, $R_{12} = R$ とおくと，

$$\frac{R}{T} = \frac{R_1 + R_2 - 2\sqrt{R_1R_2}\cos\theta}{T_1T_2} \tag{5.37}$$

である．

ここで似たような R_1 および R_2 の値を持つ試料の集団を想定してみよう．ただし各試料の"光学的な"位相差 ϕ は 2π をはるかに超える乱雑な違いを持ち，$\cos\theta$ の平均値はゼロになるものとする[2]．無次元コンダクタンス，

$$g \equiv \frac{G}{e^2/\pi\hbar} \tag{5.38}$$

の逆数の平均は次式で与えられる．

$$(g^{-1})_{av} = \frac{R_1 + R_2}{(1 - R_1)(1 - R_2)} \tag{5.39}$$

この結果は驚くべきものである．Ohm の直列抵抗の加算則 $g^{-1} = g_1^{-1} + g_2^{-2} = R_1/(1-R_1) + R_2/(1-R_2)$ が一般に成立しないのである！加算

---

[2] この仮定は障壁間の距離が電子波の波長よりもはるかに長い場合に成立する．障壁が 300 Å 程度のバリスティックな金属導線で結合されると考えると，この比は $\sim 10^2$ である．

則が成立するのは透過率が高く抵抗が低い場合，すなわち $R_i \ll 1$ の場合に限られる．このことによって一見理解し難い様々な結果が現れる．透過率の高い試料（$R \ll 1, T \sim 1$）を直列に繋いでいくと，全体の抵抗 G^{-1} は初めのうち試料数 n に比例して増加していくが，n が大きくなり，全体の透過率が 1 に比べて小さくなると，

$$(g^{-1})_{av,n+1} = \frac{R_n + R}{T_n} = (g^{-1})_{av,n} + \frac{R}{T_n} \tag{5.40}$$

のようになり，高透過率（$R \ll 1$）の $(n+1)$ 個目の障壁の追加による全抵抗の増加は $R/T_n > R$ となる．ここに $(g^{-1})_{av,n}$ の長さ（n）依存性に関する"繰り込み群"の方程式が成立する．

$$\frac{d}{dn}(g^{-1})_{av,n} = R\left[(g^{-1})_{av,n} + 1\right] \tag{5.41}$$

（無次元の）抵抗は初め n に対して線形に増加し，やがて n に対して"指数関数的に"増加するようになる．これは第 2 章で論じた 1 次元系の局在現象を表している．

上記の議論は Landauer 自身も指摘しているように，完全に満足のいくものではない．試料集団の中の抵抗値の分布範囲は狭いものでななく，Anderson et al. 1980 が強調したように，結果は"どのような量が平均化されるか"によって異なってくる．Anderson et al. は n が大きい場合の正しい平均化の方法を示した．すなわち n の増加に伴って平均も自乗平均も線形に増加するような示量的な変数が必要であるが，そのような量は $\ln(1+g^{-1})$ と与えられる．$1 + g^{-1} = 1 + R/T = 1/T$ なので $\ln(1+g^{-1}) = -\ln T$ である．この $-\ln T$ は消光指数の役割を果たし，相対位相が平均化されるならば 2 つの試料の接続において加算的に振舞うものと予想される．実際に式 (5.37) と，

$$\int_0^{2\pi} d\theta \ln(a + b\cos\theta) = \pi \ln\frac{1}{2}\left[a + (a^2 - b^2)^{1/2}\right] \tag{5.42}$$

という関係式を用いると（Anderson et al. 1980），$\langle \ln T_{12}\rangle = \ln T_1 + \ln T_2$ であることが判る．1 次元抵抗の n に対する正確なスケーリングは次式で与えられる．

$$\langle \ln(1+g_n^{-1})\rangle = \rho_1 n \tag{5.43}$$

ρ_1 は $\pi\hbar/e^2$ の単位で表した単一障壁の抵抗である.この1次元抵抗は定量的には式 (5.41) と少し異なるが,n が小さいうちは線形に増加し,n が大きくなると指数関数的に増加する傾向は同じである.この結果は1次元局在現象を抵抗という測定可能な物理量の観点から明示している.1次元系においてすべての固有状態が局在すること(Mott and Twose 1961, Borland 1963)はよく知られており,厳密な証明も与えられている(前と同様に,ここに示した性質も,絶対零度もしくはそれに近い低温でのみ見られるものである.有限温度では 2.4 節の議論に戻り,$L \gg L_\phi$ の条件で現れる古典的な抵抗を考慮しなければならない).

輸送特性に現れる興味深い効果の可能性が Azbel 1981, 1983, Azbel and Soven 1983 によって議論された.与えられた有限系において電子のエネルギーが(それに伴って散乱体間の径路も)変化すると位相変化 θ が変わり,その結果として透過率 T も変化する.その結果 T は鋭い"透過共鳴"を起こすエネルギーを持つ(問題 4 参照).この効果は低温において,電子密度(MOSFET デバイスを用いて変化させることができる;Ando et al. 1982)や外部磁場(但し厳密な1次元系ではない場合)の変化に対する抵抗の急峻な振動として観測される.

ここで大きい透過係数の下での Landauer の T/R の結果について,もうひとつの解釈を与えることもできる (Imry 1981a).$T \simeq 1$, $R \ll 1$ を仮定して,そのような障壁を n 個直列に接続すると,T_n は 1 よりわずかに小さい数 C になる.$|\ln C| = n|\ln T| \simeq nR$ であるが,C の小さい間は $g_n \sim T_n = C$ に対して近似的に式 (5.7) が成立する.したがって $g \gtrsim 1$ ならば近似的に Ohm の法則が成立し,単一障壁のコンダクタンス g_1 は $(n \sim 1/R,\ C \sim 1,\ T \simeq 1$ なので) ng_n,すなわち,

$$g_1 = nC = O(1)\frac{T}{R} \tag{5.44}$$

と与えられる.これは Landauer の式 (5.6) とオーダーで一致している.

量子抵抗体の並列結合：コンダクタンスの AB 振動

次に抵抗の並列結合の問題を扱うことにしよう．この場合も系自体が干渉性をもつ状態になると（$L_\phi >$（系の寸法）の場合）量子効果によって古典的な法則と異なる結果が現れる．極端な場合には開放端（open stub）の並列接続などによってコンダクタンスが消失することもある．端が開放されている部分も試料全体の伝導に影響するのである．AB 磁束が2つの導電体の間の領域に導入されると周期 h/e の振動が生じる．この問題を扱う方法として，単一チャネルを持つ導電体を想定した Landauer 形式を応用するのが最も簡単である．

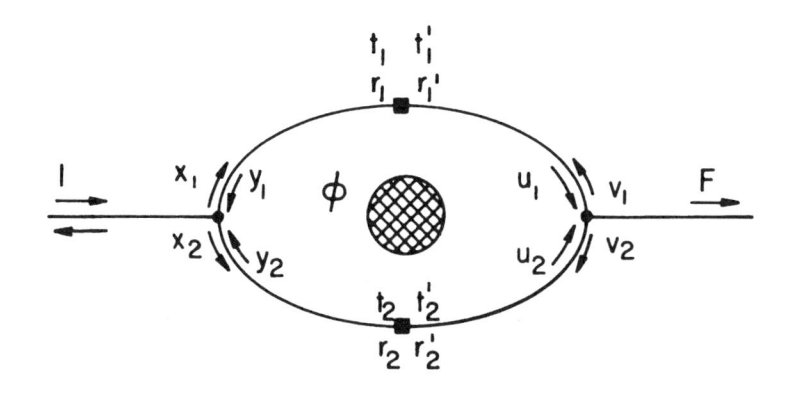

図 5.4　並列抵抗系（リング）の模式図．矢印は各接合の近傍で定義された種々の透過・反射振幅を表す．チャネルを伝達する間に生じる位相変化は，局所的な散乱体の散乱係数 (r_i, r'_i, t_i, t'_i) によって表される．

系の構成を図 5.4 に示す．リングの各半周部を，散乱体の両端に理想的な1次元導線を結合したモデルに置き換えて扱う．電子が各チャネルを通過する際の位相への影響や散乱の効果はすべて，それぞれの散乱体に付随するパラメーターとして表される．t_i と t'_i $(i = 1, 2)$ はそれぞれ散乱体の左から右へ，右から左への電子の透過振幅であり，r_i (r'_i) は左側（右側）での反射振幅を表す．時間反転性と電流保存の要請から $t_i = t'_i$ であり，またそれぞれの径路の位相変化が t_i などに集約されているものとす

ると，
$$-t_i/t_i'^* = r_i/r_i'^* \tag{5.45}$$
である（アスタリスク「$*$」は複素共役を表す）．リングの中央を AB 磁束 Φ が貫く場合，通常のゲージ変換（付録 C）によって $t_1 \to t_1 e^{-i\theta}$，$t_1' \to t_1 e^{+i\theta}$，$t_2 \to t_2 e^{+i\theta}$，$t_2' \to t_2' e^{-i\theta}$，$r_i \to r_i$，$r_i' \to r_i'$ ($\theta \equiv \pi\Phi/\Phi_0$) となるが，これらの t や r は依然として式 (5.45) を満たす．Shapiro 1983a によると，それぞれの三叉部分は 3 行 3 列のユニタリー散乱行列 S で記述される．

$$S = \begin{pmatrix} 0 & -1/\sqrt{2} & -1/\sqrt{2} \\ -1/\sqrt{2} & 1/2 & -1/2 \\ -1/\sqrt{2} & -1/2 & 1/2 \end{pmatrix} \tag{5.46}$$

対角要素 S_{ii} ($i = 1, 2, 3$) は i 番目のチャネルの反射振幅を表し，非対角要素 S_{ij} ($i \neq j$) はチャネル i からチャネル j への透過振幅を表す．図 5.4 の左側の三叉部分では，チャネル 1 をリングへの入射振幅 (1) とし，右側の三叉部分のチャネル 1 は試料からのリングからの放出振幅 (F) とする．この例ではチャネル 1 における反射は起こらず，チャネル 2 とチャネル 3 が対称性を持つものとする．三叉部分の散乱行列の選択の仕方は大抵の場合，試料全体の抵抗増加などの自明な効果を除き，本質的な結果に影響を与えないものと予想される．共鳴を生じるような特異なモデルについては Büttiker et al. 1984 を参照されたい．

それぞれの三叉部分および散乱体に関わる各振幅の線形な関係を書き，振幅の和や差の変数を導入して ($x_1 \pm x_2$ など)，リング全体の透過振幅の式を得ることができる．

$$F = 2\frac{t_1 t_2 (t_1' + t_2') + t_1(r_2 - 1)(1 - r_2') + t_2(r_1 - 1)(1 - r_1')}{(t_1 + t_2)(t_1' + t_2') - (2 - r_1 - r_2)(2 - r_1' - r_2')} \tag{5.47}$$

これを次のように書き直すことができる．

$$F = 2\frac{Ae^{i\theta} + Be^{-i\theta}}{De^{+2i\theta} + Ee^{-2i\theta} + C} \tag{5.48}$$

$A = t_1^2 t_2 + t_2(r_1 - 1)(1 - r_1')$，$B = t_1 t_2^2 + t_1(r_2 - 1)(1 - r_2')$，$D = E = t_1 t_2$，$C = t_1^2 + t_2^2 - (2 - r_1 - r_2)(2 - r_1' - r_2')$ である．Landauer のコンダクタ

5.3. Landauer 公式の応用

ンスを決める全体の透過確率は ($\phi \equiv 2\theta$ を用いて),

$$T \equiv |F|^2 = 4\frac{\alpha + \beta\cos\phi + \beta'\sin\phi}{\gamma + \delta\cos\phi + \delta'\sin\phi + \epsilon\cos 2\phi + \epsilon'\sin 2\phi} \tag{5.49}$$

と表される. $\alpha = |A|^2 + |B|^2$, $\beta = 2\mathrm{Re}(AB^*)$, $\beta' = -2\mathrm{Im}(AB^*) \equiv 0$, $\gamma = |D|^2 + |E|^2 + |C|^2$, $\delta = 2\mathrm{Re}(DC^* + EC^*)$, $\delta' = -2\mathrm{Im}(DC^* - EC^*) \equiv 0$, $\epsilon = 2\mathrm{Re}(DE^*)$, $\epsilon' = -2\mathrm{Im}(DE^*) \equiv 0$ である. β', δ' および ϵ' は同時にゼロになり Onsager の対称性に整合することを確認できる.

最初に磁場がない場合 ($\phi = 0$) を考察しよう. この場合も t や r の位相角(式 (5.49) の α, β, δ, ϵ に影響する)の関数として T の振動が見られる. $t_1 = 0$ のとき, r_1 と r_1' の位相を適当に選ぶことで全体の透過率は $T = 1$ にも $T = 0$ にもなる. すなわち一方の径路が伝導性を持たなくとも, その径路がもう一方の径路を介した伝導特性に決定的な影響を及ぼすのである. このような効果は t_1 と t_2 の双方が有限の場合にも現れる. 特に $|t_1| \ll |t_2|$ の場合には $T = 0$ とすることが可能である. また, ある散乱体のコンダクタンスを, それ自体の導電性は乏しいが反射振幅を制御できるような導電体を並列に付加することによって増加させることもできる. これらの共鳴現象は位相干渉長 $L_\phi = \sqrt{D\tau_\phi}$ (τ_ϕ は位相緩和時間) がリングの寸法 L と同等以下になると消失する. したがって温度の上昇に伴ってコンダクタンス G の劇的な変化(増加もしくは減少)が見られる可能性が生じる. もうひとつの興味深い効果は一方のチャネル(チャネル1, $|t_1| \ll |t_2|$ とする)を, たとえば電磁場に曝した場合に起こる. 電磁場は非弾性散乱と同様の効果をもたらすため, 元々は散乱作用の弱いチャネルの透過率が大きく変わる. $t_1 = t_2 = t$ のとき, 式 (5.47) は $F = t$ になる. 上記の結果は n 径路の並列系でも成立すると考えられる. 温度を上げるとコンダクタンスは,

$$G_t = \frac{e^2}{\pi\hbar}|t|^2 / (1 - |t|^2)$$

から Ohm の法則に基づく $G = nG_t$ へと増加する.

次に磁束 Φ の導入を考えよう. 一般にリング全体の透過確率 T は Byers-Yang の定理(付録 C)に従い, Φ に対して Φ_0 を基本周期とする周期依存性を持つ. 通常は 2 倍振動成分(周期 $\Phi_0/2$)が有限で, これに更に高次

の成分も加わる. 強い散乱の極限でも ($l_{el} \ll L \ll L_\phi$) 明確な振動が生じ得る. 例として $|t_1| \sim |t_2| \sim t \ll 1$ を仮定しよう. この場合, 特別な位相関係がない限り $\alpha \sim \beta \sim \delta \sim t^2$, $\epsilon \sim t^4$, $\gamma \sim 1$ である. そうすると周期 Φ_0, 振幅 $\sim |t|^2$ の主要振動成分が $|t|^2$ のオーダーの定数成分の上に現れる (振幅が平均値と同等になるので, ϕ の値によっては T がゼロにもなる). これに加えて周期 $\Phi_0/2$ で振幅の小さい ($\sim |t|^4$) 2倍振動成分も生じる. $|t_1| \ll |t_2|$ とすると, 振動成分はより小さくなる (周期 $\Phi_0/2$ の成分も更に小さくなる). これらの振動は実験によって確認されている (Webb et al. 1985a, b, Chandrasekhar et al. 1985, Datta et al. 1985). 図 5.5 に Webb et al. 1985b によるデータを示す. 実験で h/e 振動を観測するための要点は, このような振動を起こす磁場と, 後から述べる"緩慢なゆらぎ"を起こす磁場のスケールを区別して, 両者を分離することである.

上記の計算と実験に先行して, 磁場周期に関する奇妙な効果が論じられていた. 弱局在理論に基づく最も興味深い予言のひとつは Altshuler, Aronov and Spivak (AAS) 1981a によるものである. これは小さい径を持つリングもしくは円筒 (多くの伝導チャネルを持つものとする) の久保型コンダクタンスが, 開口部を貫く Aharonov-Bohm 磁束 Φ によって振動することを予言したものである. この計算結果の驚くべき点は, 基本振動周期が Byers-Yang の定理が与える $\Phi_0 = h/e$ ではなく $\Phi_0/2$ になることであった (AAS 効果). $\Phi_0/2$ 周期の成分は Φ_0 振動に対する"2倍成分"と見ることもできるので, この周期性は必ずしも定理と矛盾するものではないが, 問題は基本となるべき Φ_0 成分が彼らの計算結果に現れなかったのは何故かということである.

この問題の解答を示す前に, $\Phi_0/2$ 振動の予言が Sharvin and Sharvin 1981 の先駆的な仕事を初めとする信頼性の高い実験によって支持を得ているという事実に言及しておく (Altshuler et al. 1982b, Ladan and Maurer 1983, Gordon 1984, Gijs et al. 1984). 長い円筒を用いた最近の実験は, 理論 (材料中の非 Aharonov-Bohm 磁束も考慮したもの) とほとんど定量的に一致している. $\Phi_0/2$ の振動は多数の微小リングの配列構造でも観測されている (Pannetier et al. 1984, 1985, Bishop et al. 1985, Licini et al. 1985a, b, Dolan et al. 1986). これらの実験において Φ_0 の振動

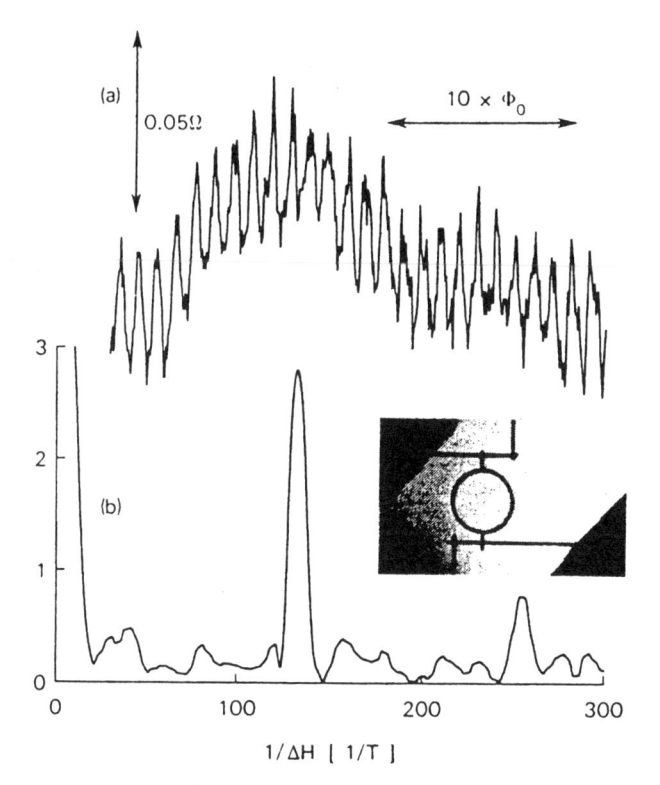

図 5.5 (a) 内径 ~ 8000 Å, 幅 ~ 400 Å の金のリング(埋め込み写真)の磁気抵抗. 横向きの矢印範囲がリングの穴を通る磁束量子 10 本分に相当する. (b) 任意単位で示した抵抗振動特性の Fourier パワースペクトル. h/e および $h/2e$ の振動成分のピークが見られる. 低い振動数のピークはリングの"腕"の中の磁束による緩慢なコンダクタンスゆらぎ(後述)に対応する (Webb et al. 1985b より).

は見られていない. 初期に行われた単一リングに対する予備的な実験は (Umbach et al. 1984, Webb et al. 1984) 確定的ではないものの Φ_0 と $\Phi_0/2$ 両方の成分, および後から議論する非周期構造 (図 5.5 に示した緩慢な変調) が見える結果を与えていたが, 単一の微小リングの Φ_0 周期の振動に関する信頼できる結果は後になって報告されるようになった (Webb et al. 1985a, b, Washburn et al. 1985, Chandrasekhar et al. 1985, Datta et al. 1985 など).

各実験における Φ_0 周期の振動の現れ方, それと弱局在理論との関わり

方に対する解答は次のようなものである（Gefen 1984，私信，Browne et al. 1984, Büttiker et al. 1985, Murat et al. 1986, Imry and Shiren 1986, Stone and Imry 1986 なども参照）. Altshuler et al. 1981a の理論や，円筒やリングの配列を用いた実験は，巨視的に同じ条件で用意した多くの微小な系の集団に関する平均化の操作を実効的に含んでいる．配列の中の各リングはすべて似たような不純物濃度の平均値を持つが，個々のリング内の不純物分布はそれぞれ異なっている．円筒を用いる場合は 1 cm 程度の長さにわたる抵抗が測定されるが，これは L_ϕ の寸法を持つ試料が古典的におよそ 10^4 個直列に接続したものと見なせる．摂動計算においては伝播関数が相対距離の関数になるという取り扱い（境界の効果を除く）をするので，最初から集団平均化の効果を含んでしまう．上記の実験結果のうち，コンタクトを付けた単一リングでは，Φ_0 周期成分の Fourier 係数が一定の位相を示さない．一方 AAS の $\Phi_0/2$ 成分の Fourier 係数は決まった位相を持つ（たとえば $G(\Phi)$ が原点 $\Phi = 0$ で最小値になる[3]. Altshuler et al. 1982b, Bergmann 1984, Lee and Ramakrishnan 1985）．この位相が決まるのは 2.6 節で述べた弱局在補正の性質によるものである（4.2 節に示した古典的径路による解析も参照）．径路が磁束に敏感であるためには径路が少なくとも一回，リングを周回していなければならない．これに対応する時間反転径路はリングを反対向きに周回する．$\Phi = 0$ でスピン－軌道相互作用が存在しない場合，両者の寄与は同じ位相で加算され，$\Phi = 0$ で最大（コンダクタンスとしては最小）になる．$\Phi \neq 0$ になると 2 つの径路は $\pm\phi = 2\pi\Phi/\Phi_0$ の位相変化を生じ，両者の和は $\Phi_0/2$ 周期で振動するが，$\phi = 0$ 近傍では必ず減少する（スピン－軌道散乱がない場合）．この描像の定量的な正当性の確認が Altshuler et al. 1982b によって行われ，また実際にマグネシウムをリチウム（スピン－軌道散乱がより小さい）に置き換えることで，予想される通りの $\Phi_0/2$ 振動の変化が見られた．このように集団平均化は（十分な数で平均化が行われれば）Φ_0 の基本成分を消失させ，AAS 型の $\Phi_0/2$ 周期の振動だけを残すのである．単一リングを用いた実験（Webb et al. 1984, 1985a, b, Washburn et al. 1985, Chandrasekhar et al. 1985; Datta et al. 1985）では h/e 周期の振動も観

---

[3]ただしスピン－軌道相互作用の強い系では最小ではなく最大になる．

測対象となる．

実はこれらの実験に先行して，Gefen 1984（および私信）によるこの問題に関する最初の洞察と，h/e 振動の観測には単一リングが必要であることを示すモデル計算（後になって出版された），閉じた1次元リングの久保導電率に関する Imry and Shiren 1986 の考察，コンタクトの付いた1次元リングに関する Murat, Gefen and Imry 1986 の考察，Stone and Imry 1986 によるコンタクトの付いた多チャネルリングの考察などが行われていた．Murat et al. の結果を図 5.6 に示す．ここでは集団平均化の代わりに温度 T を上げた計算結果が示されている．1次元系で $k_B T \gg \Delta$ になると，E_F 付近で"温度エネルギー幅" $k_B T$ の範囲内の異なる電子は，異なる位相を持ってリング内を伝播する．したがって十分高温（比較すべきエネルギー指標は準位間隔 Δ）では単一試料でも集団平均化と同様な効果を持つ"自己平均化"（self-averaging）が起こる．自己平均化についてはこれから詳しく議論するが，図 5.6 を見ると T を上げるに従い，Φ_0 周期の成分を抑制するような平均化の効果が現れていることが判る．平均化が $\Phi_0/2$ の周期を残すように働くという概念は Carini et al. 1984 や Browne and Nagel 1985 によっても議論されていた．しかし彼らは"バンド全体"にわたって平均化した静的特性（分配率）を考察したので，"単一リング"においても Φ_0 周期の成分が $1/L$（L は系の長さ）に従って減衰するという結果を得た．バンド全体にわたる平均化は，バンド幅と同等の温度エネルギー $k_B T$（通常は著しく高い温度）による平均化に相当するもので，低温の導電率には適用できない．

図 5.6 は系の温度が上がるにつれて"実効的な集団平均化"が進む傾向を示している．低温では Φ_0 が基本周期となっているが，高温における基本周期は $\Phi_0/2$ になる．両者のクロスオーバーは1次元系の場合，$k_B T$ が準位間隔と同等になるところで生じるが，これは1次元系の連続準位が全系にわたり $O(2\pi)$ 以上の位相の違いを持つことから予想される結果である．また散乱体による位相の変更は Φ_0 周期の振動に強く影響を及ぼすが，実効的に集団平均化された結果 (c) にはあまり違いを生じない．

このような"エネルギーの平均化"は2次元以上の系でも起こる．一般に ΔE だけエネルギーの変更があると系全体の干渉性が重要な変更を受

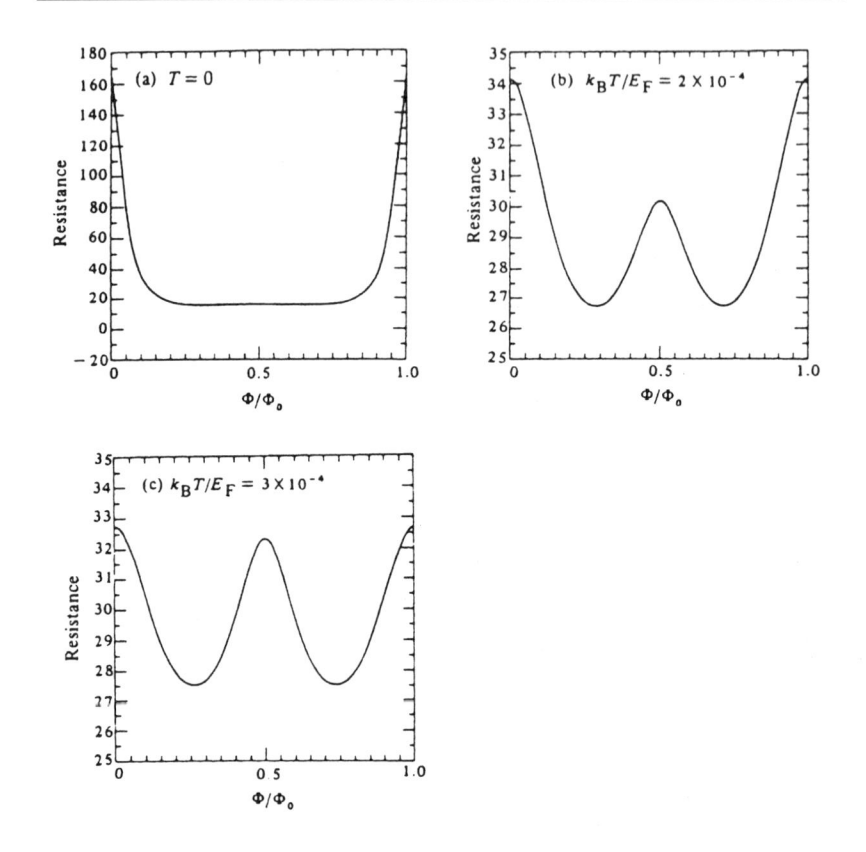

図 5.6　図 5.4 や図 5.5 の状況を想定した Murat et al. 1986 による計算結果．散乱体を含む 1 次元リングの抵抗の磁束依存性を 3 つの温度について示してある．温度を上げると自己平均化の効果によって Φ_0 周期成分が消失していく．

けるというエネルギー指標 ΔE が存在する．1 次元系では金属的な拡散領域が存在しないので $\Delta E \sim \Delta$ である．$g \lesssim 1$ で $L \gtrsim l$ になると局在が起こる（第 2 章）．重要な問題は"エネルギー相関範囲"ΔE が，一般的にどのように決まるかということである．ΔE は第 2 章で議論した Thouless エネルギー E_c と同様の性質を持ち，境界条件（系全体にわたる位相変化，もしくはリングを貫く Aharonov-Bohm 型の磁束による位相変化）に対するエネルギー準位の感度を表す．この事情に鑑み，ここで発見論的に"エネルギー相関範囲"ΔE を E_c と同じものと考えることにする．この

定義の正当性は，式 (4.16) のところで議論したように，E_c 程度のエネルギー変化によって，系を巡る拡散径路の位相が $O(\pi)$ 変化することから分かる．この議論は Stone and Imry 1986 によって最初に行われたが，彼らは多チャネルの場合にも数値計算から $\Delta E \sim E_c$ となることを示した．この結果は次節に示す，弱局在領域のゆらぎの問題に関する Lee and Stone 1985 の結果とも整合する．リングの Φ_0 周期成分のような干渉効果が熱的な "Fermi 面のぼけ" によって消失しないための条件は，

$$k_B T \lesssim E_c \tag{5.50}$$

である．Thouless の関係 $E_c = \hbar D/L^2$ によると，式 (5.50) は次式と等価である．

$$L \leq \sqrt{D\hbar/k_B T} \equiv L_T \tag{5.51}$$

すなわち干渉効果を観測するには，試料が式 (5.51) で定義される熱拡散長 L_T よりも小さくなければならない．多くの実際の系において τ_ϕ は $\hbar/k_B T$ に比べて 1 桁から 2 桁大きいことをここで指摘しておこう（特に Fermi 液体理論が適用できる金属に関してはそうである．極めて汚れた系で両者が同等のオーダーになる場合もある）．条件 (5.51) を位相干渉長より L が小さいという条件と比較すると，式 (5.51) の条件の方が厳しい制約となることが分かるが，条件の成立が全く望めないほど厳しいわけではない．$k_B T \gg E_c$ の場合，平均化の効果によって振動は $\sim (E_c/k_B T)^{1/2}$ 程度まで抑制される．たとえば断面が 500 Å × 1500 Å，長さ 5000 Å で，抵抗が 20 Ω の金の細線では $\Delta \sim 1$ mK，$E_c \sim 0.05$ K である．したがって式 (5.51) の条件は実験的に実現できるものであり，たとえば 0.5 K でのエネルギーの平均化による干渉の抑制効果は因子 3 程度のものに過ぎない．

ここまで我々はリングの開口部を Aharonov-Bohm 型の磁束が貫く効果だけを議論してきたが，材料の内部にある磁場の効果を併せて考慮しなければならない場合もあろう．実際にリングを用いた初期の実験では，かなりの割合の磁場がリングの "腕" に侵入していたため，単一細線の実験と同様に，抵抗の非周期的ゆらぎが見られていた（Umbach et al. 1984）．ここでランダムに生じるゆらぎの特性は，試料が実効的な熱処理を施されない限り，同一試料において再現性示した．これは図 5.5 の "緩慢な" 特性

と同じものであり，ここでもやはりコンダクタンスの非周期的ゆらぎが見られる．このような特性が現れる磁場のスケールは磁束量子が細線を貫くオーダーに対応している．この現象は Dingle 1952 の，平衡状態にある円盤形試料内の自由電子が示す，円盤を貫く磁束に対する振動特性を思い起こさせる．現実の系における非周期的な抵抗変化は，試料内部にランダムに形成された不純物原子や欠陥の分布によるものと推定される（Blonder 1984）．それぞれの試料の欠陥分布に対応して，個々の試料に固有の"指紋"(fingerprint）となる $R(H)$ 曲線が形成される．

　多チャネル伝導の式は上記の概念の正当性を定量的に調べる手段を供する．系を表すために，強束縛近似の下で不規則性を持たせた Anderson のモデルを用いることができる（相互作用はないものとする）．与えられたモデルに対する S 行列は遷移行列の積の計算（Pichard and Sarma 1981a, b; Azbel 1983）やそれを応用した方法，あるいは Thouless and Kirkpatrick 1981 による Green 関数法と，それを 2 次元へ一般化した Fisher and Lee 1981 の方法などによって計算することができる．後者の例ではたとえば $\sim 40 \times 400$ の格子点を持つ 2 次元のモデルが用いられている．この種の計算は関心の対象となるような場合において，適切に収束しているように見える．この計算は Stone 1985 によって行われた．仮想ループを辿ったときの位相差を積算したものが，ループを貫く磁束に等しくなるようにハミルトニアンの行列要素の位相を変更することによって，磁場の効果が導入された（各々のループの Aharonov-Bohm 効果）．遷移行列要素をこのように変えて得た数値計算の結果も，実際の実験結果も，系を磁束量子が貫く条件から決まる磁場のスケールで変化を示す（Stone 1985）．これを図 5.7 に示す．計算された抵抗値が実験値より 2 桁程度も大きいのは，主としてチャネル数の違い（前者の約 40 に対し，後者は 2×10^4）による．これ以外にも多くの類似した結果が Stone 1985 によって得られており，それらは非周期的で再現性のある振動が，系を貫く磁束による電子干渉の変調現象であることの証左となっている．

　定量的な描像は次のようなものである．遷移確率 t_{ij} は点 i から点 j に至るすべての可能な径路からの寄与の総和として与えられ，干渉効果を含んでいる．磁束 Φ_0 のオーダーに対応する磁場は，互いに最も離れた径

路の相対位相を 2π 程度変える．このことが抵抗ゆらぎの現れる磁場のスケールを決める．この描像に関する完全な議論は Stone 1985 および Stone and Imry 1986 に与えられている．既に言及したエネルギー相関範囲 E_c はこれらの数値計算に明確に現れる．コンダクタンスゆらぎの大きさに関する一般的な概念（Altshuler 1985, Lee and Stone 1985, Altshuler and Khmelnitskii 1985, Imry 1986a, b, Lee et al. 1987）を次節で議論する．

リングにおける h/e 振動と AAS 型の $h/2e$ 振動の違いをまとめてこの節を終えることにしよう．前者は個々の試料に固有の特性を持ち，エネ

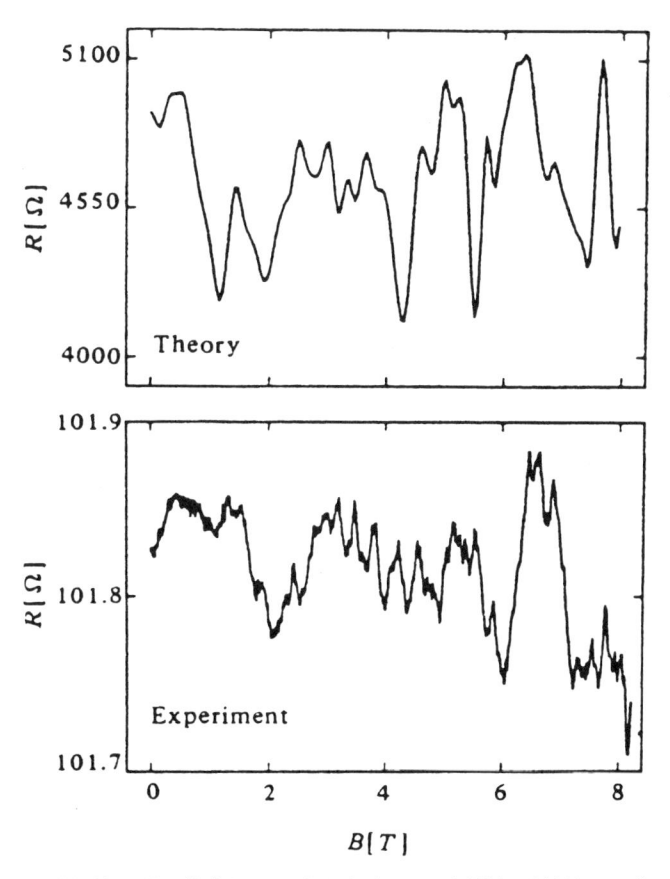

図 5.7 細線抵抗の磁場依存性．理論と実験による抵抗振動特性が同等の振幅スケールで表示されるようにした．磁場のスケールについては本文を参照（Stone 1985）．

ルギーの平均化を含むあらゆる平均化の効果によって敏感に影響を受ける．後者はエネルギーに対して敏感ではなく，平均化の結果として現れているものなので，背景に非周期的なコンダクタンスゆらぎを持たない状態で観測できる．一方 Webb et al. 1985b による実験では，磁場強度を上げていっても Φ_0 周期の振動が消失しておらず，ほとんど減衰のない $\sim 10^3$ 回もの振動が観測されている．これはリングの腕の内部に侵入する非 Aharonov-Bohm 磁束が不規則なコンダクタンス成分を生じて Φ_0 周期の構造を不明瞭にするという予想とも，実際に AAS 型の $\Phi_0/2$ の振動が得られている別の実験結果（Altshuler et al. 1981a, 1982c, Sharvin and Sharvin 1981）とも食い違う，理解し難い結果である．しかし少なくとも周期振動（Aharonov-Bohm 型）と非周期振動（材料内部に侵入した磁場による）の磁場スケールが十分分離できている場合には，Φ_0 周期の成分が残り続けるという発見論的な議論が可能である（Stone and Imry 1986）．

　実際のリングに磁場を印加すると，リングの開口部を通過する Aharonov-Bohm 磁束 Φ と，リングの腕を貫く（古典的な）磁束 Φ_c が発生する．これらの 2 種類の磁束の比は単純に試料形状から決まる幾何学的な比で表される．

$$\frac{\Phi}{\Phi_c} = A \tag{5.52}$$

A はリングを含む面に垂直な磁場 H に対するアスペクト比 — 穴の面積と腕の面積の比である．ここでたとえば Stone 1985 の結果，すなわちリングの腕の部分のコンダクタンスに変化をきたす磁束量 Φ_c のスケールは $\Delta\Phi_c \sim \Phi_0$ であることを思い出そう．したがって $A \gg 1$ の場合，H を Φ が Φ_0 程度のスケールで変化するように変えていく際に，Φ_c はこれに比べて極めて小さい Φ_0/A 相当の変化しか生じない．よって Φ_c による効果は極めて弱いバックグラウンドコンダクタンスの変化という形になり，この緩慢な $G(H)$ の変化の上に，Φ によるこの細かい変化が重なることになる．Landauer 形式において細線に Φ_c の効果を導入した解析（Stone and Imry 1986）によると，$\Phi_c \gg \Phi_0$ であっても Φ_0 周期の特性は残り，Φ_c は非常にゆるやかな（ゆるやかさは $\Delta\Phi_c \sim \Phi_0$ で決まる）振幅と位相の振動を生じる．この結果もいくつかの計算結果（Altshuler 1985, Lee and

Stone 1985) や実験結果 (Webb et al. 1985b) と整合する.

Φ_0 周期の振動は (Büttiker et al. 1985, Stone and Imry 1986, 次節参照) "乱雑な位相を持つ多くの項が相殺し合う結果として現れる"ものである. これが腕の内部に強い磁場を持つ場合でもこの振動が消失しないことの本質的な理由である. AAS 振動の寄与は既に議論したように,基本的にこれと異なっており,干渉性を持つ項の加算によって現れる. 強い磁場の印加 (もしくは静的な磁性不純物による乱雑な磁場など) によってAAS 振動は著しく減衰する. 興味深いことに, 一般にこれより小さい別の $\Phi_0/2$ 振動も存在し得る (Stone and Imry 1986, Gefen et al. 1984b). これは Φ_0 の倍振動成分であり, 干渉性のない項によるものであって, 後方散乱を伴い特別な干渉性を持つ AAS 型の径路からの寄与ではない. この寄与は 2 つの無関係な逆回りの径路に起因し, 強い磁場の下でも残る. Φ_0 周期の振動が磁場 (一様な場でも乱雑な場でも) に強い理由は "死んだ馬を殺すことはできない" という言葉に要約することができる.

これらの過程が種々のパラメーターに対してそれぞれ異なる感度を持っており, 異なる条件下で観測可能となることは興味深い. 最後にこれらの強度の減衰について言及しておく. 高温で $L_\phi \ll L$ となる場合には, h/e の振動と AAS の振動はそれぞれ e^{-L/L_ϕ} および e^{-2L/L_ϕ} で減衰する. 後者の依存性は周回径路の 2 倍の長さに対応している. 非周期的なゆらぎは温度の上昇に対して, より緩慢に減衰する.

普遍コンダクタンスゆらぎ

同じ "不純な統計集団" に属する異なる試料 (平均的な不規則性は同等で, 欠陥分布の異なる試料) のコンダクタンスは試料毎に異なる. 拡散的な金属領域 ($l \ll L \ll \xi$, もしくは等価な表現で $1 \ll g \ll N_\perp$) を仮定して, 擬 1 次元の状況を考察しよう (次元が変わっても, いくつかの数因子が変更されるだけで, 本質は同じである). 無次元コンダクタンス g に対する 2 端子の Landauer 公式を用いることにする.

$$g = \mathrm{tr}\, tt^\dagger = \sum_{ij} T_{ij} \tag{5.53}$$

多端子試料の場合でも，この議論は着目する 2 つのコンタクトの間のコンダクタンスに適用できる．それぞれの試料のコンダクタンスゆらぎは，

$$\Delta g \equiv g - \langle g \rangle \tag{5.54}$$

と表される．$\langle \ \rangle$ は集団平均を表す．ゆらぎの自乗平均 $\langle \Delta g^2 \rangle$ はどうなるであろうか？これ自体は集団平均化された量なので，ダイヤグラムの手法で計算することができる．Altshuler 1985 および Lee and Stone 1985 によってこの計算が行われ，非常に興味をそそられる結果として，

$$\langle \Delta g^2 \rangle = C \tag{5.55}$$

が得られた．C は実効的な系の次元と一般的な対称性（以下の記述を参照）だけに依存する普遍定数であり，コンダクタンス g の値自身や，系の微視的な特徴には依存しないのである！

時間反転対称性を持ち，スピン－軌道結合のない擬 1 次元系では $C \simeq 0.862$ である．2 次元系や 3 次元系でも数値は少々異なるけれども，C はそれぞれ普遍定数となる．この定数は磁場やスピン－軌道相互作用には依存する（これらの要因は対称性を直交からユニタリーもしくは斜交 symplectic へ変える．Dupuis and Montambaux 1991）．上記の結果は試料が量子干渉性を持つ極限，

$$L \ll L_\phi, L_T \tag{5.56}$$

において成立する．そうでない場合は，たとえば試料を小さい "干渉性を持つ部分" に分割し，それらの抵抗を古典的に足し合わせればよい．上記の結果の正当性は数値計算や実験によって確認されている．同じ形状を持つあらゆる汚れた試料が低温で共通した性質を示すことは，実効的に清浄な系が臨界状態付近で示す普遍的な振舞いよりも更に驚くべきことである．より一般的に（Altshuler and Khmelnitskii 1985）コンダクタンスの相関関数を E_F と磁場 H の関数として考えることもできる．

$$F(\Delta E_F, \Delta H) = \langle g(E_F, H) g(E_F + \Delta E_F, H + \Delta H) \rangle - \langle g \rangle^2 \tag{5.57}$$

この関数自体は普遍的なものではない．予想される通り E の相関範囲は E_c であり，また H の相関範囲は系を貫く磁束量子に対応する磁場となる．

H が十分大きい場合には時間反転対称性が破れるため C が $1/2$ 倍になる．スピン－軌道相互作用によっても普遍的な変化が生じる．

Landauer 型の定式化において，C の普遍性は遷移行列の固有値のスペクトルにおける普遍相関と密接に関係する．これは付録 I で議論する．ここでは厳密ではないけれども簡潔で解りやすい説明を試みることにする．

まずひとつの透過因子 $T_{ij} = |t_{ij}|^2$ を考える（Büttiker et al. 1985）．t_{ij} は入力チャネル i と出力チャネル j を結ぶ様々な径路（m で識別する）からの指数関数的に大きい数（$\mathcal{N}$）の寄与の総和によって与えられる．規格化因子を除くと，

$$T_{ij} \propto \sum_1^{\mathcal{N}} 1 + \sum_{m \neq n} e^{i(\phi_m - \phi_n)} \tag{5.58}$$

となる．第 1 項は古典的な"対角項"，第 2 項は集団平均下で消失する量子干渉項である．しかし $\mathcal{N}^2$ 個（$\mathcal{N} \gg 1$）の項の乱雑な寄与の和である第 2 項の大きさは $O(\mathcal{N})$ であり，古典的な項と同等になる！この議論と，T_{ij} の相対ゆらぎが 1 程度になるという更に驚くべき結果は，実は Rayleigh の乱雑な媒体による光の散乱の理論においてすでに広く認知されているものである．

ここで問題となるのは独立な T_{ij} の数がどのくらいあるかということである．仮に $N_\perp$ 個の独立な"導電チャネル"があり $N_\perp^2$ 個の独立な T_{ij} があると考えれば $\sqrt{\langle \Delta g^2 \rangle}/g \sim 1/N_\perp$ となる．しかしこれは正しくない．長い系 $L \gg l$ ではほとんどの固有値が指数関数的に小さく，問題に関与してこない．コンダクタンス $g \sim N_\perp l/L$ に対して，透過係数が 1 に近い"実効的なコンダクタンスチャネル"の数は（Imry 1986），

$$N_{\text{eff}} \sim \frac{\xi}{L} \sim g \sim N_\perp \frac{l}{L} \tag{5.59}$$

である．この式は固有値を $\exp(-L\mu_n)$ のように書き，局在長の逆数 μ_n を，付録 I で説明するようにおおまかに一様であると仮定して得たものである．物理的な局在長 ξ の逆数は最小の μ_n に等しい．$\langle \Delta g^2 \rangle$ は関係するこれらの固有値，すなわち平均で N_{eff} の固有値を持つ範囲内の数のゆらぎによって決まるものと予想される．$N_\perp$ を N_{eff} で置き換えると，

$$\langle \Delta g^2 \rangle = O(1) \tag{5.60}$$

という期待された結果が得られる.

更に信頼性のある議論は,各固有値相互の"反発"(スペクトルの"剛性". Dyson 1962)を考慮したものになるが,これは付録 I に簡単にまとめてある. g はランダム行列の固有値の"線形統計量"として書かれる. 行列の固有値のスペクトルがランダム行列理論[†]に従うと仮定すると,$\langle \Delta g^2 \rangle$ は普遍的な定数となり,右辺の C と完全には合致しないが近い値になる. 行列のスペクトルの詳細な性質に関して多くの検討がなされている(たとえば Muttalib et al. 1978, Mello 1988, Mello and Pichard 1989, Mello 1990, Pichard 1991, Macêdo and Chalker 1992, 1994, Stone et al. 1991, Slevin et al. 1993, Jalabert et al. 1993 など). 最近 Beenakker and Rejaei 1993 は,ランダム行列理論とは完全に一致しない,擬 1 次元で正確な C を与える分布を見いだした. しかしとにかくランダム性の観点は,仮に近似的なものであるとしても,普遍性の起源やある種の対称性の破れに対する敏感さ,強局在への移行などに関する一般的な洞察を可能にする. 不規則性を持つ系における導電径路の議論については Oakshott and MacKinnon 1994 を参照されたい.

問題

1. (a) 小さい q における式 (D.1) の結果を用いて,正確な固有状態の間の $\hat{x}$ と $\hat{p}$ の行列要素を求めよ.

    (b) これらの行列要素と久保公式により,通常の Drude の導電率 σ_0 が導かれることを示せ.

    (c) これらの行列要素から"境界条件に対する敏感さ"と Thouless の関係(Thouless エネルギー)が得られることを示せ.

    (d) 上記の行列要素は,Fermi 面近傍の $\hbar/\tau$ の"厚さ"の球殻領域にある k 状態を,乱雑な位相で混合した固有状態を想定することによっても得られることを示せ.

[†] (訳注) p.98 訳注参照.

2. 金属微粒子に対して久保公式と上記問題 1 の結果を適用し，(準位幅)$\gtrsim$(準位間隔) を仮定して，低周波での $\sigma(\omega)$ を求めよ．

3. 寸法が $L \gg \xi$ (ξ：局在長) の微粒子の $\sigma(\omega)$ の概形を描け．

4. (a) 近接したトンネルバリアのコンダクタンスにおける共鳴トンネル (resonant tunneling) の効果を，Landauer の方法を適用し，単純な 1 次元モデルで議論せよ (参考文献 Baym 1969, p.104)．

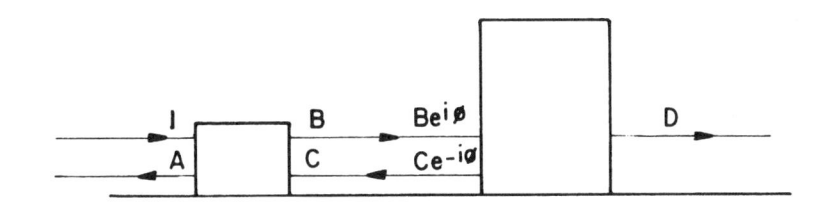

2 つのバリアの間の井戸にはエネルギー E_0 の単一の準束縛状態があり，この準位の右側および左側の導線へのトンネル過程による寿命をそれぞれ τ_l および τ_r とする．まずこの近接バリア総体の透過係数 $T(E)$ のエネルギー E 依存性を求め，その結果を物理的に説明せよ．それから与えられた μ_1 および $\mu_2 = \mu_1 - V$ の下でのコンダクタンス G を求めよ．ゲート電圧によって E_0 が変えられる場合，G をゲート電圧の関数として描いてみよ．はじめに $E_0 > \mu_1 > \mu_2$ として，共鳴効果が非線形コンダクタンス $G(V)$ にどのような寄与を持つかを議論せよ．

(b) 上記の結果を用いて，1 次元の不規則性を持つ鎖の低温におけるコンダクタンスへの局在効果を定量的に議論せよ (Lifschitz and Kirpichenkov 1979, Azbel 1981)．

5. "Coulomb ブロッケイド"(Coulomb blockade) の問題：$\mu_2 < E_0 < \mu_1$ とし，井戸の中の準束縛状態に入る 2 つめの電子 (反対向きのスピンを持つものとする) のエネルギーを $E_0 + U$ とする．U は "Hubbard の反発エネルギー" で，実効的な静電容量 C を用いて $U = e^2/2C$ と

表される．$E_0 + U > \mu_1 > \mu_2 > E_0$ の場合，コンダクタンスが指数関数的に小さくなることを示せ．活性化エネルギーはいくらになるか？ V がどのような値の時に共鳴コンダクタンスが現れるか？近年この概念に関係する諸現象への関心が高まっている．参考文献としては Likharev and Zorin 1985, Ben Jacob and Gefen 1985, Averin and Likharev 1991, Grabert and Devoret 1992 など．

第6章 量子 Hall 効果

6.1 基本概念

量子 Hall 効果（quantum Hall effect：QHE）は 2 次元電子系に見られる巨視的な現象である．しかしこの現象はメソスコピック物理と多くの面で共通する物理的性質を含んでいる．量子化された Hall 電流は巨視的な距離におよぶ永久電流と見なすことができるし，他にも多くの面で量子 Hall 効果はメソスコピック系と密接な関係を持つ．そこで本章を量子 Hall 効果の解説に充てることにする．微細化された系の量子 Hall 効果は今後の研究課題として興味が持たれるところである．

磁場中にある 2 次元電子系の輸送を考察しよう．電場，

$$\begin{pmatrix} E_x \\ E_y \end{pmatrix}$$

が，電流密度に抵抗率テンソルを掛けた形で，

$$\begin{pmatrix} \rho_{xx} & \rho_{xy} \\ \rho_{yx} & \rho_{yy} \end{pmatrix} \begin{pmatrix} j_x \\ j_y \end{pmatrix}$$

と表されるものとする．基礎的な Drude モデルによって与えられる抵抗率テンソル $\tilde{\rho}$ は，

$$\tilde{\rho} = \begin{pmatrix} \sigma_0^{-1} & B/nec \\ -B/nec & \sigma_0^{-1} \end{pmatrix} \tag{6.1}$$

である．σ_0 は Drude の導電率 $\sigma_0 = ne^2\tau/m$ である．通常の Hall 測定では "Hall バー" と呼ばれる形状の試料に対して電流 I_x を供給し，$I_y = 0$ とする．幅 W，長さ L の試料（図 6.1）において以下の関係が成立する．

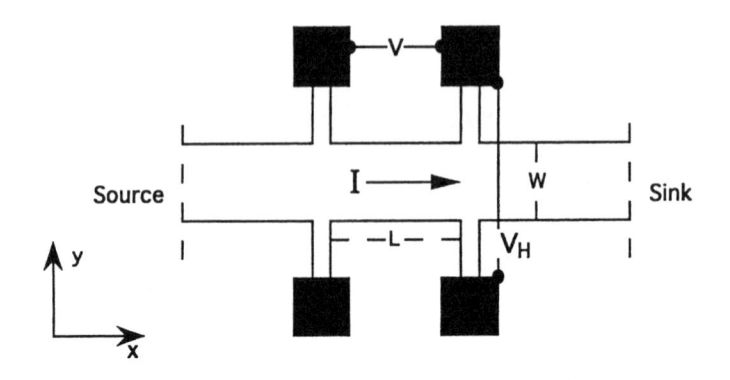

図 6.1 "Hall バー"を用いた磁気抵抗と Hall 効果の測定の概念図. 電流 I を"ソース"から"ドレイン"へ流す. V_H は電流と直交する方向の電圧, $V_L = V$ は電流方向の電圧である.

$$E_y = -\frac{B}{nec}j_x, \quad V_H = -\frac{B}{nec}I_x, \tag{6.2}$$

$$E_x = j_x/\sigma_0, \quad V_L = \frac{L}{W}\frac{I_x}{\sigma_0} \tag{6.3}$$

V_H と V_L は図 6.1 のように定義されており, 磁場 B は紙面に垂直な z 軸の正方向に印加してあるものとする. 試料の均一性を仮定して $I_x = j_x W$ とおくと, Hall 電圧は $V_H = W E_y$, 電流方向の電圧は $V_L = L E_x$ である. 2次元の Hall 抵抗と面抵抗はそれぞれの抵抗率に等しく, $R_{yx,\square} = \rho_{yx} = -B/nec$, $R_{xx,\square} = \rho_0$ である(R_{xx} が B に依らないのは, 磁気抵抗効果が単純な Drude 理論に現れないためである). 試料が均一かどうかに関わらず, 測定される量は抵抗値である(抵抗率ではない). 量子 Hall 効果の観測においては通常の輸送特性の評価とは異なり, 抵抗率よりも抵抗値そのものが(そして導電率ではなくコンダクタンスが)基本的な物理量となる. 導電率は抵抗率テンソル (6.1) の逆行列で与えられる(便利な関係式 $\omega_c\tau/\sigma_0 = B/nec$ を用いる. ω_c は後出の式 (6.7) で定義する).

$$\sigma_{xx} = \sigma_{yy} = \frac{\sigma_0}{1+(\omega_c\tau)^2}$$
$$\sigma_{xy} = -\sigma_{yx} = \frac{-\sigma_0\omega_c\tau}{1+(\omega_c\tau)^2} \tag{6.4}$$

$\tilde{\sigma}$ と $\tilde{\rho}$ の非対角要素の対称性は，試料の回転不変性を意味する．メソスコピック系でこれが成立するためには，集団平均化の効果が必要である．時間反転対称性に基づく一般的な Onsager の関係は，

$$\sigma_{ij}(H) = \sigma_{ji}(-H) \tag{6.5}$$

となる．$\tilde{\rho}$ についても同様の関係が成り立つ．

ρ_{xy} が B/nec となることは，移動する電子に生じる Lorenz 力 $F_y = ev_x B/c$ と Hall 電場 E_y との均衡を考え，

$$j_x = -nev_x \tag{6.6}$$

の関係を考慮することによって理解できる．$j_y = 0$ なので，Hall 電場は試料の上端部と下端部に蓄積される表面電荷によって生じている．もし試料が連続並進対称性を持つならば，電子速度 $v_x = cE_y/B_z$ と同じ速度で移動する座標系で電場をゼロとおいても等価な考察が可能なはずであるが（線形応答を仮定し $E_y \ll B_z$ とする．状況は"電場的"である），Drude 理論には実験室系における電流値が必要であり，上記の導出は並進対称性の破れを伴ったものであることが判る．対称性の破れは欠陥や不純物等によって生じるものと考える．我々は周期ポテンシャルを無視する —— 量子 Hall 効果の実験に関係する電子密度の低い半導体の電子系では，有効質量近似によってこれを考慮する．このような前提で話を進めることにするが，実際には格子の周期性と磁場による周期性の競合よる微妙な問題が存在することも念頭に置いておかなければならない．また Drude 理論も明らかに単純化し過ぎたものである．しかしこの単純な Drude 理論に基づく式 (6.2) によって，多くの場合（常にではないが）強磁場における Hall 効果（弱磁場のそれよりも）の符号やキャリヤ密度依存性をほぼ正しく記述することができる（Ashcroft and Mermin 1976）．

強磁場下で低温の場合，量子化の効果が重要になる．散乱を受けない電子が許容されるエネルギーは離散的な Landau 準位となる（2 次元系で磁場 B が 2 次元面に垂直に印加されている場合，電子の運動は完全に量子化される）．

$$E_n = \left(n + \frac{1}{2}\right)\hbar\omega_c, \quad \omega_c = \frac{eB}{mc} \tag{6.7}$$

m は対象となるキャリヤの有効質量であり，ω_c はサイクロトロン角振動数である．各々の Landau 準位 E_n は大きな縮退度を持つ．

$$p = \frac{BA}{\Phi_0} = \frac{A}{2\pi l_H^2} \quad (\Phi_0 = hc/e) \tag{6.8}$$

縮退度は試料の全領域（$A = LW$）における磁束量子数として与えられる．$\hbar\omega_c$ の間隔で 2 次元の $B = 0$ の状態数が縮退しており，これが p に等しい．

$T \to 0$ においても不純物や欠陥による弾性散乱の効果を考慮しなければならない．この効果は弾性散乱時間 τ で特徴づけられる．並進対称性が破れているため先の Galilei 変換の議論は成立せず，式 (6.7) と式 (6.8) のような正確な解を与えることはできない．少なくとも，

$$\omega_c \tau \gg 1 \tag{6.9}$$

になると Landau 準位の縮退が解けるものと予想される．これ以降この条件を仮定する．各 Landau 準位は $\hbar/\tau$ 程度の拡がりを持つようになり，準位間の重なりが生じる．各 Landau 準位が相互にある程度の結合を持つ結果，de Haas-van Alphen 効果や Schubnikov-de Haas 効果が現れる[†]．これらの効果は，キャリヤ密度（2 次元）n の増加もしくは印加磁場 B の減少に伴って，より高い Landau 準位が逐次満たされていくことによるものであり，j を整数として，

$$nA = jp, \quad \text{or} \quad \frac{1}{B} = \frac{j}{\Phi_0 n} \tag{6.10}$$

の関係に従う．これにより与えられたキャリヤ密度 n の下で，よく知られた $1/B$ に対する周期振動が見られることになる（たとえば Ashcroft and Mermin 1976）．2 次元系では状況は単純で，B に平行な方向の運動がないため Schubnikov-de Haas 振動がそのまま明瞭に現れるものと予想される．実際にこの振動特性を観測できることが，試料が本当に 2 次元系であることの証明手段と見なされている（Fowler et al. 1966, Ando et al.

[†]（訳注）de Haas-van Alphen 効果は帯磁率の振動，Schubnikov-de Haas 効果は磁気抵抗の振動を指す．

1982, Kawaguchi and Kawaji 1982). 電子のスピンを考慮すると準位にずれが生じることも忘れてはならない. 一般に磁気回転比 (gyromagnetic ratio) に現れる質量と, サイクロトロン振動数に現れる質量は異なっている. 前者は裸電子質量と置いてよい場合もあるが, これとは異なる"異常な"値を持ち, g 因子を導入しなければならない場合もしばしばある. 交換相互作用はスピンによる準位のずれを増加させる.

図 6.2a は von Klitzing et al. 1980 による Hall 電圧の測定結果であるが, 上記の一般的な議論からは予想できない驚くべき結果を与えている. ここでは Si-MOSFET の試料において, 強磁場でなくゲート電極によって静電的に n を変え, Landau 準位を小さい j から順次満たしていくことに成功している. 後者 (図 6.2b) は良質の GaAs ヘテロ構造試料から得られたもので, 更に明瞭な構造が見られている. 低温では Schubnikov 振動が大きいので σ_{xx} は谷のところで小さくなり, 最小値は実際にゼロになる. 同じ n (または B) の値の下で Landau 準位が j まで満たされている場合, "直線的な" $R_{xy} = B/nec$ との違いは次のようになる. R_{xy} と G_{xy} には各 Landau 準位番号 j に対応するところで, B や n に対して有限の幅を持つ平坦部が現れる. 平坦部の値は 10^{-7} の精度で定数であり, 最初の原論文においてさえ既に絶対値が 10^{-5} の精度で,

$$G_{xy} = \frac{-nec}{B} = j\frac{-e^2}{h} \tag{6.11}$$

に一致することに言及されている (式 (6.10) と同様に $nA = jp$ である). 現在までに"ステップ"の相対的な平坦度として 10^{-8}, 絶対値として 10^{-7} の精度が確認されている. ここに現れるコンダクタンスの量子は, 微細構造定数 $\alpha = e^2/\hbar c$ を決定する最良の方法を与えている. したがってこの結果は度量衡学的にも重要なものである.

$G_{xx} = 0$ の場合,

$$\begin{pmatrix} 0 & G_{xy} \\ -G_{xy} & 0 \end{pmatrix}$$

の逆行列は,

$$\begin{pmatrix} 0 & -1/G_{xy} \\ 1/G_{xy} & 0 \end{pmatrix}$$

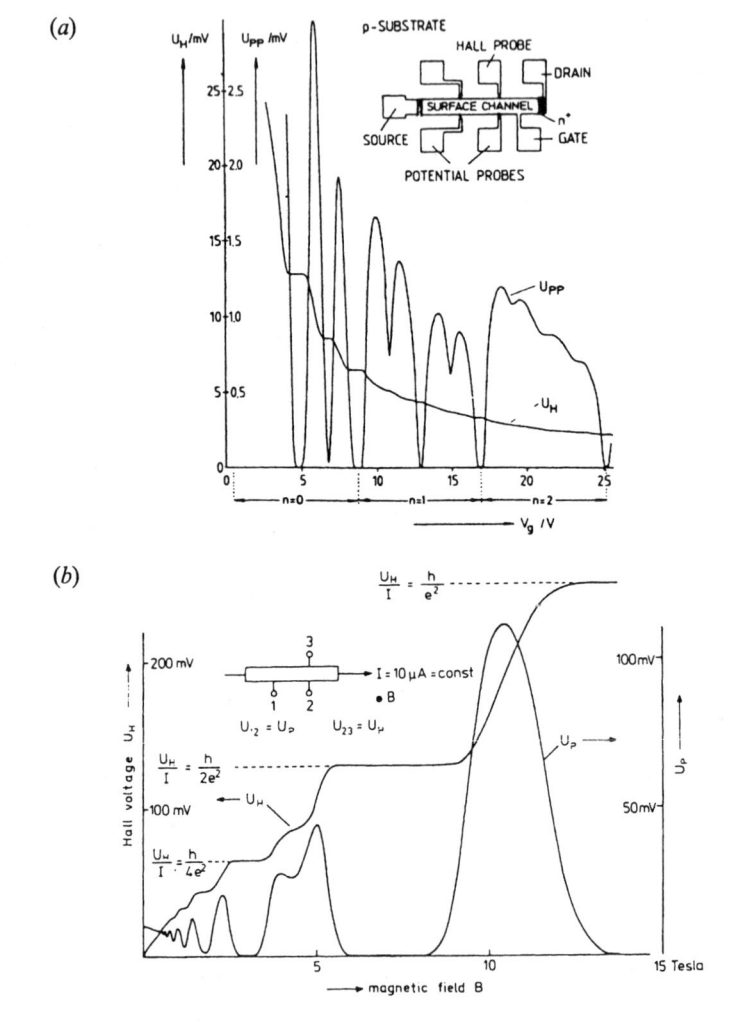

図 6.2 (a) von Klitzing, Dorda and Pepper 1981 による量子 Hall 効果の最初の実験結果. Si-MOSFET を用い，ゲート電圧によって電子密度を変えている. (b) GaAs を用いた磁場 B による量子 Hall 効果（von Klitzing 1982）. 温度 1.6 K で ρ_{xy} は広い平坦部を持ち，その時 ρ_{xx} はほぼゼロになる.

となることを指摘しておく. G_{xx} と R_{xx} が同時にゼロになり得ることは驚くべきことではない. その場合には G_{xy} と R_{xy} が互いに逆数となる.

この現象は散逸のない輸送の下で現れているもので, ステップの発生はFermi 準位が Landau 準位の間にある局在エネルギー領域内に"ピン止め"されることによって起こっている. この領域内では n や B の変化の下で輸送状態が変わらない. 我々はまずこれらの定性的な概念を, より系統的に理解しなければならない.

6.2 一般的な議論

理論的な検討を行うために図 6.3a に示す仮想的なモデルを考察するのが好都合である. 2 次元電子気体が周 L_y の円筒を形成しており, 放射状に Hall 磁場 B が印加されているものとする. Hall 電流を x 方向 (円筒の長さ方向) に流し, 時間変化する AB 磁束 $\Phi = \bar{\Phi} + cV_y t$ によって Hall 電圧 $V_H = V_y$ を供給する[†]. これは Laughlin 1981 によって考案されたモデルを更に簡略化したものである. まずポテンシャル $V_0(x)$ は x 方向だけで変化するものと仮定する (図 6.3b). $V_0(x)$ は系に含まれる不純物やポテンシャル障壁などによる平均化された効果を含む. ポテンシャルの変化は磁気長 l_H のスケールで緩やかでなければならない. 簡単のため V の振幅 V_0 が $V_0 \lesssim \hbar\omega_c$ であると仮定するが, この取扱いに基づく結果は V_0 がより大きい領域にまで適用できる. L_y の x に対するゆるやかな変化も直接考慮することができる. 更に y に対する V_0 の緩慢な変化も準古典的な近似によって扱える (次節).

Landau ゲージ $\mathbf{A} = (0, Hx, 0)$ の下で, 通常の変数分離 $\psi(x,y) = e^{ik_j y}$

[†] (訳注) B は Hall 測定の際に実際に印加する定常的な強い外部磁場に相当するものである (図 6.3 では明示されていないが, 円筒面に垂直に放射状の磁場 B が印加されているものとする). Φ はこれとは別の微弱な仮想磁束で, 円筒面上を周回する方向 (y 方向) の電場を扱うために導入される. Hall コンダクタンス G_{xy} を求めるために Hall 電流 (円筒の長さ方向) と直交する方向に $\Phi(t)$ によって電圧を導入するのである. このモデルでは電流に幅方向の"エッジ"がないので, 一様な"バルク的 (2 次元的) 電流"による効果だけを議論できる.

(a) [図: 円筒に沿って磁束 $\Phi(t)$ が貫く、長さ L_x]

(b) [図: ポテンシャル $V(x)$、等間隔の細い線で Landau 準位中心を表す]

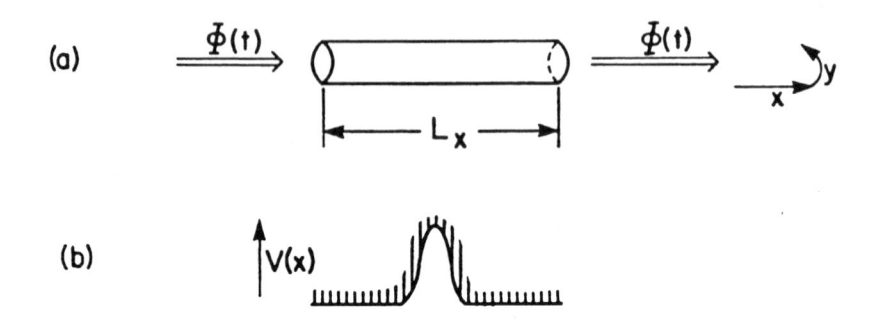

図 6.3　(a) 理論考察のためのモデル：Hall 電圧は時間に依存する AB 磁束 Φ による誘導起電力として与えられる．(b) ここに示したポテンシャル $V(x)$ は，試料が局所的なポテンシャル障壁を含む場合のものである．等間隔の細い線は，与えられた Φ の下での Landau 準位中心 x_j を表す．円筒の端の効果はここでは考慮していない．

$u(x)$ を行うことができる．$u(x)$ はポテンシャルが，

$$V(x) = V_0(x) + \frac{1}{2}m\omega_c^2(x - x_j)^2 \quad (6.12)$$

の 1 次元 Schrödinger 方程式を満たす．$\omega_c = eH/mc$, $x_j = -l_H^2 k_j$, $l_H^2 = \hbar c/eH$ である．まず Hall 電流 I_x を考えよう．AB 磁束を除くゲージ変換 (付録 C) による y 方向の境界条件の変更によって，許容される k_j の値が $k_j = (j + \Phi/\Phi_0)2\pi/L_y$ になる．したがって Φ が時間に対して線形に変化すると，すべての x_j（図 6.3b 参照）が一様に速度 $\bar{v}_x = cV_y/HL_y$ で移動し，満たされている各々の Landau 準位（スピン縮退はないものとする）において平均 $e^2 V_y/h$ の Hall 電流が発生する．これにより "任意の" ポテンシャル $V(x)$ の下の自由電子系における，縮退のないひとつの Landau 準位あたりの Hall コンダクタンスは，

$$G_{xy} = \frac{-e^2}{h} \quad (6.13)$$

と与えられる．

　Laughlin 1981 によるゲージの議論は上記の考察を一般化したものとなっている．ここでは Imry 1983 による単純化した議論を紹介する．$V_y \to 0$

とするために磁束を断熱的に，時間に対して線形に変更する．Φ が Φ_0 だけ変わるごとに，Byers-Yang の定理によって系は前と同じ状態に戻る（上記の例では各軌道中心 x_j がそれぞれひと間隔分ずれて，同じ状態に戻る）．しかしこの過程において，電子は円筒に沿って移動する（実際，上記の例でひとつの満たされた Landau 準位あたりにひとつの電子が系の左側から右側へ移される）．" 同じ " 状態へ戻るという意味は，1 周期で " 整数 " j の電子の移動が完了するということである．このことから十分な一般性を持った量子 Hall 効果の式として，

$$G_{xy} = -j\frac{e^2}{h} \tag{6.14}$$

が与えられる．j は縮退（スピン縮退や k 空間のバンド構造における谷の縮退など）を考慮した Landau 準位の数である．これは Φ が断熱的に変化して基底状態（$T=0$ の状態もしくは低温における平衡状態）が保持されるような系に対する一般的な量子 Hall 効果の結果を表す．導電系は E_F において連続した遍歴状態を持ち，そのような状態は磁束に対して敏感である．このため導電系では有限の $V = -(1/c)\dot{\Phi}$ の下で必ず散逸を生じ，上記の議論が適用できない．このことは量子 Hall 効果において E_F での局在が重要であることを理解するための第 2 の観点を与えている．

この問題の時間に関する周期性に注意されたい．Φ が時間に対して線形に増加すると h/eV の時間周期が生じ，角振動数は交流 Josephson 効果（第 7 章）と同様に，

$$\omega = eV/\hbar \tag{6.15}$$

となる．円筒に沿った直流 Hall 電流は上記の振動数を持った小さな交流成分を伴う（Imry 1983a）．このような交流成分が現実的な弱結合型の試料（Imry 1988）において実際に現れるかどうかはまだ確認されていない．

上記のモデルに対するもうひとつの可能な修正として，系が（まだ我々が議論していない機構と関係した理由で）複数の縮退した基底状態を持ち，Φ に Φ_0 を加えることで系がひとつの基底状態から別の基底状態に移る場合を考えることもできる．このとき系が元の状態に戻る磁束量子数として $m > 1$ が想定される．これが Byers-Yang の定理を，単一の Landau 準位あ

たりに e^2/mh のコンダクタンス値が生じる分数量子 Hall 効果（fractional quantum Hall effect：FQHE, 6.4 節, Thouless 1989, Thouless and Gefen 1991, Gefen and Thouless 1993）が許容できるように拡張する方法である.

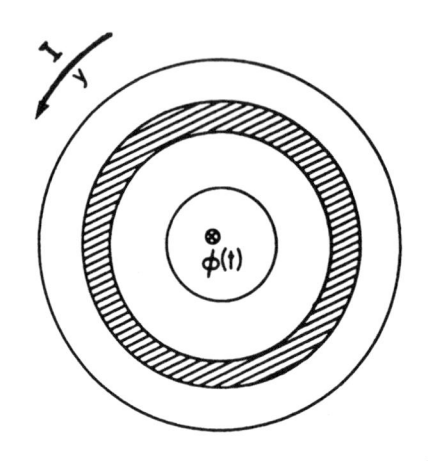

図 6.4 "Corbino 円盤"の形状. V_H は放射状で, I は方位角方向に流れる. 影を付けた部分はポテンシャル障壁もしくは強い不規則性を持つ領域である.

ゲージに関する議論の重要な修正方法が Halperin 1982 によって与えられた. この方法は量子 Hall 効果に対するエッジ状態（2 次元系の縁）の関与を明示するもので, 量子 Hall 効果が系の内部の不規則性の詳細には依らないことを理解するのに役立つ[†]. Halperin は上記の円筒とトポロジー的に等価な "Corbino 円盤"の考察を行った[1]（図 6.4）. 彼はリングの内

[†]（訳注）エッジ状態（エッジ電流）は端状態（端電流）とも訳される. 先の Laughlin モデルでは一様な"バルク的（2 次元的）電流"だけを扱うために, 電流を"幅方向"に閉じ込めないような円筒形状が想定されている. Halperin モデルはこれとは相補的にエッジをあらわに扱うためのものである. 量子 Hall 効果においてエッジ電流が支配的だとする見方もあったが, これは実験的に支持されておらず, 現実の試料においてはバルク的な電流とエッジ電流の双方の寄与が混成した形で共存するものと考えられている.

[1]但し Halperin の取り扱いでは電流を方位角方向, V_H を放射方向に設定してある. すなわち両者の向きは我々が先に行った議論と入れ違いになっている.（以下訳注）Corbino 円盤という術語自体は元々, 放射状に電流が流せるように内側と外側全体に電極を配した導電体の薄いドーナツ形試料を指す（Halperin モデルでは電流を放射方向でなく方位角方向に設定するので, 図 6.4 の円盤は厳密には本来の Corbino 円盤とは別概念のものである）. 円盤内の伝導特性が一様であれば, 円盤に垂直に磁場をかけることによって磁場下での σ_{xx}

側と外側のエッジにポテンシャル障壁を導入した.図 6.3(a) ではそれぞれのエッジが何らかの導線に結合しているものと想定して,このポテンシャル障壁を無視したのである.電圧 V は放射状に加わる (x 方向とする.先の円筒では長さ方向 x が電流方向であった).電子のエネルギーの軌道中心位置 x_j 依存性を図 6.5 に示す.リングの穴を貫く AB 磁束は,各々

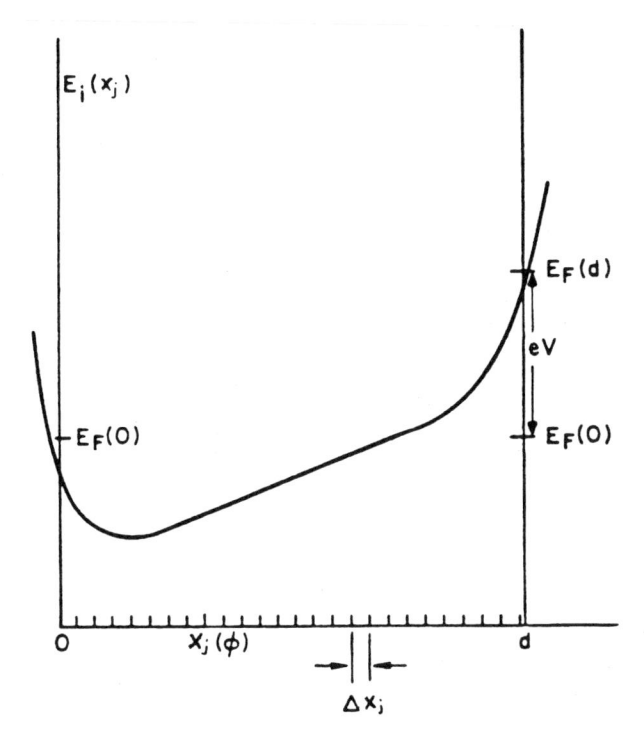

図 6.5 エッジがあり,不規則な領域を持たない Landau 準位のエネルギー分布.導線の電位は $E_F(d) - E_F(0) = eV$ である.x 軸上の印は各 x_j を表す.これらの間隔は $\Delta x_0 = 2\pi(l_H^2/L_y)$ である.

の状態の電流が x に沿った連続状態のエネルギー差を Φ_0 で割ったもので与えられることを示すためだけに必要となる.同じことが群速度の表式

を容易に (σ_{xy} 成分に煩わされずに) 測定できる.Corbino 円盤の呼称はイタリアの物理学者 O. M. Corbino (1876-1937) に因む.現在ではたとえばリング状のチャネルの内側にソース電極,外側にドレイン電極を持つ特別な円形 MOSFET 試料が,半導体 2 次元電子の "Corbino 円盤" として用いられる.

$v_y = (1/\hbar)\partial E/\partial k_y$ からも導かれる. 占有されたすべての Landau 準位による全電流は,

$$I_{tot} = -\frac{c}{\Phi_0}\sum(E_{j+1} - E_j) = -\frac{ceV}{\Phi_0} = -\frac{e^2}{h}V \qquad (6.16)$$

となり,式 (6.14) と整合する. 上記と等価な議論は次の方法でも行える. Φ がゆっくりと Φ_0 だけ変化するとき, リングのエッジにある量子化された状態は, それぞれが隣の状態へと移動する. 正味の結果としては, 満たされた各 Landau 準位あたり 1 個の電子がエッジの間を移動しなければならない. 不規則な領域でこれがどのように起こるかは単純な問題ではないが, 次節でこれを論じる. しかしその詳細を知らなくとも, Φ が Φ_0 だけ変わる時, 満たされたそれぞれの Landau 準位あたりのエネルギーが eV ずつ変化することが分かる. 電流の式 (6.16) により, 各 Landau 準位の中で方位角方向に $(e^2/h)V$ の電流が流れる. この量子 Hall 電流は第 4 章で論じた永久電流と似ており, $\sigma_{xx} = 0$ のため電圧 V が有限であっても散逸を生じないので, $T \to 0$ において "平衡状態の電流" となる. 上記の考察はエッジの役割(線形輸送のための)を明示しており, またバルクにおける局在状態が電流に影響しないことも同時に示している. 図中で影をつけた部分がバリアや井戸 (x 方向の) であっても, その影響は全体としては消滅してしまう. 明らかにこれはバルク中の任意のポテンシャルについて成り立つことで, 局在状態を生じるようなポテンシャルについても例外ではない. 円盤の外側と内側のエッジが明確で, 放射方向の軸 x に対して急峻に増加 (外側) および減少 (内側) するポテンシャルを持つならば, 円盤内のポテンシャルの詳細な特徴は Hall 特性に影響しないことを見て取ることができる. バルクの中で電流はいろいろな方向に流れることができるが, 最終的な正味の電流は式 (6.16) で表される. 上記の議論の重要な副産物は, Fermi 準位がバルク状態やエッジ状態の範囲内にあるほとんどの n や B の値の下で, 系が "平坦部" の状態にあるという知見である. 平坦部から平坦部への遷移は局在の解けたバルク状態の極めて狭いバンドを通じて起こる. したがって巨視的な系は $T \to 0$ において Hall 係数の広い平坦部を持つことになる. 平衡状態における Maxwell の関係式(自由

エネルギーの μ および Φ に関する変分) によって,

$$\frac{\partial I}{\partial \mu} = c\frac{\partial N}{\partial \Phi}$$

となることを見ておくのは教育的であろう．磁束量子は Landau 準位内の状態数に対応するので，エッジ電流は e^2/h とエッジの化学ポテンシャルの変化量の積になる（MacDonald and Girvin 1988, MacDonald 1995）．

6.3 強磁場下の局在と量子 Hall 効果

不規則性のある 2 次元系の電子状態は，第 2 章の議論によると $B=0$ のときにはすべて局在しているはずである．一方，前節におけるゲージの議論の前提としては，系が磁束に対する敏感さを持ち，Hall 電流を生じるために，拡がった状態が必要である．またこれと同時に E_F をピン止めして有限の平坦部を生じるためには，局在状態を持つエネルギー範囲も必要である（Aoki and Ando 1981）．量子 Hall 効果を引き起こすような十分強い磁場は，ある程度までキャリヤの局在を解く効果を持たなければならない．実際にそのような拡がった状態は，ポテンシャル障壁とエッジ状態を持つ有限の試料において一般的に生じるものである．これらの状態が Halperin の議論において主要な役割を果たす（前節参照）．拡がった状態が電流を運ぶ役割は，図 6.1 のような試料で右向き／左向きの各チャネルに左側／右側の電極からキャリヤを供給し，量子 Hall 電流を満たされた Landau 準位のエッジ電流に対応させる Landauer 形式の解析によって明らかになる．適当な電圧端子の配置が Büttiker 1990 によって考案された．系のバルク部分の状態が磁場によってどのように量子 Hall 効果が現れる程度まで局在を解かれるかという問題は，基礎的な観点から興味の持たれるところである．この議論は電流値と導電率の値が局在状態とは無関係に決まることへの理解をより確かなものにする．既に言及したように局在状態は一定範囲の B や n の下で Fermi 準位をピン止めするという重要な役割を果たす（Kiss et al. 1990 も参照）．

不規則性の効果は Prange 1990 によってレビューされている．ここでは主に強磁場下で準古典的な電子軌道の"回転中心"（guiding center）を想

定した描像を論じることにしよう (Iordanskii 1982, Kazarinov and Luryi 1982, Trugman 1983, Joynt and Prange 1984). この結果は Ando 1983, 1984 による数値計算の結果と合う.

議論の前に磁場強度の区分を示しておく必要がある. $\omega_c\tau \gg 1$ が古典的サイクロトロン運動 (cyclotron motion) の成立する条件である. Fermi 準位にある電子のサイクロトロン半径 l_c は v_F/ω_c と与えられることから, $\omega_c\tau \gg 1$ は純粋な古典的条件 $l_c \ll l$ と等価である. 量子力学的な磁気長 $l_H = \sqrt{\hbar c/eB}$ を用いると, $l_c \sim k_F l_H^2 \sim l_H\sqrt{E_F/\hbar\omega_c} \sim l_H\sqrt{j} \gtrsim l_H$ となる. j は満たされた Landau 準位の数である. したがって量子力学的な強磁場の条件 $l_H \ll l$ は, 古典的な強磁場条件よりも弱い磁場の下で現れる. $l \ll l_H$ の領域は弱局在領域である. 中間領域 $l_H \ll l \ll l_c$ は興味深い領域となるが, これは後から簡単に論じる. まず $\omega_c\tau \gg 1$, $l_c \gg l$ の領域を考察することにしよう.

面に垂直に強い磁場 B が印加され, 面内方向に弱い電場 E が存在する2次元系では, 古典的にサイクロトロン運動する電子が電場 $\mathbf{E}$ の方向にドリフトする描像が成り立つ[†]. すなわちサイクロトロン運動の中心が速度 v_d で一定ポテンシャルの線に沿って移動し, Lorentz 力と電場 E による力が均衡する.

$$\frac{v_d}{c} = \frac{E}{B} \tag{6.17}$$

(より理解しやすい記述をすると, E が十分小さければ, 電子はすばやいサイクロトロン回転をしながら, その回転中心がゆっくりと等電位線に沿った運動をする. E が大きくなると電子は "弧" に沿って運動し, また傾斜ポテンシャルによって反射される. 試料のエッジに沿った電子の運動がこの例である). これをサイクロトロン運動の範囲で変化の小さい (量子論的には $\hbar\omega_c$ 以下) 任意の滑らかなポテンシャル場 $V(\mathbf{x})$ へ一般化してみよう. ここで再びスケールの分離が起こる. $1/\omega_c$ を特徴的な時間とする速いサイクロトロン運動と, 局所的な電場 E から式 (6.17) によって速度の決まる, 等ポテンシャル線に沿った遅いドリフト運動が生じる. まず閉じた等ポテンシャル線を考えよう (たとえばポテンシャルの山や谷を周回する閉

[†] (訳注) 電場 E は外部から印加する電場と, 試料に内在するポテンシャル分布 ("山" や "谷" の構造を含む) による電場を合わせたものとする.

曲線，有限寸法の試料のエッジに沿った閉曲線，不規則性を持つCorbino円盤の内側や外側のエッジに沿った閉曲線など）．等ポテンシャル線に沿ったドリフト運動に要する時間は，dlを閉曲線の要素として$\oint(dl/v_d)$と表される．したがってこの遅い運動による角振動数は式(6.17)に基づき，

$$\omega_s = \frac{2\pi}{\oint \frac{dl}{v_d}} = \frac{(2\pi c/B)}{\int \frac{dl dx_\perp}{dV}} = \frac{2c}{B}\frac{\Delta V}{\Delta A} \tag{6.18}$$

と表される．$dx_\perp$は勾配方向の微小距離で，$A(V)$は等エネルギー線$V(x) = V$が囲む面積である．速い運動の方は$\hbar\omega_c$で等間隔に離散したLandau準位へ局所的に量子化される．また遅い周期運動は各々のLandau準位において$\hbar\omega_s$単位の等間隔準位へと量子化される．この近似において各々の状態のエネルギーはサイクロトロンエネルギー$\hbar\omega_c\left(j+\frac{1}{2}\right)$とポテンシャルエネルギー$eV$の和として表される．式(6.18)によると，そのような2つの量子化軌道の間の面積は次式で与えられる．

$$B\Delta A = \frac{hc}{e} = \Phi_0; \quad \Delta A = 2\pi l_H^2 \tag{6.19}$$

ここでも再び，Landau準位中の1状態あたりの面積を貫く磁束が，磁束量子に対応することが分かる（上記の描像はk空間におけるBloch電子の運動の量子化に関するOnsagerの半古典的な理論を思い起こさせる．r空間における軌道はk空間における状態を90°回転し，k空間での連続状態が$2\pi/l_H^2$であることから，等エネルギー線の間の領域をl_H^2で量子化することによって与えられる．これがたとえばSchubnikov振動のような現象がk空間における等エネルギー領域と関係することの理由である）．

振幅が$\hbar\omega_c$より小さい滑らかなランダムポテンシャル場（異なるLandau準位の混合を無視できる）における特定のLandau準位中の状態を考察しよう．適切に量子化された等ポテンシャル線のエネルギーに$\left(j+\frac{1}{2}\right)\hbar\omega_c$が加わる．"$j$番目のLandauバンド"の中で高いエネルギー準位は，ポテンシャルの丘を周回するVの等しい線に対応する．同様にLandauバンド内の低エネルギー準位はポテンシャルの谷や"湖"を周回する軌道に対応する．これらの状態は両方とも局在している（電子は有限の閉曲線を辿る）．2次元系では等ポテンシャル線が系全体（非常に大きいものとす

る）に拡がるようなエネルギー状態がただひとつに決まる．これは直観的に $V(x,y)$ の"地勢"を見て，指定した高さ V_0 まで水を満たすことを想像すると理解できる．V_0 が小さい場合，孤立した"湖"が存在し，V_0 の増加とともに湖の数は増える．V_0 が大きいと，連続した海面の上に孤立した"島"ができる．どちらの場合にも"海岸線"（$V(x,y) = V_0$ の等ポテンシャル線）が系全体をよぎることはない．陸と海が両方とも系全体に拡がるのは，ただひとつの特別なエネルギー E_c のときに限られる．この直観的に明らかな性質を証明するには，もし与えられた E において海岸線が x 方向に系全体へ拡がるならば，対称性によって y 方向にも全体に拡がらなければならず，それらは交差しなければならないことに注意すればよい（これが 2 次元的性質の成因である）．ポテンシャルの定義により異なるエネルギーの等ポテンシャル線が交差することはあり得ないので，この等ポテンシャル線の無限遠までの拡張は"ある特定のエネルギー"において起こる．このエネルギーにおける等ポテンシャル線の交点がポテンシャル場の鞍点で生じることは明らかである．パーコレーション理論の述語を用いるならば，この状況は，低いエネルギーにおける湖，もしくは高いエネルギーにおける島が系全体へ"浸透する"（percolate）と表現することができる．両者の"浸透"は唯一のエネルギー値 E_c で起こる．無限大の系でもエネルギー E_c においては局在の解けた状態の存在が保証されるのである（状態密度は E_c において有限であるが，局在が解けるのは数学的に E_c 一点に限られる）[†]．

等ポテンシャル線で囲まれた局在領域の平均面積から定義される特徴的な寸法 ξ_p は $E \to E_c$ で発散する．

$$\xi_p \sim |E - E_c|^{-\nu_p} \tag{6.20}$$

ν_p は 1 のオーダーの定数で，1 より大きいものと推定される．もちろん等ポテンシャル線はぎざぎざの形を持ち得るため，その長さは $O(\xi_p)$ よりもはるかに大きい．パーコレーションの概念を用いた量子 Hall 効果の研究が数多く行われているが，それらをここで紹介することはしない．

[†] （訳注）ひとつの Landau 準位において，唯一のエネルギー E_c で局在が解けるというこの部分の説明は，無限大の 2 次元系を想定した場合の話である．有限の大きさを持つ現実の系では，非局在領域の生じるエネルギー幅は有限である．

これで決められたLandau準位における特別なパーコレーション状態が，そのLandau準位における量子Hall効果にとって本質的に重要であることを理解できるところにまで到達した．ここでAB磁束による全系のエネルギー変化を通じて電流が決まるHalperinの描像へ戻ることにしよう．ΦがΦ_0だけ変化したときに，ひとつの電子が2つのエッジの間を移動して，エネルギーがeV増加することは簡単に理解できる．エッジにある状態は，磁束の変化に伴い，同じ方向にそれぞれ次の状態の位置までずれることを思いだそう．ここで理解しなければならないことは，バルクにおける正味のエネルギー遷移が正確にどのように行われるかということである．簡単のためポテンシャル場が鞍点をひとつだけ持つ有限系を考えよう（パーコレーションは常に最後の鞍点のところで生じることを論証できる）．この鞍点（図6.6参照）はある決まったエネルギーE_cにおいて現れる．一般のΦの下でE_cは式(6.19)で定義された量子準位のひとつに一致するわけではない．図6.6の1と2のように，リングを周回する，エネルギーがE_cに近い準位（等ポテンシャル線）を2つ見いだすことができる．但し2つの軌道は，エネルギーがE_cに完全に一致するとき以外は互いに離れており，共有点を持たない．ΦがΦ_0だけ変わるとこれらの状態の一方がもう一方へと移ることになる．これは与えられた周期区間の中で特定のΦの値のときに，E_cが正確に許容された量子状態の値と一致するところで起こる（図6.6のように）．このように2つの状態はE_cにおける特別の状態を介して互いに移行できるのである．

上の議論によると$\omega_c\tau \gg 1$のとき，E_F以下でそれぞれひとつずつ拡がった状態を持つ各々のLandau準位が，Hall電流に対して$(e^2/h)V$の寄与を持つ．またこれと双対に式(6.13)を導いたときのようにHall電圧を誘導起電力で導入し，方位角方向の電流を見るようなゲージの議論も可能である．こうすると上記の描像の類推から方位角方向の電流が鞍点の状態を介してどのように流れるかが提示されることになる．

同じ議論を図6.3の長い円筒に対して繰り返すと，エッジの存在が量子Hall効果にとって不可欠のものではないことが判る．もし円筒の外周（電圧方向）が長さに比べて短いならば$x-y$対称性は破れ，パーコレーションは長さ方向よりも方位角方向に起こりやすくなる．方位角方向に拡がっ

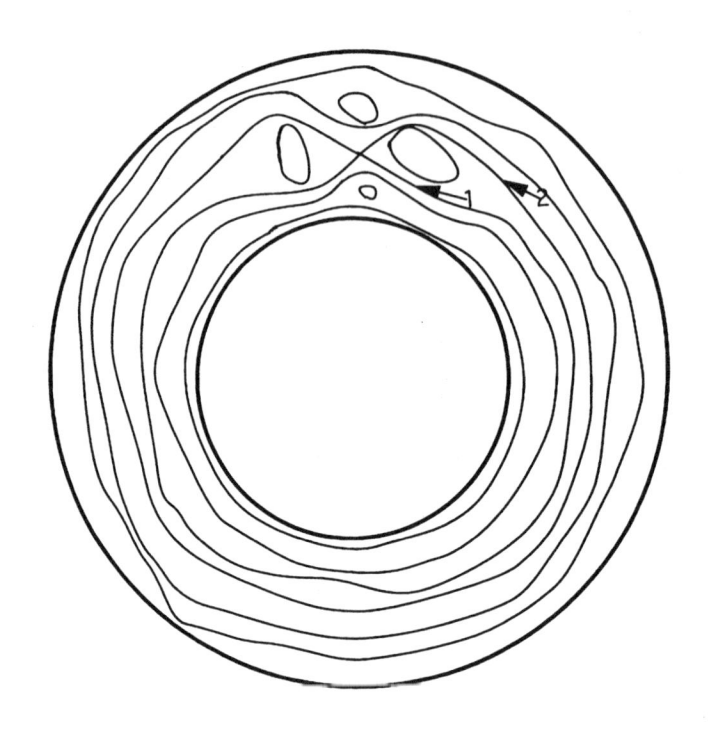

図 6.6　内側および外側にエッジがあり，ひとつの鞍点を持つリングの中の等ポテンシャル線．ある Φ の値の下でリング中に量子化された状態をリング全体に渡る線で表してある．ポテンシャル線 1 および 2 の状態は鞍点のエネルギー E_c を持つ．磁束周期 Φ_0 ごとに鞍点を介して 1 のような状態から 2 のような状態への移行が起こる．

た鞍点の左側にある磁束に敏感な状態が鞍点の右側に移動する機構は上記と同様である．l_c/l が小さくなく，半古典的近似から外れる際の系の挙動は興味深い問題である．半古典近似からの逸脱は鞍点を介した過程において最も重要であり，量子 Hall 効果の破綻や周波数依存性の問題に深く関わっている．そのような状況 (Jain and Kivelson 1988) におけるトンネル過程が Chalker and Coddington 1988 と Milnikov and Sokolov 1988 によって論じられた．Macêdo and Chalker 1994 も参照されたい．

　Khmelnitskii 1984a による弱磁場領域 $l_H \ll l \ll l_c$ への量子 Hall 効果の一般化を紹介して，この節を終えることにしよう．この領域では $\omega_c\tau \ll 1$

6.3. 強磁場下の局在と量子 Hall 効果

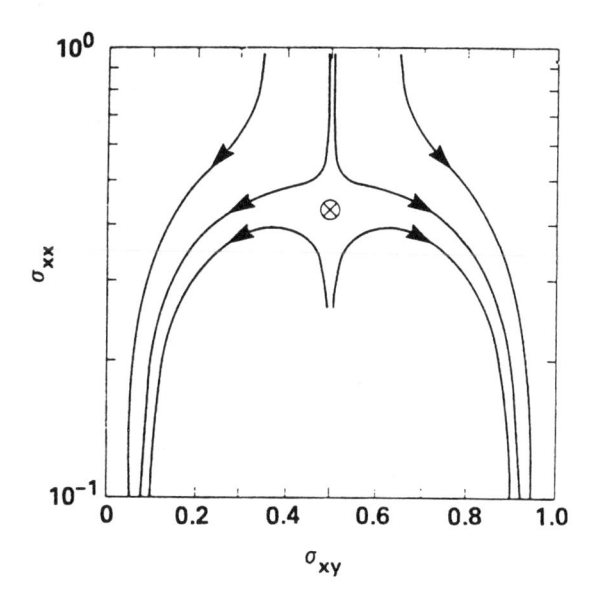

図 6.7 2つのスケーリング変数 g_{xx}, g_{xy} を用いた整数量子 Hall 効果の繰り込みの流れ図.

なので Landau 準位が意味を持たなくなる. 彼は式 (2.29) と図 2.2 で与えられる, 磁場が十分強い $g_{xy} \gtrsim 1$ の領域に対する単一パラメーターの繰り込み群方程式を一般化して扱えるものと仮定した (Khmelnitskii 1983, Levin et al. 1983, Pruisken 1984, 1985). Pruisken 1984, 1985 によって繰り込み群方程式が解かれたが, その概略を図 6.7 に示す[†]. この理論は Wei et al. 1986 の実験によって直接の支持を得ている. 繰り込み群の初期値 (小さいスケールの値) は, たとえば Drude の導電率 (式 (6.4)) と置く (章末の問題 1 参照). $\omega_c \tau \gg 1$ のときには, 系は通常の量子 Hall 効果の挙動を示す. 更に $\omega_c \tau \ll 1$ でも $\sigma_0 \sim k_F l \gg 1$ の下で選んだ σ_{xy} の初期値のほとんどが, j 値が $E_F \tau / \hbar$ よりも小さい量子 Hall 効果の固定点への "吸引領域" (domains of attraction) に属することが見てとれる (同じ

[†] (訳注) 試料寸法を大きくすることに伴って図中に示された方向の "流れ" が生じる. 有限温度では干渉性の保たれる "ブロック" の大きさが実効的な "試料寸法" となるので, 試料の温度を下げていくことで実験的にこの "流れ" (の一部) が観測される.

j がより強い磁場において，通常の量子 Hall 効果のステップを生じる）．このようにして弱磁場領域でも "Landau 準位に関係ない" Hall 係数の平坦部が現れる．この平坦部に関係するのは，散乱が弱ければ Landau 準位ができるはずの値へエネルギーが "浮揚" した，新しい "拡がった状態" である．Khmelnitskii によるこの驚くべき描像の正当性は，上記の繰り込みの議論だけから導かれるものである．最近の実験（Jiang et al. 1993, Wang et al. 1994, Hughes et al. 1994）の結果はそのような量子 Hall 効果のステップと拡がった状態の描像に整合しているように見える．この描像は Kivelson et al. 1992 によって分数量子 Hall 効果へと一般化された．

6.4 分数量子 Hall 効果

量子 Hall 効果において σ_{xy} が e^2/h の整数倍になるという一般的な議論が整備され，信頼できるものになってから，実験的にこの理論に関わるもうひとつの新奇な効果が発見された．Tsui, Stömer and Gossard 1982 は，高品質の GaAs ヘテロ構造試料の磁気抵抗を測定して，最低の Landau 準位の 3 分の 1 が満たされたところで $g_{xy} = \dfrac{1}{3} e^2/h$ の平坦部を見いだした．このステップに対応して g_{xx} の落ち込みも観測された．彼らの結果を図 6.8 に示す．この後に行われた実験では，更に多くの分数に対応する平坦部が見いだされている．

この実験事実は我々に量子 Hall 効果に関する概念の再考を促すものである．この現象は相互作用のない電子系のモデルでは説明がつかないものであり，電子間の Coulomb 相互作用を考慮する必要がある．電子気体（2次元もしくは3次元）は低密度，低温において "Wigner 結晶" を形成するものと予想される．この結晶相において各電子は Coulomb 反発を最小にするような配置をとる．電子の結晶は，それが属する物質の欠陥によってピン止めされて動くことができない（弱い場の下では）．したがって線形領域では σ_{xx} も σ_{xy} もゼロになる[2]．これほど明確な凝縮体ではなく，

---

[2] この問題は本当は未解決のものである．反対に強い相関を持つ結晶は欠陥の影響を受けずに移動できるとする見解もある．そのような現象は準安定状態として生じるものと予想されるが，この問題について十分な理解が得られているわけではない．

6.4. 分数量子 Hall 効果

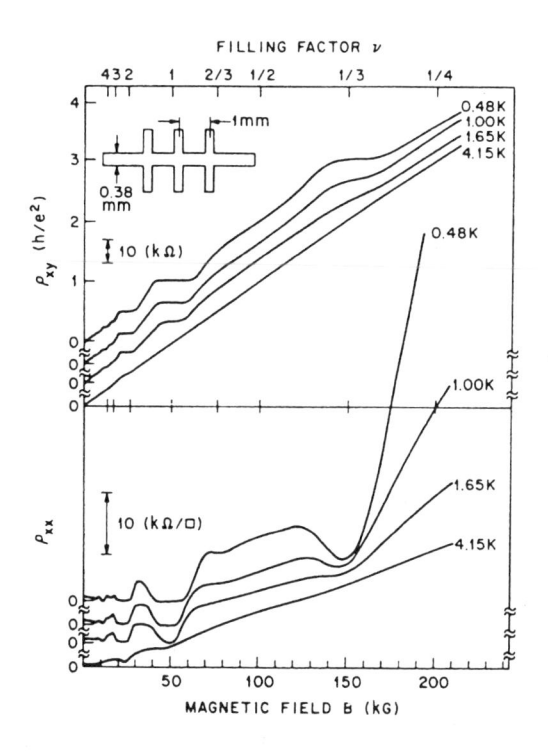

図 6.8 Tsui et al. 1982 による最低 Landau 準位の 1/3 を満たしたところにおける分数量子 Hall 効果の最初のデータ．温度を下げると ρ_{xx} の窪みと ρ_{xy} の平坦部が現れる．

電子が互いに"他と離れている"ような"相関を持つ液体の相"が分数量子 Hall 効果の原因になるという提案がなされた．Laughlin 1983 は他の量子液体との類推から，そのような系の多くの興味深い物理的性質を把握できるような波動関数を構築した．Laughlin の描像は数値計算との比較によってその正当性が確認されており，良好な近似であることが判っている．1/3 だけ満たされた最低 Landau 準位の基底状態は，相関によって束縛エネルギーを生じており，そこから励起のスペクトルにはエネルギーギャップが現れる．このギャップによって σ_{xx} が落ち込み，σ_{xy} が平坦部を持つ現象を説明できる．相関を持つ基底状態からの素励起が分数電荷を持ち，特異な統計に従うことが明らかになったことから，この問題は大きな関心

を呼んだ.

以下にLaughlin基底状態の主な特徴をまとめ,その素励起について簡単に論じることにする.その後にLandau準位が1/2満たされた特別な状態に関わる最近の進展について言及する.

ハミルトニアンとしては$x-y$平面内の2次元電子気体のものを用いる.Coulomb相互作用(これは通常,3次元の$1/|{\bf r}_1-{\bf r}_2|\epsilon$とする)を持ち,強い磁場$B$が$z$方向に印加されているものとする.対称ゲージを採用すると,磁場は次のベクトルポテンシャルで記述される.

$${\bf A}=\frac{B}{2}(y,-x) \tag{6.21}$$

最低Landau準位が1/3近く満たされた状態が,最低Landau準位の(強く縮退した)1粒子波動関数の基本状態によって占められていると考えるのは理に適っているように見える.この1粒子波動関数は,規格化も考慮して,

$$\psi_{0m}(x,y)=z^m\exp\left(-\frac{1}{4l_H^2}|z|^2\right) \tag{6.22}$$

と書かれる.$m\geq 0$であり,また$z=x+iy$という便利な座標の表記を用いている.$\langle m|L_z|m\rangle=\hbar m$で,$\langle m|r^2|m\rangle=2(m+1)l_H^2$であることは簡単に示せる.従って各状態が囲む磁束量はここでもϕ_0単位の違いを生じる.準位の縮退度も式(6.8)と同様に,

$$m_{max}+1=p\simeq\frac{R^2}{2l_H^2}=\frac{A}{2\pi l_H^2}$$

となる.Rは試料の半径である.

相互作用のない電子系の場合,与えられたN個の電子は$p\simeq 3N$個の1粒子状態に分配され,系は反対称になる.相関を導入する直接的な方法としては(Laughlin 1983)相互作用のない波動関数に$f(z_i-z_j)$のような関数を掛ければよい.z_iがz_jに近づくとfはゼロに近づくものとする.fは"Jastrow因子"と呼ばれるもので,液体ヘリウムの原子間の短距離力を考慮した計算のためにJastrowによって導入されたものである.原理的には関数f全体を変分パラメーター一式と見なすことができる.$f(z)$は仮定された基底状態の範囲でハミルトニアンの期待値を最小にするよう

に選ばれる．Laughlin によって見いだされたように，f は対称性の要請によってほとんどその形が決まってしまい，自由度はあまり残らない．強磁場の極限の運動エネルギーは，電場中の電子の運動の議論のところで見たように，ほとんど速いサイクロトロン運動だけで決まる．ポテンシャルエネルギーはこの問題において無視できない重要な役割を持つ．f 因子によって電子間の重なりが非常に少なくなることも指摘しておこう．関数 f を反対称にすることで電子の Fermi 粒子性が考慮されるので，Slater 行列式を持ち出す必要はない[3]．

Laughlin の波動関数は次式で定義される．

$$\psi(z_1,\ldots,z_N) = \prod_{j<k} f(z_j - z_k) \exp\left(-\frac{1}{4l_H^2}\sum_{l=1}^N |z_l|^2\right) \quad (6.23)$$

最後に付くべき因子（質量中心の運動を表す）は Jastrow 因子に吸収させることができる．ψ の反対称性を保証するため，f は奇関数 $f(z) = -f(-z)$ としなければならない．系は回転不変なので全角運動量 L_z がよい量子数となる．これは $\prod_{j<k} f(z_j - z_k)$ が $z_1,\ldots,z_N$ に関して一様な多項式でなければならないことを意味している．全角運動量 M を得るために，多項式は M 次でなければならない（これを証明するには，波動関数に $\hat{L}_z = (\hbar/i)\sum_j(\partial/\partial\phi_i)$ を作用させてみればよい．ϕ_i は z_i の位相である）．これと f が奇関数であることから，

$$f(z) = z^m, \quad m:\text{奇数} \quad (6.24)$$

とおける．z_j, z_k の組み合わせの数は $N(N-1)/2$ なので，

$$M = \frac{N(N-1)}{2}m$$

である．このように，与えられた N/p（ここでは $N/p = 1/3$ とする）の下で唯一 m を選ぶ自由度が残る．M がよい量子数であることは各々の ψ がただひとつの m を持つことを意味する．Laughlin は m を決める直観的

---

[3] 通常の相互作用のない多体関数を考えずに済む理由は，式 (6.22) から Vandermonde 行列式が生じることによる．因子 $\prod_{j<k}(z_j - z_k)$ は $f(z_i - z_j)$ の定義の方に吸収することができる．

な方法を案出した．彼はひとつのパラメーター m を持つ $|\psi|^2$ を古典的な確率密度として表した．

$$|\psi_m(z_1,\ldots,z_N)|^2 = e^{-\beta\phi(z_1,\ldots,z_N)} \tag{6.25}$$

β は仮想的な温度の逆数で，その値自体は重要ではない．Laughlin は描像を単純にするため $\beta = 1/m$ とおいた．

$$\phi(z_1,\ldots,z_N) = -2m^2 \sum_{j<k} \ln|z_j - z_k| + \sum_l \frac{m}{2l_H^2}|z_l|^2 \tag{6.26}$$

これと似た表現が，第 4 章で言及したランダム行列のスペクトル相関の理論において Dyson 1962 によって与えられていることを指摘しておく．式 (6.26) は個々の粒子が電荷 $-m$ を持つ 2 次元 N 粒子系のポテンシャルエネルギーと見ることができる．この仮想粒子系は粒子間に 2 次元の対数的な Coulomb 斥力を持ち，各粒子は 1 粒子ポテンシャル $(1/2l_H^2)|z_l|^2$ による原点への引力を受けている．後者のポテンシャルは一様な正電荷 $\rho_+ = 1/2\pi l_H^2$ が背景として存在することによるものと見なせる．このような仮想系における古典的プラズマの最低エネルギーはもちろん負の電荷密度 $m/3 \cdot 2\pi l_H^2$ が正確に正の電荷密度を打ち消して電荷中性となる条件において実現する．これは，

$$m = 3 \quad \text{for} \quad \frac{N}{p} = \frac{1}{3} \tag{6.27}$$

を意味する．流体の全エネルギーを N/p に対してプロットすると，$N/p = 1/m = 1/3$ のところで負の尖点が現れる．したがって $m = 3$ の状態は特別な安定性（プラズマの電荷中性条件と同じ理由による）を持つ．系の励起スペクトルは占有率 $1/3$ の状態において，実効的にギャップを持つことになる．このとき系は $\partial\mu/\partial N \to \infty$ の非圧縮性の状態になる．これは相互作用のない 2 次元電子気体において Landau 準位を完全に満たしたところで起こる $\mu(N)$ の不連続な変化の概念を一般化したものになっている．非圧縮性と整数・分数量子 Hall 効果との重要な関係は MacDonald 1995 によって論じられた．この特別な安定状態のため $T \to 0$ において $\rho_{xx} = 0$ となり得る．また $N/p = 1/3$ における Hall コンダクタンス値 $\frac{1}{3}e^2/h$ は，

6.4. 分数量子 Hall 効果

弱い不規則性によって素励起が抑えられると固定されることになる．式 (6.23) で与えられる状態は，正確な基底状態に極めて近いものであることが，大規模な計算によって確認されている．$N/p = 1/5, 1/7, \ldots$ とした場合，変分波動関数 (6.23) の m の最適値は $5, 7, \ldots$ となる．しかし準位を満たす割合が非常に小さくなると，相関を持つ流体に代わって Wigner 結晶が真の基底状態となることも考慮しなければならない．

奇数分母に対して分子が余数を満たした状態，たとえば占有率 2/3 — これは実際，次に見いだされるべき分数である — は，満たされた最低 Landau 準位における正孔に着目して，占有率 1/3 の状態と同様に扱うことができる．2/5, 3/7 などの奇数分母を持つ分数占有率全体の階層構造 (Haldane 1983) に関する複雑な問題があるが，これについては 1/3 状態からの素励起を論じた後に簡単に言及することにする[4]．

その前にたとえば図 6.4 の円盤を再び考察するのが都合がよい．相互作用がない場合，各"単一粒子状態"は AB 磁束が断熱的に Φ_0 だけ変化するとそれぞれがちょうど入れ替わる．1/3 状態において量子数が 3 増えると平均して"ひとつ"の電子が系全体を移動する．したがって Hall 電流は Drude の描像と同様に $\frac{1}{3}(e^2/h)V$ で与えられる．問題は有限の N/p の範囲で，相互作用の効果がどのようにして，このような状態を安定化させるかを理解することである．

Laughlin は準粒子を扱う巧妙な方法を考案した．彼は系を貫く非常に細い磁束を想定し，これが断熱的に Φ_0 だけ増加する状況を考えた．中間状態において，この磁束の AB 磁束としての唯一の効果（付録 C）は，その周囲の多体波動関数の位相を $2\pi\Phi/\Phi_0$ だけ変化させることである．Φ が Φ_0 に達すると，元々のハミルトニアンの境界条件に戻り，ここでひとつの励起が生成されたという議論ができる．しかし AB 磁束の場合と同様に，単一電子の波動関数 z^k は磁束の符号に依存して z^{k+1} もしくは z^{k-1} へと変化する（$m=0$ の状態は除く．これは磁束の除去に伴って次の Landau 準位の状態 $z^* \exp(-|z|^2/4l_H^2)$ に移る）．したがってもし原点を囲むある円内の電荷を考え，多体波動関数が単一電子状態からつくられていること

---

[4] "母体となる"電子系の状態の上に生じる $1/m$ の準粒子の分数量子 Hall 状態によって，次の階層が現れる．

を考慮すると，磁束強度を Φ_0 変更することによって，電荷が状態あたり平均 $1/m$ だけ円から出入りすることになる．1粒子の波動関数の角運動量は1変化する．1粒子状態の"運動"は AB 磁束のところで論じたものと同様の性質を持っており，このことは Hall コンダクタンスが $\frac{1}{3}e^2/h$ となるのみならず，実効的な準粒子の電荷も電子電荷の $1/3$ となることを意味している．磁束の回りの円筒内において準粒子が生成されることによる全電荷の変化は $m=3$ の場合 $e/3$ となるのである．Laughlin は上記の議論に基づいて，このような準粒子を近似的に表す波動関数の形を与えた (Haldane 1983, Halperin 1984)．

同様の分数電荷の議論は相互作用を持つ1次元系に対しても Su and Schrieffer 1981 によって行われ，ここでも $1/3$ の分数電荷の可能性が示された．1次元系に分数電荷を持つ準粒子が現れる機構について，多くの考察がなされている．分数電荷は極めて特殊な状況下で存在するものである．実験で用いる電子はすべて通常の電子であり，電子は系に入った状態で特殊な性質を"身にまとう"が，系外で最終的に電子が観測される時には，その電荷は例外なく e である．$e/3$ の電荷を観測するためには分数量子 Hall 系を用いた実験が必要である．2次元気体の中の実効的なリングを周回する準粒子の AB 効果は $3hc/e$ 単位の磁束に対する周期性を示すはずであり，この効果を示唆する実験結果も得られている (Simons et al. 1989, 1991)．Thouless 1989, Thouless and Gefen 1991, Gefen and Thouless 1993 によって理論的描像が論じられている．

Laughlin 準粒子のもうひとつの奇妙な性質は，それが従う統計的挙動である (Halperin 1984)．この準粒子は Fermi 統計でも Bose 統計でもなく，中間的な"分数統計"に従う（それゆえこの準粒子を"エニオン"anyon と称する）．これは準粒子が磁束量子に"載っていて"，2つの準粒子を交換するときに，それらの磁束による AB 型の余分の位相が付随するためである (Halperin 1984, Arovas et al. 1985, Haldane and Rezayi 1988)．磁束と粒子の連携の概念が理論的に有用であることは間違いないが，これを物理的実体と見なし得るかどうかはまた別の問題である．

次に分数量子 Hall 効果の階層構造を説明する Jain 1989a, b の興味深い

描像を見てみよう．この描像は実験的にも $N/p = \nu = \dfrac{1}{2}$ の特別な役割とその周辺のステップの確認によって支持され（Du et al. 1993, 図 6.9），少なくとも真実に近いものであることが明らかになっている（Willet et al. 1993a, b, Goldman et al. 1994）．この描像に適した理論が Halperin, Lee and Read 1993 によって与えられた．Jain の概念は観測された 2 つの性質，すなわち占有率が 1/2 で特別な状況が生じ，その他の目立った平坦部もほとんどが m を整数として $m/(2m\pm 1)$ にあたる，という観測結果に対応している．1/2 のところで，さほど目立たない σ_{xx} の極小部分があり（しかし σ_{xy} の平坦部はない），輸送特性はゼロ磁場のそれとよく似たものになる．"階層構造" の構成（Haldane 1983）から $m/(2m\pm 1)$ の特別な役割を理解することは容易ではないが，結局はこの階層構造の議論と，以下に示す複合 Fermi 粒子（composite fermion）の描像が関係するものと思われる．

最も単純な例として，占有率 1/2 の状態の近傍で各電子に B と反対向きの 2 つの磁束量子が付随していると考える（これはやはり Fermi 粒子として振舞うので "複合 Fermi 粒子" と呼ばれる）．ある分数値 ν の占有率を持つ状態を考察しよう．このとき一本の（外部）磁束量子あたり ν 個の電子が割り当てられる．複合 Fermi 粒子に "載っている" 磁束が 2ν 本であると考えるので，ひとつの複合 Fermi 粒子に余分に与えられる磁束の本数 $\varphi_{e\!f\!f}$ は[†]，

$$\varphi_{e\!f\!f} = \frac{1-2\nu}{\nu} \tag{6.28}$$

となる．

占有率が 1/2 のときは $\varphi_{e\!f\!f} = 0$ である．$1/m$ 状態では $\varphi_{e\!f\!f} = m-2$ となる．$m=3$ のときには複合 Fermi 粒子の整数量子 Hall 効果に一致し，$m=5,7,\ldots$ は奇数分母を持つ単純な占有状態 $1/3, 1/5,\ldots$ に対応する（しかしこれらの高次の分数を得るための別のよい方法[5]もある．以下の記述

[†]（訳注）原著では "$\Phi_{e\!f\!f}$" としてあるが，本書の他の部分では大文字の Φ を磁束の単位（Wb もしくは gauss-cm^2）を持つ量にあててあるので，ここで出てくる磁束の本数の表記を $\varphi_{e\!f\!f}$ に変更した．

[5]たとえば 1/5 の分数量子 Hall 効果を，1 電子と 4 本の磁束量子から成る複合 Fermi 粒子の整数量子 Hall 効果と捉えると都合がよい．これが式 (6.28) と整合することは簡単に見てとれる．

を参照).余数を占める 2/3 の占有率は $\varphi_{\text{eff}} = -\frac{1}{2}$ に対応し,これも複合 Fermi 粒子の整数 Hall 量子効果と捉えることができる.$m/(2m \pm 1)$ の占有が目立つのは何故だろうか? これは φ_{eff} が $\pm 1/m$ に一致する,高次の整数量子 Hall 効果の平坦部に対応している.m を増やしていくと,$m/(2m \pm 1)$ の2つの系列の平坦部が 1/2 の占有率へと"収束"する.これは通常の高次量子 Hall 効果もしくは Schubnikov 系列の $H \to 0$ の極限の振舞いに似ている(これが達成されるかどうかはもちろん,不純物や温度の条件による制約を受ける).この描像は図 6.9 の主要な特徴を,1/2 の占有率付近の Schubnikov-de Haas 型の振舞いを含めてよく説明している.

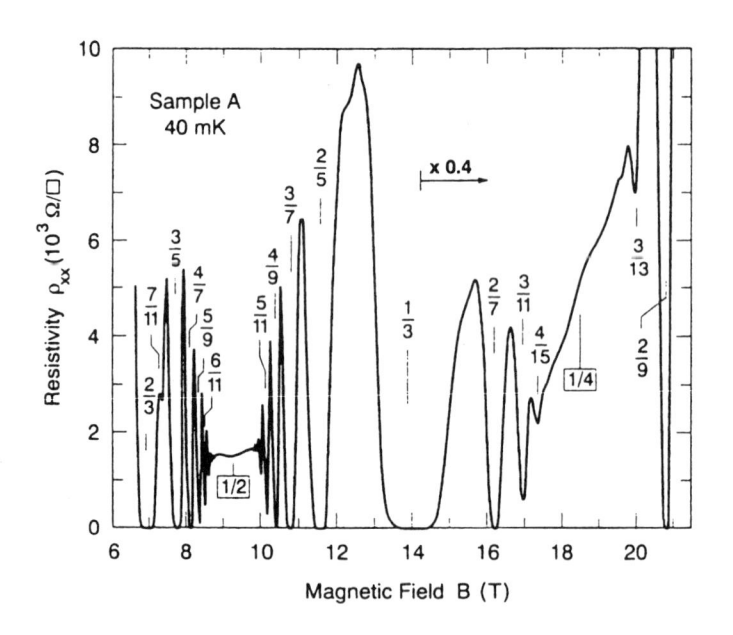

図 6.9 占有率 $\nu = 1/2$ と $\nu = 1/4$ 付近の対角抵抗率 ρ_{xx} の振舞い(試料 A.$T = 40$ mK.Du et al. 1993 による).Landau 準位の占有率を表す分数を示してある.14 T 以上のデータは 2.5 で割ってある.$\nu = 1/2$ の特別な役割に注目されたい.この近傍の振舞いは通常 $H = 0$ の近傍で見られる Schubnikov 型の振動と似ている.また $\nu = m/(2m \pm 1)$ の役割にも注意されたい.原論文の記述によれば"実際に分数量子 Hall 効果による $\nu = m/(2m \pm 1)$ の特徴的挙動は,$\nu = p$,$B = 0$ における整数量子 Hall 効果の特徴を再現している."

6.4. 分数量子 Hall 効果

　この描像を分数の階層構造へ一般化するには，1 電子と p 組の磁束対から成る，異なった複合 Fermi 粒子による整数量子 Hall 効果を考えればよい．式 (6.28) を一般化すると，

$$\varphi_{\mathit{eff}} = \pm\frac{1}{j} = \frac{1}{\nu} - 2p \Rightarrow \nu = \frac{j}{2pj \pm 1}$$

となる．j は複合 Fermi 粒子に対する整数量子 Hall 効果の平坦部の指数である．負号は元々の磁場 B と反対向きの実効磁場に対する整数平坦部に対応するものである．

　この描像は単に整数および分数量子 Hall 効果のデータをひとつのパラダイムで見る仮想的方法ということでなく，物理的描像としてかなりの説得力を伴ったものである．適切なゲージと Chern-Simmons の Hall 効果理論を用いてこの描像を記述する基礎理論が Halperin et al. 1993 によって与えられた．磁束のある部分を消してしまうトリックは平均場の記述においてのみ妥当なものである．したがってゆらぎの効果は別に考察する必要があるが，得られる状態が"非圧縮性"であれば，ゆらぎのない描像がよい近似となる．粒子が磁束を伴ったことで生じる位相と同様に，系内の磁束系による位相を議論することもできる (Read 1994)．複合 Fermi 粒子の物理的な正当性に関する議論が Kang et al. 1993, Willett et al. 1993a, b, Störmer et al. 1994 によって行われている．占有率 1/2 付近での Fermi 液体の描像の正当性は，有限系に対する数値計算によって支持されている (Rezayi and Read 1994)．

問題

　図 6.7 が正しいものと仮定する．

(a) $L \to \infty$ もしくは絶対零度の極限で，ほとんどあらゆる試料が量子 Hall 効果を示す理由を説明せよ．

(b) 特別な条件下でのみ $\sigma_{xx} = \dfrac{1}{2}$ となり σ_{xy} が半整数に量子化されることを示せ．

(c) わずかに (b) と異なる試料の振舞いの概略を描け.

(d) Khmelnitskii 1984a の議論を再現せよ. 量子 Hall 効果の固定点への吸引領域を, 式 (6.4) の $\sigma_{xy}^{(0)}$ を用いて示せ. $\omega_c\tau \gtrsim 1$ のときの量子 Hall 効果の平坦部を見いだせ. $\omega_c\tau \ll 1$ の場合, E_F が $E_j \simeq (j+\frac{1}{2})(\hbar/\omega_c\tau^2)$ における "浮揚した拡がった状態" を横切る時, 新たな平坦部が現れることを示せ. この状態はいわゆる Landau 準位と直接の関係はない.

第7章　超伝導メソスコピック系

7.1　超伝導とメソスコピック物理

　前章までに我々が考察してきたメソスコピック物理の問題の多くは常伝導電子の干渉性に関するものであった．各々の電子は距離 L_ϕ に渡って干渉性を持ち，また Fermi 準位近傍の幅 $k_B T$ のエネルギー領域の中にある異なる電子も距離 L_T に渡ってこれと似た干渉性を示す．一方，超伝導状態は巨視的な波動関数によって特徴付けられており，その干渉性は"任意の長距離"に及ぶ．これらの2種類（常伝導と超伝導）の干渉効果が互いにどのように結びつくかという問題は興味を引く．常伝導体におけるキャリヤが単一の電子もしくは正孔であるのに対し，超伝導体の波動関数の干渉性は凝縮した電子対（Cooper 対）によるものなので，両者の干渉は自明のものではない．しかしながら超伝導相関は超伝導体に接触している常伝導金属中へ L_T 程度の範囲まで"染み出す"ことが知られている（この場合 L_T は"常伝導金属中のコヒーレンス長" normal metal coherence length ξ_N として言及される[1]）．この現象は近接効果（proximity effect）と呼ばれる（たとえば Deutscher and de Gennes 1969）[2]．2つの超伝導体は厚さ L_T 程度（もしくは L_ϕ 程度．7.5 節参照）の常伝導体の中間層を介して互いに相関を持つことができ，両者の間に超伝導電流が流れる．これを"超伝導弱結合"（superconducting weak link）[†]と呼ぶ（たとえ

---

[1]　"常伝導"金属として，より低い臨界温度 T_{cn} を持つ超伝導体を用いる場合，ξ_N の定義式における T が $T - T_{cn}$ に置き換わる．（以下訳注）通常用いられる定義では，汚れた極限 $(l_N \ll \xi_N)$ で $\xi_N = \sqrt{\hbar D_N / 2\pi k_B T} = (1/\sqrt{2\pi}) L_T$ である．清浄な極限 $(l_N \gg \xi_N)$ では $\xi_N = \hbar v_F / 2\pi k_B T$ で上記とは異なる．

[2]　メソスコピック系において，これより長い距離に及ぶ近接効果の可能性が示唆されている（Petrashov et al. 1993a）．

[†]　（訳注）本章における弱結合という語は，超伝導体と超伝導体の弱い結合という意味であるが，これとは別に微視的理論において電子とフォノンの相互作用係数が小さいという意

ば Likharev 1979). 常伝導金属を介した超伝導弱結合は, 薄い絶縁体のバリアを Cooper 対がトンネルすることによって生じる通常の Josephson 効果と (厳密に同じではないが) よく似た現象である.

弱結合を介した超伝導電流は"2つの超伝導体の位相差の周期関数"になる. 超伝導電流の最大値は弱結合の"臨界電流"と呼ばれる. 位相差は2つの超伝導体の間の電場や, 近隣のループ構造内の磁束によって敏感に影響を受ける. 位相が電磁場に敏感な性質を利用して, 弱結合素子の応用が行われている. たとえば弱結合素子は微弱な静磁場や高周波の電磁波の検出に重要な役割を果たす. 位相差の周期性に伴う本質的な非線形性によって, 多くの興味深い現象とその応用例が見いだされるが, それらは本書が扱う範囲外の事項である.

超伝導と常伝導の組み合わせにより, いろいろと新奇な現象が現れることになる. 第4章で言及したように, 弱結合を流れる超伝導電流は常伝導リングの永久電流とよく似たものになるが (Altshuler et al. 1983, Altshuler and Spivak 1987), Andreev 過程に起因して生じる超伝導リングと永久電流の類似性は, "長い系"すなわち Thouless エネルギーが超伝導エネルギーギャップよりも小さい場合だけに成立することを強調しておく. Andreev 過程については後から論じる (7.5節). 弱結合の臨界電流は結合の常伝導コンダクタンスに比例するので, バリスティックなポイントコンタクトにおける臨界電流は, 常伝導コンダクタンスの量子化に伴って, 量子化された階段状の特性を示す (Beenakker and van Houten 1991a, b, c). AB 型の抵抗振動を示す常伝導ループに"Andreev ミラー"を加える実験 (Petrashov et al. 1993b, 1995) によって, 抵抗の振幅が2桁以上増加することが見いだされた. 単一の超伝導-常伝導界面においても新たな興味深い効果が存在する (Beenakker 1992a, van Wees et al. 1992).

常伝導"金属"として半導体を用いた弱結合は, たとえばバリスティックな効果や, 半導体部分の金属-絶縁体転移, 半導体中への超伝導相関の侵入の可能性などの問題が関係してくるので, 特別に関心を引く. 半導体の導電性を制御する静電的なゲート電極を形成したり, 半導体に対する光学的励起を行うことによって新しい状況を作り出すこともできる. 良好な

味でこの語が用いられることも多いので注意を要する.

7.1. 超伝導とメソスコピック物理

超伝導体－半導体接合を作製する技術が進展しており[3]，そのようなコンタクトによって系統的な実験が可能になることが期待される（van Wees 1993, van Wees et al. 1994, den Hartog et al. 1995）．この技術は刺激的な新しい研究の方向性を指し示している．

　我々は主に Ginzburg-Landau（GL）理論によって超伝導体を扱うことにする．GL 理論は元々現象論として提唱されたが，後に微視的理論によって裏付けられた．ここでは簡単に GL 理論を復習し，微視的な描像には立ち入らないことにする．GL 理論は様々な実験状況を記述するための強力な手段となるが，これに関する良質な解説は de Gennes 1966 や Tinkham 1975 の教科書に見られる．本書では本節の残りの部分を GL 理論の基礎的な解説にあてる．薄いリングや細線におけるゆらぎの効果に付随する問題を 7.2 節で考察する．7.3 節では弱結合を議論し，磁束に関する初等的な議論を 7.4 節で行う．Andreev 過程とその応用を 7.5 節で議論するが，そこではいくつかの興味深い実験結果と未解決の問題についても言及するつもりである．本章の議論の方法は基礎的で，おそらくは教育的でもあり，メソスコピック物理に関係する部分を強調したものになっている．

　超伝導状態は複素数の"秩序パラメーター"$\psi(\mathbf{r})$ によって記述される．これは London が先駆的に考えた"巨視的波動関数"の概念の重要性を裏づけるものである．自由エネルギー F は"場"$\psi(\mathbf{r})$ の汎関数であり，$\mathbf{r}$ は試料全体にわたる座標変数である．平衡状態は F を最小にする条件で与えられ，系が $\psi(\mathbf{r})$ の状態をとる確率は $e^{-\beta F[\psi]}$ に比例する．

　超伝導体の $F[\psi]$ は GL 理論において次のように仮定された．

$$\int d^3x \left\{ -\psi^* \left[\left(\hbar \frac{\partial}{\partial \mathbf{x}} - \frac{2ie\mathbf{A}}{c} \right)^2 / 2m - a \right] \psi + \frac{1}{2} b |\psi|^4 \right\} = F[\psi] \quad (7.1)$$

a と b は定数である．$\mathbf{A}$ はベクトルポテンシャル，$2e$ は BCS 理論でよく知られている電子対の電荷である．系が一様ならば $\psi = \text{const}$，$\mathbf{A} = 0$ で，F/Vol は $f = a|\psi|^2 + \frac{1}{2} b |\psi|^4$ となる．f の最小値のところを $\psi = \psi_0$ とすると常伝導状態では $\psi_0 = 0$ となるため $a > 0$ である．超伝導状態の $|\psi_0|$ は有限の値を持たねばならないので $a < 0$ である．したがって a は温度依

---
[3] たとえば InAs と Nb の組み合わせが用いられる．

存性を持ち，臨界温度 T_c のところで符号を変え，その温度以下で超伝導状態が現れるものとして記述される．

T_c 近傍で成立し，ほとんどの温度領域において定性的に妥当な a の温度依存性の表式を，

$$a = \bar{a}\frac{T-T_c}{T_c}, \quad \bar{a} = \text{const}, \quad b = \text{const} > 0 \tag{7.2}$$

とおくことができる．T_c 以下における秩序パラメーターと常伝導と超伝導の自由エネルギー密度の差は，それぞれ次のように表される．

$$|\psi_0|^2 = -\frac{a}{b}; \quad f_n - f_s = \frac{1}{2}\frac{a^2}{b} \tag{7.3}$$

微視的な理論によると，自由エネルギー密度の差は，

$$f_n - f_s = \frac{1}{2}n(0)\Delta_s^2 \tag{7.4}$$

と与えられる[†]．Δ_s は超伝導エネルギーギャップであり，$2\Delta_s \simeq 3.5 k_B T_c$ である．便利な規格化のために，

$$\frac{\hbar^2}{2m|a|} = \xi^2(T) \tag{7.5}$$

とおく．上式の $\xi(T)$ は超伝導コヒーレンス長（superconducting coherence length）と呼ばれるパラメーターで，清浄な超伝導体の場合，低温でおよそ $\xi_0 \sim \hbar v_F/\Delta_s \sim 10^3 - 10^4$ Å である[‡]．$l \ll \xi_0$ である "汚れた" 超伝導体では $\xi(T \to 0) \sim \sqrt{\xi_0 l}$ である．どちらの場合においても T_c 近傍の温度依存性を，

$$\xi(T) \sim \xi(0)\left(\frac{T_c}{|T-T_c|}\right)^{1/2} \tag{7.6}$$

と表すことができる．

荷電粒子を表す波動関数の常として，ψ の位相の空間変化やベクトルポテンシャル $\mathbf{A}$ の存在に伴って，次のような電流密度分布が生じる．

$$\mathbf{j} = \frac{e\hbar}{im}(\psi^*\nabla\psi - \psi\nabla\psi^*) - \frac{4e^2}{mc}\psi^*\psi\mathbf{A} \tag{7.7}$$

[†]（訳注）$n(0)$ はここではスピンあたりの単位体積状態密度．
[‡]（訳注）$\xi_0 \equiv \hbar v_F/\pi\Delta_s$（$\Delta_s$ は絶対零度における超伝導ギャップ）を BCS のコヒーレンス長と呼ぶ．

7.1. 超伝導とメソスコピック物理

この電流量はゲージ不変である．開放された試料表面における ψ の境界条件は，

$$j_n = 0 \tag{7.8}$$

である．$F[\psi]$ の極値を与える式は GL 方程式と呼ばれるが，これは，

$$\frac{1}{2m}\left(i\hbar\nabla + \frac{2e}{c}\mathbf{A}\right)^2 \psi = a\psi + b|\psi|^2\psi \tag{7.9}$$

と与えられる．式 (7.7) と (7.8) を用いることにより，時間に関して定常的で，諸変数の空間変化が $\xi(T)$ のスケールにおいてゆるやかな状況（これは式 (7.1) のように ψ の勾配展開で最低次の項だけを残すことが許されるための条件である）をほぼ十分に記述することができる．式 (7.9) の解が一意的でない場合，$F[\psi]$ を極小にする複数の関数解のうち，最小値を与えるものが平衡状態となる．最小値以外のものは "準安定状態"（metastable state）を表し，それらの状態間の遷移は，単純な例においては $F[\psi]$ の鞍点を通って $\psi(\mathbf{x})$ が変形するゆらぎとして理解できる（Little 1967, Langer and Ambegaokar 1967, Halperin and McCumber 1970）．

一般に $[k_F\xi(0)]^{-1} \ll 1$ であるため $F[\psi]$ の最小値のまわりのゆらぎは非常に小さく，バルクの超伝導体ではゆらぎをほとんど無視できる．超伝導体の 0 次元微粒子や 1 次元細線において超伝導転移が起こる温度は，ゆらぎのために拡がりを持つ（Shmidt 1966, Mühlschlegel et al. 1972, Gunther and Gruenberg 1972, Scalapino et al. 1972）．2 次元系ではゆらぎを伴う質的に新しい効果がもたらされる．すなわち長距離秩序の性質が変更を受け，磁束間の結合の解消という新たな機構に基づく遷移が起こるようになる（Berezinskii 1971, Kosterlitz and Thouless 1973, Halperin and Nelson 1979）．多数の "超伝導ドット" が相互に Josephson 結合した 2 次元配列の系は特に興味深いものであり，そこで磁束の粒子的な運動が観測される（Mooij et al. 1990, Lenssen et al. 1994, Mooij and Schön 1992, Elion et al. 1992, van der Zant et al. 1991a, b, 1992a, b, Tighe et al. 1991）．7.4 節で磁束に関する面白いいくつかの問題を簡単に議論する．

Meissner 効果 — 巨視的な超伝導体が弱い磁場を排除する性質 — を

GL の記述から直接導くことができる．最も単純な場合として一様な外部磁場は，試料表面に超伝導電流を発生させるため，内部への磁場の侵入が遮ぎられる．磁場が臨界値より弱ければ，電流と磁場は超伝導体表面からある特徴的な距離で減衰する．この距離は London 侵入長（London penetration depth）と呼ばれ，

$$\lambda_L^{-2}(T) = \frac{16\pi e^2}{mc^2}\psi_0^2 \tag{7.10}$$

と表される．この磁場の遮蔽効果の記述は，

$$\kappa = \frac{\lambda_L(T)}{\xi(T)} \tag{7.11}$$

と定義される GL パラメーター κ が 1 程度よりも小さいときに完全に正しい．GL パラメーターが大きいものは第 II 種超伝導体と呼ばれ，常伝導－超伝導界面のエネルギーが負になるために，磁束量子（まわりに周回電流を伴う）が比較的容易に超伝導体内に入り込む．低温で $\psi_0^2 \sim n$ の場合，λ_L は Thomas-Fermi 遮蔽距離に c/v_F を掛けたオーダー（もしくは微細構造定数 α で割ったオーダー）になる．

7.2 超伝導リングと超伝導細線

断面積 A（ベクトルポテンシャル $\mathbf{A}$ と区別する），長さ L（x 方向とする）の細線でリングが形成されており，ψ が x に関して周期境界条件を持つものとする．まず $T < T_c$ で系が超伝導状態にあり，磁場がない場合を考えよう．式 (7.3) で与えられるように $|\psi| = \psi_0$ である GL 方程式 (7.9) の一連の解は直観的に直ちに得られる．F の極小値を与えるそれらの解は，

$$\psi_n(x) = |\psi_0|\exp(ik_n x), \quad k_n = 2\pi n/L \tag{7.12}$$

と表される．これはリングの周に沿って $2\pi n$ だけ位相が変化する関数で，それぞれの自由エネルギーは，

$$F_n = F_0 + \frac{4\pi^2 n^2 A|\psi_0|^2}{2Lm} \tag{7.13}$$

7.2. 超伝導リングと超伝導細線

である. $n = 0$ が安定状態, $n \neq 0$ が準安定状態を表す. リング内に磁束 Φ が導入されると, これに伴って生じるリング1周分の位相変化は $2\pi\Phi/(hc/2e) = 4\pi\Phi/\Phi_0$ である. GL 方程式では電荷因子として $2e$ が用いられるため, 付録 C に示すゲージ変換の効果は, ここでは超伝導磁束量子 Φ_s を用いて表されることになる. 位相変化 ϕ は,

$$\phi = 2\pi \frac{\Phi}{\Phi_s}, \quad \Phi_s = \frac{hc}{2e} = \frac{\Phi_0}{2} \tag{7.14}$$

である. 磁束が存在する場合についても定常解として式 (7.12) が適用できるが, GL の n 番目の自由エネルギー解において, n が $n - \theta$ に置き換わる. θ は,

$$\theta = \frac{\phi}{2\pi} = \frac{\Phi}{\Phi_s} \tag{7.15}$$

である. 与えられた θ の下で多くの解が存在する. θ に最も近い整数を m とすると, 最も安定な解 (F が最小となる解) は $n = m$ のものと予想される. これはエネルギーに $(n-\theta)^2$ の因子が現れることによる. 第4章で紹介した常伝導永久電流は非常に小さいので, 電流による θ (もしくは Φ) への影響を無視して $\theta = \theta_{ext}$ (印加磁束による位相変化) とおくことができた. しかし超伝導のリングでは状況が変わり, リングの電流に伴う磁場が決定的に重要となる. ここでは磁束に垂直な方向の細線の太さが λ_L より十分太いリングを考えよう. 細線の表面から λ_L 以上内側の領域では表面電流 $\mathbf{j}$ と磁場が消失する. 式 (7.7) の電流を積分して, リングの内部 (表面から λ_L 以上内側) を辿る周回径路に沿って $\oint \mathbf{j} \cdot d\mathbf{l}$ を評価する. $j = 0$ なので次式が得られる.

$$\Phi = \oint \mathbf{A} \cdot d\mathbf{l} = \frac{hc}{2ie} \oint i\nabla\theta \cdot d\mathbf{l} = n\frac{hc}{2e} \tag{7.16}$$

ψ の位相は $2\pi\theta$ で, ψ が一意的に決まるためには θ が整数単位で変わらなければならない (ここでの ψ は付録 C のゲージ変換を施す前の "物理的な ψ" である. すなわち $\mathbf{A}$ を消去していない). これでよく知られている超伝導体中の Φ_s 単位の磁束の量子化 (flux quantization) が見いだされた.

一般にリングの太さ d が λ_L に比べて十分太くないとき,量子化されるのは,磁束と $\oint \mathbf{j} \cdot dl$ に比例した量の和である.これは"フラクソイド"(fluxoid) と呼ばれ,$d \gg \lambda_L$ のときに磁束と同じものになる.

外部からの磁束 θ_{ext} は任意に取り去ることができるので,超伝導リングに関しては常伝導リングとは異なり,リング電流自身の生成する磁束が磁束量子化に関して重要である.これはもちろん永久電流が常伝導リングの場合に比べて桁違いに大きいことを意味している.λ_L の大きさがその電流の大きさの指標を与える.

リング電流が大きい理由は,ここで現れる ψ が1粒子の固有状態では"ない"ことによる.それは"巨視的な波動関数"であり,超伝導体中の電子気体が新たな基底状態を形成して,電子流体全体の中で有限の割合の部分が電流に寄与することの反映である.超伝導リングにおける永久電流の大きさを理解するために,"清浄な場合"($\xi_0 \ll l$) に式 (7.1)-(7.5) より,

$$\frac{\partial^2 E_n}{\partial \theta^2} \sim (f_n - f_s)\left(\frac{A}{L}\right)\xi_0^2 \sim n(0)\Delta_s^2 \cdot \mathrm{Vol}\left(\frac{\xi_0}{L}\right)^2 \sim N_\perp^2 \Delta \quad (7.17)$$

となることに注意しよう (式 (7.13) 参照).これはハミルトニアンの中で A^2 の項だけが磁束に対する感度を与えるという London の概念 ("硬い"波動関数の概念) に一致する.Δ_s は超伝導ギャップ,Δ は常伝導電子の準位間隔であることを強調しておく.汚れた超伝導体では結果に $O(l/\xi_0)$ の因子が掛かり,最後の式が $N_\perp \Delta_s l/L$ に置き換わる.式 (7.17) の結果は拡散的な常伝導体電子 (式 (4.13) と (4.14) 参照) の $E_c \sim N_\perp \Delta l/L$ の場合と比較すべきものである.たとえば清浄な超伝導体リングの電流値は $N_\perp L/l$ 倍となり,常伝導永久電流の実験に用いられる金属リングの典型的な電流に比べて 5 − 6 桁大きい.汚れた超伝導体では,この比は $\Delta_s/\Delta \sim 10^4$ となる.但し良質で $N_\perp$ が小さい半導体リングの常伝導電流に比べると,上記の比ほど圧倒的な違いにはならない.

電流 I によってリング内に導入される磁束は自己誘導係数 $\mathcal{L}$ によって,

$$\Phi_i = \mathcal{L}I \quad (7.18)$$

のように決まることを思い出そう.我々が関心の対象とするリングは,対数因子を除いて考えると $\mathcal{L} \sim L/c$ である.単一チャネルの常伝導リング

7.2. 超伝導リングと超伝導細線

において可能な最大永久電流 $I \sim I_0 \sim ev_F/L$(第4章)から生じる磁束は次のオーダーになる(Altshuler 1991 私信).

$$\Phi_i/\Phi_0 \sim \alpha \frac{v_F}{c} \sim \alpha^2 \sim 10^{-4} \tag{7.19}$$

α は微細構造定数であり,上記の見積もりによると Φ_i は無視できるほど小さい(Loss and Martin 1993 も参照.別の見解が Azbel 1993 によって表明されている).多チャネルの場合にも $\Phi_i \ll \Phi_0$ となることは簡単に判る.非常に清浄な系(式 (4.11) の後の議論を参照)では $\Phi_i \propto \sqrt{N_\perp}$ であり,通常のバリスティック系もしくは拡散的な系の Φ_i は $N_\perp$ に依存しない.他方,十分な太さを持った超伝導リングでは $\Phi_i/\Phi_0 \gtrsim 1$ で,全磁束 Φ は実質的に Φ_i によって決まる.リングの太さと比較すべき指標は λ_L であり,これは微視的な長さを α で割ったものと同等のオーダーである.常伝導永久電流が小さいため,常伝導系では電流を輸送する準安定状態が生じない.非超伝導系において"自発的"磁気能率が存在する特別な場合があるかどうかは興味深い問題である.相互に作用するリングは低温でそのような効果を示す可能性がある(Szopa and Zipper 1995).

ここで Kohn 1964 の概念(およびこれと関連した1粒子準位に対する Edwards and Thouless 1972 の概念)を思い起こそう.基底状態の自由エネルギーの磁束に対する感度(式 (7.17) の右辺.式 (4.1) および (4.14) 参照)が,系が絶縁体となるか導電体となるかを決めている.ここでは系の寸法に対する $\partial^2 E/\partial \theta^2$ のスケーリングから超伝導と常伝導の区別を考えてみる.この方法は物質の3つの状態を性格づける基本的な視点を与えることになる(Scalapino et al. 1991, Scalapino 1993).

自己誘導磁束の効果を視覚的に表すことのできる一般的な描像が Bloch 1970 によって与えられた.まず全磁束 Φ の下で系の自由エネルギーを $F(\Phi)$ と表す.外部磁束 Φ_{ext} が与えられた場合,系の自由エネルギー F と電磁気的エネルギー成分 $(1/2\mathcal{L})(\Phi - \Phi_{ext})^2$ を含む全自由エネルギー F_t が,Φ に関して最小にならなければならない.

$$F_t = F + \frac{1}{2\mathcal{L}}(\Phi - \Phi_{ext})^2 \tag{7.20}$$

これを最小にする Φ は,

$$\Phi = \Phi_{ext} + \mathcal{L}I \tag{7.21}$$

である. 前と同様に $I = -\partial F/\partial \Phi$ である. これは単純に全磁束が外部磁束と周回電流によって発生する磁束の和に等しいことを意味している[4]. Bloch 1968, 1970 が提案したように関数 $I(\theta)$ と式 (7.21) の線形な関係 $I = q(\theta - \theta_{ext})$ を同じ図中に表すと便利である. 一般的な Byers-Yang の定理から平衡状態の $I(\theta)$ は θ に関する奇の周期関数になる. θ の周期は超伝導の対形成によって, 常伝導リングの場合の半分にあたる 1 となる. 各々の n (式 (7.12) 参照) に対応するブランチ $I_n(\theta)$ は直線である. 関数 $I(\theta)$ はそれぞれの θ の値に対して最小の I を与えるブランチ $I_n(\theta)$ によって構成される. 直線 $I = q(\theta - \theta_{ext})$ は各ブランチ (図 7.1 の破線) と多くの交点を持つ. 最低の電流値 (θ は θ_{ext} に最も近い値に"ほとんど"量子化される) が最も安定である. リング (もしくは円筒) が太く (厚く) なると交点の値は θ の積分値に近くなり, 磁束の量子化がより正確になる.

Gunther and Imry 1969 は長く薄い円筒のいろいろな d/λ_L に対する解を与え, d/λ_L の増加に伴って磁束の量子化が正確になっていくことを示した. 有限温度では複数の n 状態がかかわり, $I(\theta)$ は異なる n に対応する値の間の"遷移状態"として決まることになる.

GL の記述と超伝導理論の背景にある仮定は"巨視的な波動関数"が $\psi(r)$ の長距離相関を反映しているということである. バルクの試料では ψ の平均値状態 ($F[\psi]$ が最小のところ) からのゆらぎが小さいものと考えられる (温度が T_c に近い場合を除く). この非常に小さいゆらぎは, ほとんどの場合 Gauss 近似で扱うことができる. しかし低次元系では状況が異なり, ゆらぎによって $\psi(r)$ の長距離秩序の消失が起こり得る. 細線についてこの問題を議論することにしよう. ゆらぎの影響は極めて大きいが, 必ずしも完全に秩序の効果を消滅させてしまうわけではない (Gunther and Imry 1969, Imry 1969a, b, c).

我々にとって関心の対象となる量は秩序パラメーター $\psi(x)$ のゆらぎと,

---

[4] ここまでのいくつかの数式で $c = 1$ としてある.

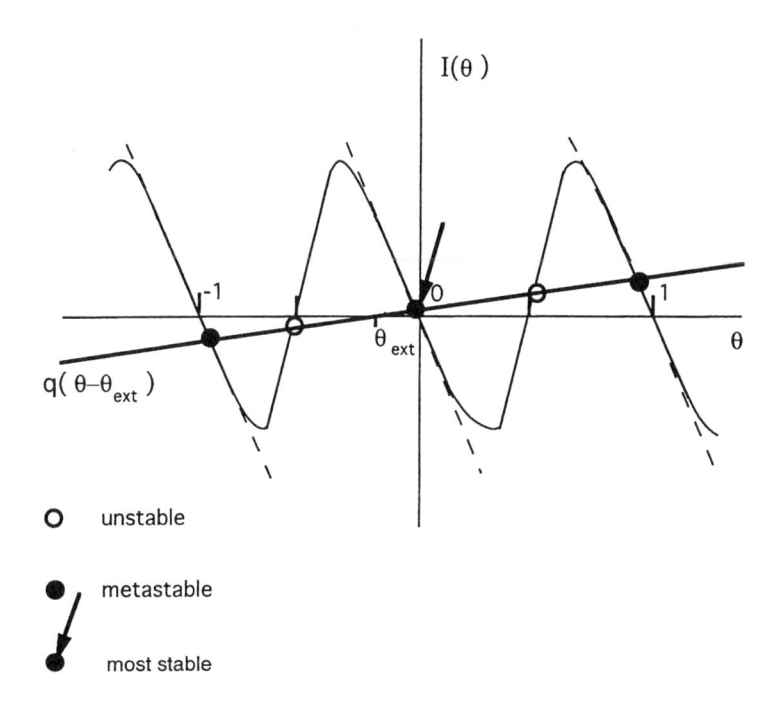

図 7.1　超伝導リングにおける $I(\theta)$ の概略図．破線は式 (7.12) に対応する電流 $I_n(\theta)$ を表す．実線は誘導される磁束を無視した低温における平衡電流 $I(\theta)$ で，$I = q(\theta - \theta_{ext})$ である（式 (7.21) と同様）．これと $I_n(\theta)$ との各交点（黒丸）は局所的に安定な解であり，このうち電流が最小の状態が最も安定である（矢印の点）．白丸を付けた各点は不安定な状態である．破線の傾きが実線の傾きに比べてはるかに大きい場合に，正確な磁束の量子化が起こる．

その相関関数である（相関は長距離に及ぶ）．

$$\langle \psi(x)\psi^*(x') \rangle \text{ for large } |x - x'| \tag{7.22}$$

1 次元と 2 次元において，平衡相関関数は主として位相ゆらぎのために長距離秩序を失うことが Rice 1965 によって見いだされた．振幅のゆらぎは自由エネルギーの"代価となる"ので，秩序を破壊する決定的な役割を持たない．位相ゆらぎが基本的に重要となる理由は散逸を生じる点にあるが，このことは次節で明らかにする．$\psi(x) = |\psi|e^{i\phi(x)}$ と書き，最も単純

な $\langle\phi\rangle = $ const の場合を考え，これをゼロとおくことにすると，

$$\langle e^{i[\phi(x)-\phi(x')]}\rangle = e^{-\langle\Delta\phi^2\rangle/2} \tag{7.23}$$

である．ここで $\Delta\phi \equiv \phi(x) - \phi(x')$ とする．上式は Gauss 分布に従うゆらぎの下で正しいもので，この仮定は以下の取り扱いに関係する．大きな距離 $|x - x'|$ における $\langle\Delta\phi^2\rangle$ の振舞いが関心の対象となる．

熱力学的なゆらぎの理論によると（Landau and Lifshitz 1959），小さい部分系における，ある示量変数 X のゆらぎの確率は，

$$P(X) = \text{const} \times \exp(-\beta F(X)) \tag{7.24}$$

と表される．$\beta = (k_B T)^{-1}$ で，$F(X)$ は与えられた部分系の自由エネルギーである．部分系の内部で変数 X は一様と考える（たとえば単位体積あたりの密度 X は部分系全体にわたって定数として扱える）．$F(X)$ を求めるときに，局所的なゆらぎは平均化されているものとする．我々が扱う全系はリングと熱浴をあわせたもので，まずリング全体をひとつの部分系と見なす．$|x - x'| = O(L)$ の下で，$\Delta\phi = \phi(x) - \phi(x')$ は示量変数である．その自乗ゆらぎを計算する際には各々の $\Delta\phi$ の値に式 (7.24) の重み付けをしなければならない．統計集団の対象となるのは $d\phi/dx$ が定数の状態である．これらの状態は式 (7.12) で正確に与えられる．式 (7.24) から n 状態の確率が，

$$P(n) \propto \exp(-\beta 2\pi^2 n^2 \hbar^2 A|\psi|^2/mL) \tag{7.25}$$

と表されるので，

$$\langle n\rangle = 0$$

であり，

$$\langle n^2\rangle = \frac{mLk_BT}{4\pi^2\hbar^2 A|\psi|^2}, \quad \langle k^2\rangle = \frac{mk_BT}{A|\psi|^2 L\hbar^2} \tag{7.26}$$

となる．また，

$$\langle\Delta\phi^2\rangle = \frac{mk_BT}{\hbar^2 A|\psi|^2}\frac{|x-x'|^2}{L} \tag{7.27}$$

である．

7.2. 超伝導リングと超伝導細線

ここで x と x' の間の領域（$|x-x'| \ll L$）を部分系と捉えることにしよう．再びこの部分系における熱力学的ゆらぎを考え，$d\phi/dx = \text{const}$ の条件を課す．このようにして各 n 状態間の遷移を詳しく考えずに，必要な状態の集団を得ることができる．$\langle \Delta\phi^2 \rangle$ は，

$$\langle \Delta\phi^2 \rangle = \frac{mk_B T}{\hbar^2 A |\psi|^2} |x-x'| \qquad (7.28)$$

となり，これは式 (7.27) に比べて因子 $L/|x-x'|$ だけ大きい（これは Rice 1965 の結果である）．

上記の 2 つの式の違いを理解するためには，式 (7.28) を得るときにごく近い x と x' の間の領域だけで位相の勾配が一定である統計集団を対象としたのに対し，式 (7.27) ではより制約が強く，リング全体にわたって位相の勾配が一定の状態を対象としたことに注意する必要がある．これらの 2 つの結果は明らかに別のタイプの平均を表している．我々はこれがそれぞれ異なる時間のスケールの下で正当であることを以下に示し，それらの物理的な意味を論じることにする．まず両者に共通した $|x-x'| = O(L)$ であるが $|x-x'| \ll L$ の場合を考察しよう（これらの 2 つの条件は，L を増加させた時に $|x-x'|/L$ は小さいが有限であるような系の集団を扱うことを意味する）．

L が大きい極限で $\langle \Delta\phi^2 \rangle$ は"発散"し，式 (7.23) により長距離秩序は消失する[5]．2 次元系になると状況が更に興味深いものになることも指摘しなければならない．相関関数は $|x-x'|$ の負の冪で減衰するが，十分低温では相関関数の全空間積分が発散するという意味で，無限大の領域に相関が及ぶ．

リングを貫く磁束がゼロでない場合，式 (7.13) は上記と同様に $E_n = 4\pi^2 \hbar^2 A |\psi|^2 (n-\theta)^2 / 2mL$ へ変更される．θ は $\hbar c/2e$ 単位で表した磁束量である．自由エネルギーが最低の状態は n が θ に最も近い状態である．非整数の θ_{ext} に対して励起される電流は，ゆらぎがあっても消失はしない．ゆらぎの解析は $\Delta\phi$ の平均からのずれに対して適用できる．

---

[5] しかし $\hbar^2 A |\psi|^2 / 2mk_B T$ は大きくなり得る（Imry 1969a, b, c）．典型的な値として $A = 10^{-8}$ cm^2，$T \approx T_c/2$ とすると ≈ 1 cm である．したがって有限の大きさを持つ実際の試料において，ゆらぎに影響されない秩序の形成が可能である．$2mk_B TL/\hbar^2 A|\psi|^2 \gg 1$ で，試料全体にわたる長距離秩序が成立しない微妙な場合も考慮しておかなければならない．

ゆらぎは $k = d\phi/dx$ や電流 I と同様に示強変数であり，$\langle (\Delta(\Delta\phi))^2 \rangle^{1/2} / \langle \Delta\phi \rangle$ のような示量変数の相対ゆらぎは L が大きい極限でゼロになることを指摘しておく．したがって式 (7.27) と式 (7.28) は実際には"発散"ではなく，通常の熱力学的ゆらぎを表している．

ここでゆらぎが生じる時間の問題を取り上げよう．まず式 (7.27) や式 (7.28) が成立する時間領域の考察から始める．隣接する2つの n 状態の間を遷移する典型的な時間を τ_H，状態 n に属する部分集団におけるリング全体にわたる緩和時間を τ_r とする．τ_r は与えられた n の下でリング内の平衡状態が成立するのに要する時間である．ここでは $\tau_H \gg \tau_r$ の場合を念頭におくことにする．式 (7.28) のゆらぎが現れる状態では $d\phi/dx$ が x と x' の間で定数となっており，その他の部分では任意である．そのような状態は τ_r よりはるかに短い時間だけ持続できる（$|x - x'| \ll L$ に注意せよ）．したがってもし我々が τ_r 程度以上に及ぶ粗い観測をすれば，上記のゆらぎは見えなくなる．そして更に時間的に τ_H 以上に長い時間を経過すると n 状態が選び取られて式 (7.27) に一致する（より小さい）ゆらぎだけが残る．

主たる疑問は上記の2種類のゆらぎの物理的な関係はどのようになっているか，ということになる．$\tau_H \gg \tau_r$ の場合，準安定な"永久電流"は式 (7.28) のゆらぎが重要となる時間の範囲では減衰しない．このことは式 (7.28) が与えるゆらぎが，電子がリング全体の特徴を感知するまでの短時間効果であることを示している．これは与えられた永久電流の下でのリング内の部分集団における内部ゆらぎに相当する．n が変わるような全体のゆらぎは系の量子状態を変更し，これは有限の定常的な抵抗を与える．

別の n 状態への遷移の機構は基礎的な関心の対象となる．このような遷移過程は $\tau_H \gg \tau_r$ の場合に生じる．Little 1967 によるとこの機構において $|\psi|$ のゆらぎが考慮されなければならない[6]．F の鞍点を経た遷移に要する時間 τ_H が Langer and Ambegaokar 1967（Langer 1971 も参照）

---

[6] Little は位相ゆらぎ（異なる部分集団の間の）が，振幅ゆらぎを持つ状態を介してのみ発生し得ることを示した．Langer and Ambegaokar 1967 はこの取り扱いを更に進展させ，上記の遷移に関する自由エネルギー障壁の評価を行った．我々の当面の目的のためには，ただ系を種々の n を持つ部分集団の間で遷移させる機構が"存在する"ことを仮定すればよく，その機構の詳細に立ち入る必要はない．

によって計算された．自由エネルギー障壁 ΔF は $(8\sqrt{2}/3)(f_n - f_s)A\xi$，すなわち長さ ξ の細線の超伝導転移に伴う自由エネルギーの低下分に依存する（式 (7.17) はこれより通常の"Bloch 壁"の因子 ξ/L だけ小さい．4.1 節参照）．Halperin and McCumber 1970 は $\exp(-\beta\Delta F)$ に掛かる係数因子の正確な形を与えた．この結果は実験と一致している（Webb and Warburton 1968, Newbower et al. 1972）．

要点を以下に示す．

1. 平衡状態の超伝導電流は $\tau_H \gtrsim \tau_r$ であれば非整数の θ_{ext} の下で存在し，減衰しない．これは長距離秩序を持たず，不純物散乱を含む系における永久電流として考察された最初の例である（Gunther and Imry 1969）．

2. 準安定状態における超流動効果は，減衰時間 τ_H と同等以下の時間の範囲で存在できる．

3. τ_H が"遷移試行時間"τ_0 ── 系が自由エネルギー障壁を超えて別の n 状態に移行しようとする頻度の逆数 ── よりも十分長ければ，系はほとんどの時間を自由エネルギーの極小状態の付近で過ごすことになり，"遷移中"の時間は無視できる．τ_0 は τ_r に近いオーダーと考えられるので，これは $\tau_H \gg \tau_r$ の条件に整合する．もちろんこの描像は $\tau_H \lesssim \tau_0$ になると破綻する．

4. $\tau_H \gg \tau_0$ の場合，すべての n 状態に共通な性質が n に関する平均化によって崩れることは"ない"．このような性質の例である磁束の量子化や Meissner 効果について後で考察する．

5. "位相ずれ"（phase slip）の計算によると（式 (7.31) および Langer and Ambegaokar 1967 参照）上記のゆらぎによる抵抗率 ρ_s は，τ を常伝導電子の緩和時間，ρ_n をその抵抗率として，

$$\rho_s/\rho_n = S\tau/\tau_H \tag{7.29}$$

の関係に従う．S は数値因子で $S = \hbar^2 An/2Lmk_BT$ である（典型的な例として $L = 1$ cm, $A = 10^{-8}$ cm^2, $T \approx 2$ K とすると $S \sim 10^4$）．

実験的に $\epsilon\rho_n$ 程度まで抵抗率が検出できるものと仮定すると（たとえば $\epsilon \approx 10^{-6}$）抵抗のゆらぎが検出される時間スケールは次のようになる．

$$\tau_H \sim \epsilon^{-1} S\tau \approx 10^{-1} \text{ s} \tag{7.30}$$

したがって系の振舞いは τ_H によって3つの領域に分けられる．

(a) $\tau_H \lesssim \tau_0 (\approx 10^{-11} \text{ s})$：常伝導状態．

(b) $\tau_0 \ll \tau_H \leq \epsilon^{-1} S\tau \approx 10^{-1}$ s：抵抗が検出されるが，永久電流のような超伝導の性質も現れる（下記参照）．

(c) $\tau_H \gtrsim \epsilon^{-1} S\tau$：抵抗は原理的には存在するが検出できない．準安定電流が τ_H 程度の寿命を持つ．

(c) の領域にさしかかるところから，準安定な永久電流が減衰の検出ができないほど長い寿命を持つまでに，時間スケールで何桁もの隔たりがあることに注意されたい．

我々は平衡状態の現象，すなわち永久電流と磁束の排除について考察する．系が決められた n に属する部分集団の状態にあり，観測において τ_r 以上の時間分解能を持たない限り，フラクソイドは定数で n に等しい．領域 (a) を超えると，系は多くの時間をいろいろな n 状態で過ごすことになるが，フラクソイドはほとんどの時間において量子化された状態になっている．非整数の外部磁束に対して有限の永久電流が生じ，その値は種々の n 状態の電流の熱的平均として与えられる．この平衡状態の永久電流は超伝導型，すなわち周期が $h/2e$ で，その大きさは式 (7.17) のように決まる．これは (a) 領域において永久電流が第4章で述べたような常伝導型のものになるのと対照的である．本節の最初と次節に示す Bloch 1968 の解釈を用いると，ゆらぎがあっても Josephson 効果が存在し得ることを指摘しておく．その強度は時定数の関係が $\tau_J \gg \tau_H \gg \tau_0$ か，$\tau_H \gg \tau_J \gg \tau_0$ かに依存する．τ_J は式 (7.32) の交流 Josephson 周波数 ω_J から定義される[†]．

[†] （訳注）$\tau_J = 2\pi/\omega_J = h/2eV$.

壁の厚さが $\gg \lambda_L$ ならば上記の議論の通り，フラクソイドでなく磁束そのものが量子化される．さらに磁場が円筒の壁の内部から排除されるという意味で Meissner 効果も存在する（これは n に無関係）．

超伝導転移点付近の比熱の挙動も興味深いものである．ξ が相互作用の及ぶ範囲に比べて十分長い場合には，GL 理論は相互作用の範囲と同等の距離相関について情報を与えない（Fisher and Langer 1968, Fisher 1967）．系のエネルギーやその温度微分も厳密には相互作用範囲の相関関数に依存するので，GL 理論からこれらを導くことはできない．しかし実際の比熱は長距離のゆらぎにさほど強い影響を受けない．相転移はゆるやかなものになるが，ゆらぎのないときに見られる臨界温度の比熱ピークは一般にゆらぎの下でも残る（Gunther and Gruenberg 1972, Scalapino et al. 1972）．

7.3　弱く結合した超伝導体：Josephson 効果と SNS 接合

Bloch の描像

前節で述べたような超伝導リング（メソスコピックでない，大きい寸法のものでもよい）の一部に，導電性が周囲に比べて劣化している領域（図 7.2 の影のついた部分）がある場合を考察してみよう．この劣化領域は，たとえばイオン照射によってその部分を劣化させたり，その一部を除去して細らせたりすることで形成される．明らかにリングの永久電流 $I(\theta)$ は劣化の強さに対して単調に減少するが（自由エネルギー $F(\theta)$ も同様），超伝導体中に生成した"ギャップ"(劣化領域) が電流方向に十分厚くなると永久電流はほとんど流れなくなる．適当な中間の段階で劣化のプロセスを中止し，$I(\theta)$ が有限の値を持つけれども，式 (7.21) で与えられる直線との交点が 1 点だけになるほど十分小さくすることを考えよう（図 7.2(b) 参照）．準安定状態を考慮する必要はなくなり，θ_{ext} を十分ゆっくりと変化させると，系は平衡状態（$I(\theta)$ と直線との交点）を保つ．ここで θ が整数でなくとも有限の永久電流が見いだされることは驚くにあたらない．リングの持つ"ギャップ"が厚すぎないならば，この電流の大きさを，超伝

導体中の電流より小さく,それに近いオーダーにできる(式 (7.17) の議論を参照).リングのギャップ以外の超伝導体部分を 2 つに分割した構造を考えると,2 つの超伝導体の間の弱結合領域を介して,散逸を伴わない超伝導電流が流れることになるが(極端な例外を除く),このことは実験的にも確認できる(次節参照).超伝導電流がギャップを介して流れる現象を"直流 Josephson 効果"と呼ぶ.θ_{ext} が時間に依存してゆっくりと線形に増加するようにリングに外場を印加すると,更に面白い状況が現れる.このとき全 θ も(図 7.2 における $I(\theta)$ と直線の交点も)一様な平均増加率で時間とともに増加する.外場は次式で与えられる.

$$V = -\frac{1}{c}\frac{d\Phi}{dt} = -\frac{h}{2e}\frac{d\theta}{dt} = -\frac{\hbar}{2e}\frac{d\phi}{dt} \tag{7.31}$$

$\theta = \Phi/\Phi_s = \phi/2\pi$ である.直流電流はないが(時間に依存する)電流は θ が 1 増加する時間の周期で振動する.この振動数を " Josephson 周波数 " と呼ぶ.

$$\omega_J = \frac{2eV}{\hbar} \tag{7.32}$$

ここで電圧-周波数比が"正確に"普遍定数を用いて表されるような"直流-交流変換器"が得られている!(AB 型の)磁束に敏感な永久電流を持つ任意の系において,上記のような交流 Josephson 効果が現れ得ることに注意されたい(Büttiker et al. 1983a, Imry 1983b).

Josephson 1962, 1965 が最初に交流 Josephson 効果を導いた方法は,上記とは異なったものであった.後に Bloch 1968 がゲージの議論を用いて,この効果の正確さと安定性,すなわち材料の諸条件などにはほとんど影響を受けない性質の説明を行った.量子 Hall 効果(第 6 章)に対する Laughlin のゲージの議論は明らかにこれと似た性質のものである.Yang 1989 は Faraday から Maxwell, Dirac モノポール,AB 効果を経て,交流 Josephson 効果および量子 Hall 効果に及んだ物理学の背景にある「磁束」→「ベクトルポテンシャル」→「量子位相」という物理概念の歴史的発展の意義を強調している.

上記の一般的な議論だけから物理的描像を解りやすく示す方法は次のようになる(特殊な描像については次節で扱う).式 (7.31) の位相 ϕ はリング全体にわたる位相変化を表す.超伝導体部分の秩序パラメーターの位

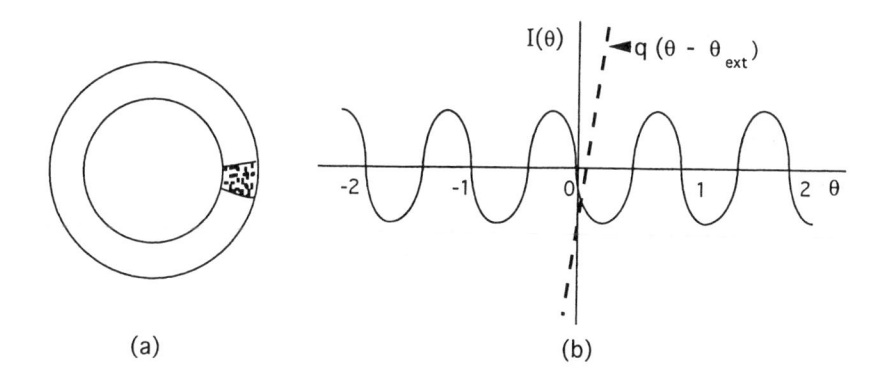

7.3. 弱く結合した超伝導体：Josephson 効果と SNS 接合

図 7.2 (a) 人工的に弱結合部分（影の領域）を形成したリング．(b) 適切な弱結合領域を持った超伝導リングの $I(\theta)$ 曲線と $I = q(\theta - \theta_{ext})$ 直線の概略図．

相はほとんど一定で，位相変化は主として"弱結合"の部分（劣化した部分）に生じるものと仮定する．これは，たとえばGLの描像（式 (7.1)）では超伝導が"弱い"（係数 a が他の部分よりゼロに近いか，正になる）ところで常伝導状態からのエネルギー差が最も小さくなることから考えて，理に適った仮定である．したがって式 (7.31) は位相変化の速さと弱結合部分にかかる電圧の関係となる．この関係は一般原理に直結した，適用範囲の広いものである（BCS 理論から現れる電荷 $2e$ は，更に一般的な水準の議論から導くこともできる．Byers and Yang 1961, Bloch 1968）．従ってこの関係をもっと一般的な状況に適用することもできる．

たとえば仮想的にリングの一箇所を切断して導線状の試料に変え，両端を電流源に接続することを考える．すると電流源から供給される小さい電流が細線に流れる．この細線に相当するような2つの超伝導"電極"の間に任意の弱結合構造を形成した試料において興味深い物理現象が現れる．単一弱結合を含む超伝導系は，いわゆる Josephson 効果を示すが，詳細は次節で論じる．

弱結合の両側の位相差が時間に依存して変化するならば — たとえば最後の小節で議論する鞍点活性化の過程を通じて — この"位相ずれの中心"（phase-slip center）のところに電圧が発生する．電圧は定常的な位

相成分でなく，時間変化する位相ゆらぎに伴って生じ，電流の平均値を下げる．平均的に単位時間あたり $1/\tau_H$ で 2π の位相変化が生じるものとすると，式 (7.31) により，

$$V_{slip} = \frac{h}{2e\tau_H} \tag{7.33}$$

の電圧が生じる．V_{slip} による ϕ の増加はゆらぎによる減少と均衡する．これが式 (7.29) を導く方法となっている．

平衡電流に Bloch の議論を適用できる条件は，電圧 V が十分小さく $\tau_J \gg \tau_H \gg \tau_0$ となることである．$\tau_H \gg \tau_J \gg \tau_0$ であれば交流 Josephson 効果も起こり得るが，準安定電流も生じる．τ_J は ω_J の逆数で定義される．ここで τ_H を，

$$\tau_H \propto e^{\{-\beta \Delta F\}} \tag{7.34}$$

と書くことにする．ΔF は弱結合細線における Langer-Ambegaokar 型のバリアを表し，トンネル接合の Josephson 結合エネルギー（次節参照）によって定義される．もし細線が特に細い部分を持つ場合，そこで ΔF が最小となり，その"弱い"部分が位相ずれの中心となる．$\Delta F \gg k_B T$ になると V_{slip} は指数関数的にゼロに近づき，測定できないほど小さくなる．

Josephson 接合と他の弱結合

最も簡単な Josephson 効果の導出方法は Feynman lectures on physics (Feynman et al. 1965) において見ることができる．接合の両側にある 2 つの巨視的波動関数 ψ_1 と ψ_2（$\psi_i = \sqrt{n_i} e^{i\phi_i}$, $i = 1, 2$；n_i は電子対の密度）が，結合係数 K で結ばれており，両者の間に電圧 V が印加されているものとする．エネルギーのゼロ点を適当に選ぶと，結合した 2 つの Schrödinger 方程式（電荷 $2e$ の粒子に関するもの）が次のように与えられる．

$$\begin{aligned} i\hbar\dot{\psi}_1 &= -eV\psi_1 + K\psi_2, \\ i\hbar\dot{\psi}_2 &= eV\psi_2 + K\psi_1 \end{aligned} \tag{7.35}$$

$\dot{n}_1 = \dot{\psi}_1^* \psi_1 + \psi_1^* \dot{\psi}_1$ と $\dot{n}_2$ に対する方程式は，

$$\hbar \frac{\partial n_1}{\partial t} = -\hbar \frac{\partial n_2}{\partial t} = 2K\sqrt{n_1 n_2} \sin\phi \tag{7.36}$$

となる．$\phi = \phi_2 - \phi_1$ である．簡単のため $n_1 = n_2 = n$ とおくと，この位相差について次式が得られる．

$$\frac{d\phi}{dt} = \frac{2e}{\hbar}V \tag{7.37}$$

1 から 2 へ流れる電流 I_{12} は $2e\dot{n}_1 = -2e\dot{n}_2$ と与えられる．式 (7.36) を書き直すと，

$$I_{12} = J_c \sin\phi = J_c \sin\omega_J t \tag{7.38}$$

となる．J_c は Josephson 電流の大きさ $J_c = (4e/\hbar)Kn$ で，ω_J は式 (7.32) の Josephson 角周波数である．式 (7.32)，(7.37) および (7.38) が Josephson 接合に関する基本的な方程式である．式 (7.38) は有限電圧の下での交流 Josephson 効果にも，$\phi =$ const のときの静的な直流 Josephson 効果にも適用できる．電圧と周波数の普遍的な関係 (7.32) は 7.2 節と本節の初めに言及した Bloch の議論に基づくものである（先の議論ではリング内の磁束を時間変化させることによって誘電的に電圧を印加した）．一般的な議論においては，電流は ϕ に対して奇関数になるが，必ずしも正確な正弦関数にはならない．超伝導体 1 と 2 の結合が強くなると J_c と K は増加するものと予想される．トンネルバリア接合の Josephson 電流の密度は，微視的な理論によると $T \to 0$ において，

$$J_c = (\pi\Delta_s/2e)G_n \tag{7.39}$$

となる．G_n は式 (2.19) で与えられるトンネルバリアの常伝導コンダクタンスである．$T \to T_c$ のとき J_c は Δ_s^2 に比例して消失する（Ambegaokar and Baratoff 1963）．式 (7.36) と (7.37) は，共役な変数である遷移する対の数と位相差に関する運動方程式として理解できる．

　Josephson 電流 J_c に関する重要な注意事項は，対の遷移確率が単一電子の透過確率 $|t|^2$（G_n はこれに比例する．式 (2.19) 参照）と同じオーダーになることである．対の遷移が電子"2つ"の透過であることを考えると，これは意外な結果である．微視的な導出においては，まず 1 つの電子が超伝導体間を遷移するときにエネルギー分母 Δ_s が付随する．それから第 2 の電子が遷移してはじめの電子と再び対を形成し，最初の状態と縮

退した"凝縮状態"に入る．式 (7.39) を得るのに必要となる余分の因子 Δ_s^2 は BCS-Bogoliubov 基底状態におけるいわゆる"コヒーレンス因子"（coherence factors：スピンが上向きの $k\uparrow$ の生成演算子とスピンが下向きの $-k\downarrow$ の消滅演算子を混合する係数因子）から生じる（たとえば de Gennes 1966）．

上記の描像は特にトンネルバリアを介した Josephson 効果によく適用できる．実際には超伝導体の間に設けられた様々な種類の"ブリッジ構造"や"弱結合"において Josephson 効果が見られるが，これはこの効果の本質が式 (7.35) に見られるように，超伝導体間の何らかの結合 K によるものであることから自明のことである．"弱結合"は超伝導体を常伝導金属（もしくは半導体）を用いて結合することによって得られる．結合が十分弱くなるように，結合部のコンダクタンスをいろいろな方法で小さくすることができる．たとえば結合部を形状的に細くしたり（ポイントコンタクト型），単純に結合部の材料を導電率の低いものにしたりする．結合部に半導体を用いると，更にその部分にゲート電極を形成することにより，コンダクタンスの制御も可能となる．それぞれのタイプの弱結合において K が種々のパラメーターにどのように依存するか，また弱結合の実効的な静電容量がどのように決まるかは興味深い問題である（レビューとしては Likharev 1979）．式 (7.37) および (7.38) で示される一般的な性質は"定性的"に共通のものである．この共通な性質の中には弱い磁束に対する敏感さも含まれる（後の議論を参照）．第 2 章と第 4 章で行った議論によると，任意の弱結合は"干渉性を保持する限りにおいて"入射電子に対する散乱特性だけを決めた"ブラックボックス"によってその常伝導コンダクタンスを記述できるものと考えられる（たとえば Beenakker 1992a）．そうすると常伝導体や絶縁体によって形成された接合の Josephson 電流の大きさも式 (7.39) のような一般化された式で表されるものと予想される．この予想は定性的には正当なものであるが，定量的な考察ではそれぞれの結合の機構を考慮しなければならない．たとえば"近接効果"— 常伝導ブリッジに弱い超伝導相関が誘発される現象（たとえば Deutscher and de Gennes 1969）や，次節で扱う Andreev 過程（Andreev 1964）などが結合の機構として働く．弱結合における熱的エネルギー領域の常伝導電子が

7.3. 弱く結合した超伝導体：Josephson 効果と SNS 接合

干渉性を持つ条件は，接合の長さ L が $L \leq \xi_N$ を満たすことである．"常伝導金属中のコヒーレンス長" ξ_N は，先に定義した L_T と似たものである[†]．よく知られたすべてタイプの弱結合において $\xi_N \leq L_\phi$ なので，この条件は接合における個々の電子の干渉性も同時に保証する．

磁束の効果を簡単に議論してこの小節を終えることにしよう．基本となる関係は付録 C に示したループ内の磁束とその周囲の位相変化の関係と同様であるが，ここでは粒子の電荷が $2e$ となるため式 (7.15) が適用される．この描像において注意すべき他の要因は，超伝導体部分の位相が分布を持ち難く，位相の変化はほとんど接合部分だけに生じることである．教育的な例として図 7.2 のリングが，今度は左右 2 箇所に等価な接合を持つ場合を考えよう．それぞれの接合の上と下との位相差を ϕ_1 および ϕ_2 とする．超伝導電流をリングの上部から下部へと流すことを想定すると，Josephson 電流は次式で与えられる．

$$I = I_J(\sin\phi_1 + \sin\phi_2) \tag{7.40}$$

リング内の磁束 Φ は，式 (7.15) に従い，

$$\phi_2 - \phi_1 = 2\pi\frac{\Phi}{\Phi_s} \equiv \phi \tag{7.41}$$

の位相差を生じる．従って超伝導電流 I の最大値は次式のようになる．

$$I_{max} = 2I_J \cos\frac{\phi}{2} \tag{7.42}$$

たとえば $\phi = 0$ では 2 つの接合の臨界電流の加算になるが，$\phi = \pi$ の場合には互いに打ち消し合う．この現象は 2 つの近接スリットを通った波の干渉や，第 5 章の AB コンダクタンス振動と完全な類似性を持つ．この 2 つの接合を持つ構造はループ内に侵入した Φ_s 以下の微小磁束に敏感なので，弱磁場検出用のデバイス（DC SQUID）として用いられる（そして第 4 章で言及した永久電流を検出する手段にもなる）．この現象は他の状況下でも現れる一般的なものである．$x-y$ 面に平行な接合面を持つひとつの接合（Josephson 電流は z 方向に流れる）において，たとえば y 方向の成分を持つ磁場があると，接合内の位相差が x 方向に沿って増加する．

[†]（訳注）p.181 訳注参照．

7.4 渦糸

周囲に 2π の位相変化を伴う磁束量子とそのまわりの電流ループ（電流の位相差依存性 (7.38) から得られる）は物理的にあたかも単一体であるかのように振舞う．これは"フラクソン"，"ソリトン"，"量子化された渦糸"などと呼ばれる．長い Josephson 接合において磁束量子を取り巻く渦が存在し得ること（たとえば Scalapino 1969）や，第 II 種超伝導体中にAbrikosov の渦糸（vortex）が生じること（たとえば Tinkham 1975）はよく知られている．Abrikosov の渦糸の力学は超伝導体が担うことのできる超伝導電流の大きさや，渦糸の運動に伴う電気抵抗の問題に関わってくる（以下の記述や式 (7.33) を参照）．一般に古典的な流れの問題において渦糸の存在（連続な渦の強度を持つ）は重要であり，また量子化された渦糸は超流動ヘリウムの理論において重要な役割を果たす（Donnely 1991）．Josephson 接合を用いた一様な 2 次元配列構造（単純な描像と実験的な結果については Imry and Strongin 1981 と Hebard and Paalanen 1985 を参照）を作製することができるようになり，渦糸の運動の新たな側面が見いだされるようになった（Mooij et al. 1990, Fazio et al. 1991a, b, Fazio and Schön 1991, Tighe et al. 1991, Elion et al. 1992, Lenssen et al. 1994, Mooij and Schön 1992, van der Zant et al. 1991a, b, 1992a, b, van Otterlo et al. 1993）．

z 方向を向いた渦糸が x 方向に移動する時，y 方向に 2π の位相差を生じさせる．したがって Josephson の関係式に従って y 方向に電圧が生じることになる．y 方向の電流は渦糸に x 方向の力を及ぼす．また渦糸は運動を妨げようとする摩擦力も受ける．これらすべての条件は，電流と電圧の役割を通常と入れ替えて方向を 90° 変えて考えると，渦糸を粒子のように見なせることを示している．渦糸と粒子の類似性は単純な長い Josephson 接合において見ることができる（Bergman et al. 1983）．この双対性は超伝導薄膜と接合の配列構造の間においても成立し，配列構造における渦糸の粒子的な振舞いが実験的に確認されている（Mooij et al. 1990, Mooij and Schön 1992）．

渦糸のもうひとつの興味深い側面は，渦糸の運動の量子化の効果であ

る.長い接合において Coulomb 力による静電エネルギーを導入すると,渦糸は質量を持つ(短い接合では ϕ に関する古典的な運動方程式が運動エネルギー項を持つ.Fulton and Dolan 1987).それを踏まえた量子化の描像を広範囲に適用することができる(Jackiw 1977).渦糸運動の量子化は一般に,配列構造(Eckern and Schmid 1989)や第 II 種超伝導体(Blatter et al. 1994)でも生じる.ただし後者については渦糸の質量に関して問題が残っている.一旦この量子化を理解すれば,これを種々の量子メソスコピック現象の概念へ応用することができる(周期系における干渉性を保持した運動,不規則性による局在,AB 振動 van Wees 1990, 1991 など).それらは我々が電子に関して扱った諸現象と双対な関係を持つものである.電荷を囲む渦糸は AB 型の位相の変化を生じるが,これを電荷を通じて静電的に制御することができる.この現象は Josephson 配列構造における輸送の測定によって検出することができる(van Wees 1990, 1991).渦糸の位相の消失とエネルギー平均化の過程の詳細はまだ解っていないが,この困難な実験が Elion et al. 1993 によって行われている.彼らの実験によって渦糸による干渉が可能であることが示され,多くの興味深い可能性が示唆された.Stern 1994 は強磁場下での渦糸と電子の類似性に立脚して,渦糸の量子 Hall 状態が実現可能であることを示した.これは配列構造の離散的性質によるものである.同様の類推から Ao and Thouless 1993 は 2 次元超伝導体において,超流体が渦糸に及ぼす Magnus 力の普遍性を示した[†].これはトポロジカルな性質で,背景となる電子の電荷には依存しない.位相と電荷の静電的な結合に関する興味深い諸現象の理論のレビューとしては Schön and Zaikin 1990 を参照されたい.電子から渦糸へ,あるいはその逆の類推によって多くの物理現象が理解される(Mooij et al. 1990, Fazio and Schön 1991).一例として Kosterlitz-Thouless-Berezinskii 転移と,集団の反対電荷対の分離現象との等価性を挙げておこう.後者は薄膜において最近観測された(Tighe et al. 1993, Delsing et al. 1994, Liu and Price 1994, Kanda et al. 1994,

---

[†](訳注)Magnus 力の元々の意味は,流体中で回転している物体が,回転軸と流れの方向に対して直交する方向に受ける力のことである.この呼称は 19 世紀に砲弾の軌道を研究した H. G. Magnus に因む.

Kanda and Kobayashi 1995, Katsumoto 1995, Yamada and Kobayashi 1995).

　面白いのは渦糸において超流体と常伝導の芯（第II種超伝導体の場合）の間にAndreev過程による運動量の移行が起こることである．これは"常伝導芯にかかる"Magnus型の力の理解に関わることで，たとえば常伝導芯が超流体速度で流れる傾向を説明するのに必要となる（Hofmann and Kümmel 1993参照）．このように渦糸とAndreev過程の組み合わせは第II種超伝導体の磁気輸送の理解のための観点を提示する．

7.5　Andreev反射・NS接合・SNS接合

　常伝導－超伝導（NS）界面を考察しよう．Fermi準位のすぐ上のエネルギー ϵ_k を持つ常伝導体中の電子が超伝導体へ入射するものとする．2つの問題がある．(1) 常伝導体中の常伝導電流はどのようにして，対によって運ばれる超伝導体中の超伝導電流に変換されるのか．(2) 超伝導体の秩序パラメーターの位相 χ の情報は常伝導体中の電子へどのように伝わるのか．共通のFermi準位を基準とした超伝導体中の準粒子エネルギー E_k は，

$$E_k = \sqrt{\Delta_s^2 + \xi_k^2}, \quad \xi_k \equiv \epsilon_k - E_F \tag{7.43}$$

と表される．ξ_k は常伝導金属における準粒子の励起エネルギーである．負の ξ_k は $|\xi_k|$ のエネルギーを要する正孔の励起と解釈する．簡単のため $\xi_k \ll \Delta_s$ の条件が成立する低温で低電流の状況を考える．界面は静的であり"弾性的"な散乱過程だけが存在する．この場合，常伝導体中の運動量 **k** の電子がそのまま超伝導体中の準粒子になる過程は存在しない．低い ξ_k の極限で2通りの反射過程が可能である．(a) $-k_\perp$，同じ $k_\parallel$（$k_\perp$ と $k_\parallel$ はそれぞれ **k** の界面に垂直な成分および平行成分）を持つ通常の電子の反射．波数の関係は界面が平面の場合に正確に成り立つ．粗い界面では"拡散的"反射が生じるが，$|k|$ は保存する．(b) Andreev 1964, 1966によって見いだされた，エネルギーを保存するように $-\mathbf{k}$ の正孔を生成する過程（$\xi_k \to 0$ のとき $k_\perp$ も $k_\parallel$ も反転する．有限の ξ_k ではエネルギー保

7.5. Andreev 反射・NS 接合・SNS 接合

存のため $|k_\perp|$ がわずかに変化する）[7]．この過程は Andreev 反射と呼ばれる．電子の振舞いだけによってこの過程を記述するならば，k と $-k$ の 2 つの電子（スピンは反対向き）が超伝導体に入り，凝縮体に参加することになる．

このように Andreev 過程は $-k$ の電子を供給する Fermi の海を必要としており，この過程によって常伝導体から超伝導体への電流の移動が起こる．Andreev 過程において電荷が保存されることは明白である．常伝導体と超伝導体が同じ電子構造を持つ理想的な界面では，通常の反射は起こらない．一般に Andreev 反射[8]の確率は 1 に近い値になり，通常の反射が起こる確率はゼロに近い．これは式 (7.43) に基づく Δ_s の空間分布の"実効的ポテンシャル"が変化する距離のスケール ξ_0 が $\xi_0 \gg k_F^{-1}$ となっていて，$k_\perp$ の運動量を反転させる通常の反射を起こすことができないためである．ポテンシャルバリアや界面に原子レベルの粗さがあると，通常の反射が起こる確率が上がる．界面におけるバリアの効果や $\xi_k > \Delta_s$ の準粒子の透過なども含めた系統的な検討が Blonder et al. 1982 によって行われた．ここでは Bogoliubov や後に de Gennes によって行われた微視的な理論に基づく詳細な計算はせず，低温（$k_B T \ll \Delta_s$）で起こるいくつかの現象の物理的な議論を紹介する．以下の議論の前提として，上記の事実と Andreev 過程に付随する位相シフト（Andreev 1964, 1966, Kulik 1969）の性質だけが必要となる．Fermi 準位において反射される正孔には $-\chi + \pi/2$ の位相シフトが生じる．χ は超伝導体の秩序パラメーターの位相である．同様に正孔が Andreev 反射によって電子に変換されるとき，$\chi + \pi/2$ の位相シフトが生じる．

Andreev は SNS 構造の常伝導体部分に Δ_s 以下のエネルギーの新たな束縛状態が生じることも認識していた．$\epsilon \ll \Delta_s$（エネルギー ϵ を E_F から計る）の束縛状態を古典的な軌道で表現したものが図 7.3 である．ひとつの電子が一方の NS 界面に入射して，$-\chi_2 + \pi/2$ の位相変化を伴った時間反転関係にある正孔が反射され，その正孔がもう一方の界面に到達する

---

[7] $-k$ の電子のスピンは，k の電子のそれと反対である．ここではスピン添字を省略する．反射された正孔は入射した電子と時間反転の関係にある．
[8] $k_\perp$ が十分小さい場合はおそらく除外しなければならない．

(a)　　　　　　　　(b)　　　　　　　　(c)

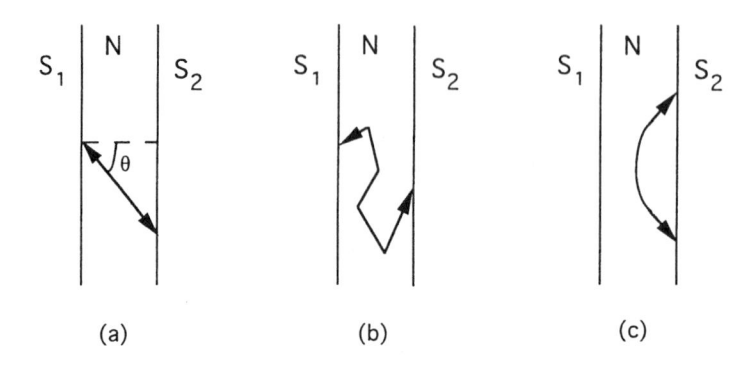

図 7.3　Andreev 反射によって SNS 構造の常伝導体領域に生じる束縛状態（エネルギー $\ll \Delta_s$）．バリスティックな領域の場合を (a)，拡散的な領域の場合を (b) に示す．矢印は電子と正孔の運動方向を表す．(c) は強い磁場の下でのバリスティックな軌道を表したもので，形成される軌道状態は一方の NS 界面だけで反射を繰り返す．

と，$\chi_1 + \pi/2$ の位相変化を伴った電子が反射される，ということが繰り返し生じる．バリスティックな場合と拡散的な場合の違いは，反射と反射の間の電子の軌道の振舞いだけである．半古典的な描像では両方の場合で周期的な運動が成立し，たとえば半古典的な量子条件を適用して量子化された状態を得ることができる．この量子化の操作はバリスティックな場合が最も簡単で，界面への入射角度 θ（図 7.3a 参照）に依存した量子化が生じる（Andreev 1966, Kulik 1969, Zaikin 1994. Abrikosov 1988 も参照）．このような常伝導の束縛状態の形成は超伝導体の中間状態（バルク中で常伝導領域と超伝導領域が共存する状態）において比熱に寄与を生じることが理論的に示されており，実験結果もそれに合致している．この中間状態の比熱やその他の効果によって Andreev 過程の描像の正当性が確認されている．強い磁場が印加されていると電子と正孔の軌道が曲がり，片側の界面しか反射に関与しなくなる（図 7.3c）．

　我々の観点から最も興味深い Andreev 反射の性質は，電子が 1 周期の間に $\chi_1 - \chi_2 + \pi$ だけ位相を変えることである（$\xi_k \ll \Delta_s$ とする）．した

がって接合部に生じる束縛準位は,AB磁束,

$$\Phi = \Phi_0 \left(\frac{\chi_1 - \chi_2}{2\pi} + \frac{1}{2} \right) \tag{7.44}$$

を持つ常伝導体リングと同じ性質を持つ(簡単のため超伝導体間の常伝導体の厚さ L が接合の横方向の寸法より長いものとする).明らかに電子の準位は $\chi_1 - \chi_2$ に依存し,この位相差に関して常伝導リング中の電子と同様に 2π の周期を持つ.永久電流の式 (4.5) の F は上記のエネルギー準位の $\chi_1 - \chi_2$ に対する敏感さに対応した Φ 依存性を持ち,この永久電流は Josephson 超伝導電流と同様に散逸を伴わずに,常伝導領域 N を介して一方の超伝導体 S_1 からもう一方の超伝導体 S_2 へと流れることができる (Kulik 1969, 1970a, b).ここでは常伝導電子のエネルギーが Δ_s よりも十分小さいと仮定しているので,この類推が定量的に正当となるためには $E_c \ll \Delta_s$ でなければならない.常伝導体と超伝導体の Fermi 速度が同等であれば,上記の条件は $L \gg \sqrt{\xi_0 l}$ と等価である.これは"長い"弱結合の条件と呼ばれる.$\xi_0 \sim \hbar v_F/\Delta_s$ は S_1 と S_2 の超伝導コヒーレンス長,l は弱結合領域における弾性散乱長である.$\sqrt{\xi_0 l}$ は T_c に近い温度における常伝導領域の ξ_N である("汚れた"弱結合 $l \ll L$ の場合)[9].超伝導電流が運ばれる物理的機構は,S_2 側の Andreev 反射によって2つの電子が N から S_2 に移り,S_1 側の Andreev 反射で2つの電子が S_1 から N へ移ることで説明される.我々はこの描像が常伝導永久電流と Josephson 型の効果の関係を解りやすく提示していると信じる.しかしながら弱結合における正孔の位相は,両者の定量的な違いの原因となる.電圧が印加されている場合,多重 Andreev 反射によってギャップ内構造が現れる (Bratus et al. 1995, Frydman and Ovadyahu 1996 参照).

SNS 接合に関する詳細な結果を議論する前に,位相コヒーレンス効果を含めた NS 界面の効果を検討する (Furusaki et al. 1991, Furusaki and Tsukada 1991, Lambert 1991, 1993, 1994, Nakano and Takayanagi 1991, Takane and Ebisawa 1991, 1992, Beenakker 1992a, b, Furusaki 1992, Takagi 1992, Hui and Lambert 1993, Lambert et al. 1993, Lambert

---

[9] しかし低温 $k_B T \ll \Delta_s$ では $\xi_N \sim L_T \gg \sqrt{\xi_0 l}$ となることも忘れてはならない.

and Robinson 1993, Marmorkos et al. 1993, Zaikin 1994. 微視的な理論については Fukuyama and Yoshioka 1992, Yoshioka and Fukuyama 1990, 1992 を参照). 散乱行列 $S_0(\epsilon)$ で表される不規則性を持つ常伝導領域と, 理想常伝導導線と, 超伝導体 S が直列結合している系を考え, 理想導線と超伝導体は理想的な平面状の NS 界面によって接続しているものとする (式 (5.36) の多チャネルへの一般化). 超伝導体として清浄な極限のものを想定すると, 常伝導散乱と Andreev 散乱が空間的に分離される. N 個のチャネルがあれば, 電子と正孔の散乱問題は $2N \times 2N$ に分離される. N 個のうちの 1 番目／2 番目が電子／正孔のチャネルとすると, 理想的な NS 界面における散乱行列の $2N \times 2N$ 反射部分は次式のように近似される.

$$S_A(\epsilon) = \begin{pmatrix} 0 & e^{i\chi} \\ e^{-i\chi} & 0 \end{pmatrix} e^{-i\operatorname{arccosh}(\epsilon/\Delta_s)} \tag{7.45}$$

ϵ は Fermi 準位を基準とした準粒子のエネルギー, χ は超伝導体の秩序パラメーターの位相である. ギャップ $\Delta_s(r)$ の空間分布については, NS 界面で不連続に 0 から Δ_s に変化するという単純なモデルを採用する (Likharev 1979). 常伝導部分におけるすべての $4N \times 4N$ の S 行列 (電子の散乱と正孔の散乱を含むが, これらは互いに結合しない) は次のようになる.

$$S_N(\epsilon) = \begin{pmatrix} S_0(\epsilon) & 0 \\ 0 & S_0(-\epsilon)^* \end{pmatrix} \tag{7.46}$$

この問題は早くから Takane and Ebisawa 1991, 1992 によって取り上げられていた. Blonder et al. 1982 は独立なチャネルのコンダクタンスを求めた. Shelankov 1984, Zaĭtsev 1980, 1984 も参照されたい. Beenakker 1992a は S_N と S_A を組み合わせて Landauer 公式の一般化を行い, $B = 0$ とおいて NS 接合の全コンダクタンスの式を得た.

$$G_{NS} = \frac{2e^2}{\pi\hbar} \sum_{n=1}^{N} \frac{T_n^2}{(2 - T_n)^2} \tag{7.47}$$

T_n は不規則性を持つ常伝導部分の透過確率である. 式 (7.47) の物理的な意味は, 単一チャネルの場合を考察することで容易に理解できる. ひと

つの電子が不規則な常伝導部分を透過振幅 t_e で通過し,そのあとに振幅 $-ie^{i\chi}$ (式 (7.45) 参照) で正孔となって反射される.反射した正孔が不規則な部分を振幅 t_h で透過してしまえば,この過程によって対が接合を透過する確率は T^2 である.一方,正孔が不規則な部分から常伝導反射するならば (その振幅は $r_h = r_e^*$) 再び振幅 $-ie^{-i\chi}$ で Andreev 反射が起こり,上記の 2 電子の遷移を打ち消す.しかしこのとき生じる"2 次電子"が再び振幅 r_e で不規則な常伝導部分から反射され,超伝導体へ Andreev 過程によって遷移する過程 (振幅 $-ie^{i\chi}$) なども起こる.これらすべての過程の振幅の総和によって,1 電子が入射したときに対が超伝導体側へ遷移する全振幅が次のように与えられる.

$$e^{i\chi}(-it_e t_h + it_e t_h r_e r_h + \ldots) = e^{i\chi} \frac{-it_e t_h}{1 + r_e r_h} = \frac{-iTe^{i\chi}}{1 + R} = \frac{-iTe^{i\chi}}{2 - T}$$

この振幅に対応する確率は,着目するチャネルについて $T^2/(2-T)^2$ である.式 (7.47) は不規則な常伝導部分だけから生じる式 (5.16) のコンダクタンスと対比すべきものである.

$$G_N = \frac{e^2}{\pi\hbar} \sum_{n=1}^{N} T_n$$

上式を見て判るように $G_{NS} \leq 2G_N$ である.透過確率 T_n がゼロか 1 に近い場合,式 (7.47) より,

$$G_{NS} \cong 2G_N \tag{7.48}$$

となる.バリスティックなポイントコンタクトで T_n がゼロもしくは 1 に一致するコンダクタンスの平坦部では,上式において正確に等号が成立する.

常伝導部分が不規則性を持っていると,長さ L の試料の集団平均は次の関係を満たす.

$$\langle G_{NS}(L) \rangle = 2\langle G_N(2L) \rangle \cong \langle G_N(L) \rangle \tag{7.49}$$

第 1 の等式は付録 I で示すように T_n の性質によって成立する (Lee et al. 1987).$\langle G_{NS}(L) \rangle$ と $\langle G_N(L) \rangle$ の違いは主として弱局在の寄与によるもの

である.この寄与は実際の NS 界面では,単なる常伝導散乱の場合に比べてほとんど因子 2 程度までになる(Beenakker 1992a, 1994, Marmorkos et al. 1993, Macêdo and Chalker 1994, Takane and Otani 1994).これは NS 界面における常伝導反射が弱い場合に微分コンダクタンス曲線に生じるゼロバイアスの窪み(dip)の原因となる(Lenssen et al. 1994).

常伝導の部分に量子ドット(Beenakker 1992a)や強局在領域(第 5 章の問題 4 参照;Lifschitz and Kirpichenkov 1979, Azbel 1983)などが存在し,透過共鳴が生じる場合は特別に興味深い.G_N と同様に G_{NS} もエネルギーの関数として共鳴エネルギーのピークを持つ.しかし G_{NS} の共鳴は 2 倍の高さを持ち,非 Lorentz 型になる.これは電子の量子論的(波動的)性質が,大きな障壁を超えることの助けとなっている一例である.

Beenakker 1992a は拡散領域の常伝導体を持つ NS 界面にバリアを設けた系についても考察し(Blonder et al. 1982, Volkov 1994 も参照),無反射トンネリング(reflectionless tunneling)に関する興味深い一般的な予言を行った(常伝導部分のポテンシャルが滑らかな場合を想定した高度な理論的取り扱いについては van Wees et al. 1992 を参照).NS 界面におけるバリアと不規則性を持つ常伝導体領域の組み合わせによって,バリアだけの $\langle G_{NS} \rangle$ 低下の効果が抑制される.NS 界面で常伝導反射をした電子は,常伝導体の不規則領域で反射されて再び NS 界面へ入射し,Andreev 反射が起こるまで NS 界面への入射を繰り返すかのように見える.この機構が Kleinsasser et al. 1989, Kastalsky et al. 1990, 1991 などの多くの実験結果を説明するものとなる可能性がある(Beenakker et al. 1994;レビューと他の結果の詳細については Beenakker 1995 を参照).このような効果は Anderson 絶縁体中の局在状態を介した共鳴トンネルにおいても見られるはずのものである.このときの界面のバリアは第 5 章の問題 4 のモデルにある 2 つのバリアのうち一方だけを大きくしたものに相当する.Frydman and Ovadyahu 1996 が観測したのはこの効果の可能性がある.Marmokos et al. 1993 は数値計算によって,拡散領域の常伝導体を持つ NS 界面の効果を,無反射トンネリングの効果を含めて確認した.無反射トンネリングは,バリアの透過係数が小さいけれども,常伝導体部分の l/L の比よりは大きいときに現れる.Marmorkos et al. は NS 界面のコン

ダクタンスゆらぎについても検討し,ゆらぎの増大 (Takane and Ebisawa 1991, 1992, Beenakker 1993) と,ゆらぎが磁場に対して敏感でないという推測 (Beenakker 1992a) を確認している.

SNS 接合の超伝導電流に関係したいくつかの結果を (第4章と同様に) 議論してみよう.まず常伝導体が拡散領域にあることを仮定する.Altshuler and Spivak 1987 は相互作用のない電子系を仮定して,常伝導部分のコンダクタンス成分が位相差 $\chi_1 - \chi_2$ に 2π 周期で依存することを見いだした.彼らは $\sqrt{\xi_0 l} \ll \xi_N$ (すなわち $k_B T \ll \Delta_s$ の低温で, $I_c(\phi) \sim (e\Delta_s/\hbar)g_n$ と表される平均的な超伝導電流[10])の他に,次式のようなメソスコピックな (試料毎の) 超伝導電流のゆらぎが生じることを指摘した.

$$\langle \Delta I_c^2 \rangle \sim (eE_c/\hbar)^2 \tag{7.50}$$

この結果は第4章に示した試料固有の永久電流の特性と整合するものであり,これが成立するためには $L \ll \xi_N$ ($k_B T \ll E_c$) の条件に加えて L が常伝導弱結合部分の横方向の寸法よりも大きくなければならない.面白いことにこの式には超伝導ギャップ Δ_s が現れていない.Beenakker 1991 は (バリスティックな場合の Beenakker and van Houten 1991a の結果に動機づけられて) 式 (7.50) の結果が "長い弱結合" の極限 ($L \gg \sqrt{\xi_0 l}$ もしくは $E_c \ll \Delta_s$;前記のように L は常伝導領域の長さ,ξ_0 は清浄な試料の低温における超伝導コヒーレンス長である.ただし低温では $L \ll \xi_N$ となり得る) だけに適用できることを示した.$L \ll \sqrt{\xi_0 l}$ または $E_c \gg \Delta_s$ の短い試料では,臨界電流のメソスコピックなゆらぎは普遍コンダクタンス

---

[10] しかし $I_c(\phi)$ の詳しい形状は Josephson 接合と異なることを指摘しておかなければならない (Kulik and Omelyanchuk 1975, Beenakker 1992b).たとえば短い試料 $L \ll \sqrt{\xi_0 l}$ において $T \to 0$ の場合,

$$I_c(\phi) = \frac{e\Delta_s}{2\hbar} \sin \phi \sum_{n=1}^{N} \frac{T_n}{\sqrt{1 - T_n^2 \sin^2(\phi/2)}}$$

であり,バリスティックな場合は,

$$I_c(\phi) = \frac{e\Delta_s}{2\hbar} g_n \sin \frac{\phi}{2}$$

となる.

ゆらぎと整合して，

$$\langle \Delta I_c^2 \rangle \sim \Delta_s^2 \langle \Delta G_n^2 \rangle \sim \left(\frac{e\Delta_s}{\hbar}\right)^2 \tag{7.51}$$

のオーダーになる．既に言及しているように $L \ll \sqrt{\xi_0 l}$ の条件は $E_c \gg \Delta_s$ と等価である．式 (7.50) と式 (7.51) の物理的な違いは，電流が流れるエネルギー範囲がそれぞれ E_c および Δ_s になっている点にある．この問題に関する文献としては Takane and Otani 1994 および Takane 1994 を参照されたい．

$\langle I_c \rangle \sim (\Delta_s/e)G_n$ なので，長い弱結合におけるゆらぎは比較的小さい．

$$\frac{\sqrt{\langle \Delta I_c^2 \rangle}}{\langle I_c \rangle} \sim \frac{\Delta}{\Delta_s} \lesssim 10^{-4} \tag{7.52}$$

準位間隔 Δ は mK 程度に相当するのに対し，超伝導ギャップ Δ_s は 10 K のオーダーである[11]．Altshuler and Spivak はゆらぎを観測しやすくするために平均臨界電流を下げる種々の方法を提案している．たとえば比較的強い磁場を印加すると $\langle I_c \rangle$ は指数関数的に減衰するが，$\langle \Delta I_c^2 \rangle$ は因子 2 の程度でしか減少しない．後者はコンダクタンスゆらぎや h/e 単位の AB 型コンダクタンス振動が，強磁場に対して相対的に鈍感であることに通じる性質である（第 5 章）．もうひとつの興味深い点は，試料固有の $\langle \Delta I_c^2 \rangle$ が L_ϕ の距離で減衰することである（$\langle I_c \rangle$ に関する減衰長 ξ_N とは異なる）．$L_\phi \gg \xi_N$ の条件が可能なので（そして通常これが成立するので）これらのゆらぎは比較的強いものである．

　トンネル接合と金属的な弱結合のメソスコピックな振舞いには面白い違いがある．これは透過確率 T_n の違いから生じている．平均コンダクタンスが同じであっても，トンネル接合の場合には多くの小さい T_n の値が関与しているのに対し，拡散的な金属弱結合ではほとんどの T_n がゼロもしくは 1 に近い値を取る (Dorokhov 1982, 1984, Imry 1986a, b, Pendry et al. 1992)．バリスティックな接合で g が量子化されると，この傾向はより顕著に現れ，ほとんどの T_n がゼロとなり，g への寄与は 1 だけになる．

---

[11] 短い接合における相対ゆらぎは $1/g_n$ のオーダーである．

このような側面は Beenakker et al. 1994 によって議論されており，多くの興味深い結果を与えている．

$\chi_1 - \chi_2$ に関する 2π の周期性は式 (7.44) を通じて，リングの磁束に関する h/e の周期性と対応する．集団平均量の周期 π は，リングにおける周期 $h/2e$ に対応する．Spivak and Khmelnitskii 1982 は早くから SNS 接合の"平均化された"常伝導導電率が $\chi_1 - \chi_2$ に対して周期 π の依存性を持つという結果を得ていた．この π 周期は，電子間相互作用の平均超伝導電流 $\langle I_c \rangle$ への寄与を調べた Altshuler et al. 1983 によっても見いだされていた．これは電子間相互作用がある常伝導リング $h/2e$ 周期の永久電流（Ambegaokar and Eckern 1991）と直接対比できるものである．この電流は実効的な相互作用に依存した符号を持つので"負の Josephson 電流の振幅"の可能性が生じる[12]．この効果によって（前に述べた Bloch の議論から分かるように）$\theta = 0$ の自己無撞着電流の解は不安定になり，系は $\theta_{ext} = 0$ の下でも有限の磁束 θ もしくは $-\theta$ を伴う 2 つの基底状態を持つことになる．2 つの超伝導体の間に電圧 V が印加されると $\chi_1 - \chi_2$ は式 (7.37) に従って時間変化する．したがって π 周期の永久電流も Spivak and Khmelnitskii 1982 が見いだしたように，時間に依存して $4eV/\hbar$ の周波数で振動する．因子 4 は Josephson の関係による因子 2 と，集団平均化による因子 2 から生じている．de Vegvar et al. 1994 はこれらの問題のいくつかについて実験を行っている．

常伝導部分と超伝導部分の両方によって構成されるリングにおいて，永久電流の周期性が h/e になるか $h/2e$ になるかという問題が Büttiker and Klapwijk 1986 によって考察された．彼らによると一般的には $h/2e$ 周期になるが，超伝導領域が特に短く常伝導電子が超伝導部分をトンネルできる場合は例外的に，試料固有の励起スペクトルや永久電流が h/e の周期を持つ．Nazarov 1994 は一般的な常伝導と超伝導の組み合わせを扱える回路的な理論を提示している．

狭く"短い"（$L \ll \sqrt{\xi_0 l}$）バリスティックな量子ポイントコンタクト（半導体を用いて実現することができる）と超伝導体におけるいくつかの新しいメソスコピック現象に言及してこの節を終えることにする．量子ポ

---

[12] このような負の電流振幅はすでに言及したように，ゆらぎによっても生じる．

イントコンタクトの常伝導コンダクタンスは $e^2/\pi\hbar$ 単位に量子化されるので，超伝導電流 (7.39) も次のように量子化される（Beenakker and van Houten 1991a, b, Beenakker 1991）．

$$\Delta I_c = \frac{e\Delta_s}{\hbar} \tag{7.53}$$

透過共鳴によってバリアのコンダクタンスが $e^2/\pi\hbar$ になる場合（第5章の問題4），Josephson 電流も周波数 $e\Delta_s/\hbar$ の共鳴を起こす（Glazman and Matveev 1989, Beenakker and van Houten 1991c）．したがって I_c と Δ_s の比は低温において普遍量の整数倍になる．

メソスコピックな超伝導系に関する他の注目すべき実験を以下に掲げる．

1. 電子数が偶数か奇数かによる超伝導体微粒子の性質の違い（Tuominen et al. 1992, Eiles et al. 1993a, b, Lafarge et al. 1993）．偶数個の電子だけが超伝導状態に参加できることからこの違いが生じる．

2. 超伝導体アイランドへの適切な結合による位相－電子数不確定性関係の実験検証（Elion et al. 1994, Joyez et al. 1994, Matters et al. 1995）．

3. Vlohbergs et al. 1992 によって観測された"Little-Parks 効果"（円筒状の試料における T_c の AB 振動）の異常．

4. 良好にコンタクトした常伝導壁と超伝導壁を持つ巨視的円筒試料の磁気応答の異常（Visani et al. 1990）．

後者2つについてはまだ理論的な解釈がなされていない．

超伝導体を含むメソスコピック系において，今後も更に興味深い物理現象が見いだされていくものと思われる．最近のレビューとしては Bruder 1995 や Hekking et al. 1994 などがある．

第 8 章　メソスコピック系の雑音

8.1　雑音の概念

本章では以下に示す 3 種類の雑音現象を取り上げる．

1. 抵抗体における熱平衡雑音，すなわち Nyquist-Johnson 雑音（式 (A.9)，式 (A.13)-(A.17) 参照）．

2. 電流を伴う定常状態の非平衡雑音，すなわち散弾雑音（shot noise）．

3. 緩慢な抵抗の時間変化に起因する "$1/f$" の特性を典型的に持つ低周波雑音．

 1 と 2 は遮断周波数以下のかなりの周波数範囲で "白色" のパワースペクトルを持つ（周波数依存性がない）．遮断周波数 $1/\tau^*$ は $k_B T/\hbar = 1/\beta\hbar$（本章で後から出てくる T は温度ではなく主に透過率を表すので注意されたい）および $1/\tau$ より小さい．τ は輸送過程に特徴的な時間であり，たとえば平衡状態の古典的な抵抗における平均散乱時間である．このとき $\beta\hbar \gg \tau$ であれば，定数コンダクタンスの雑音のパワーは $0 < (\beta\hbar)^{-1} \ll \omega \ll 1/\tau$ の周波数範囲において ω に対して線形になる．電流の雑音（インピーダンスがゼロの "交流" 電流計を接続して平衡状態で測定する）に注目する場合，電流−電流相関関数（t のみに依存し，t' には依らない）の Fourier 変換が重要となる（一般的な参考文献として Wax 1954 および Reif 1965）．〈 〉で表記した平均化の内容については後から議論する．

$$S_I(\omega) = \frac{1}{2\pi}\int_{-\infty}^{\infty}\langle\Delta I(t')\Delta I(t'+t)\rangle e^{-i\omega t}dt \qquad (8.1)$$

$\Delta I(t) = I(t) - \bar{I}$ である．直流平均電流 $\bar{I}$ は平衡状態ではゼロになる．$\Delta I(t)$ の Fourier 変換を $I(\omega)$ とすると，$S_I(\omega)$ は $|I(\omega)|^2$ に比例する．$S_I(\omega)$ は

単位角周波数範囲あたりの雑音のパワースペクトル（power spectrum）を表す（これらの関係の正確な取り扱いについては章末問題1を参照）。一般的には単純に $\langle \Delta I^2(t) \rangle \equiv \langle \Delta I(0) \Delta I(t) \rangle = \langle \Delta I^2(0) \rangle e^{-|t|/\tau^*}$ と書ける。これらの量は $\beta \hbar \ll \tau$ における熱平衡雑音や古典的な散弾雑音を含んでいる。低周波領域 $\omega < 1/\tau^*$ の雑音のパワースペクトル $S_I(\omega)$ は次式で与えられる。

$$S_I(\omega) = \frac{1}{\pi} \langle \Delta I^2(0) \rangle \tau^* \tag{8.2}$$

揺動散逸定理（付録 A，式 (A.9) および式 (A.13)-(A.17) 参照）によると，平衡状態 $\bar{I} = 0$ での抵抗 R における雑音のパワースペクトルは $\omega \ll 1/\tau^*$ および $\omega \beta \hbar \ll 1$ の低周波において，

$$S_I(\omega) = \frac{1}{\pi \beta R} \tag{8.3}$$

となる。雑音スペクトルの"工学的"定義は上記のものを"対称化"したもので（式 (8.1) を余弦変換にする。$\beta \hbar \omega \ll 1$ は重要ではない），$\omega > 0$ だけを用いるために因子 2 が付く．温度 T における周波数 f の単位区間の雑音のパワーは $4k_B T/R$ である。メソスコピックな試料における熱平衡雑音の理論的な取り扱いについては Entin-Wohlman and Gefen 1991 を参照されたい．

散弾雑音は非平衡定常電流を運ぶ電荷が有限電荷 e を単位に持つことから生じる．平均電流が $\bar{I}$ ということは，単位時間あたりに平均して $\bar{I}/e$ 個の電子が通過することを意味する．個々の電子の挙動に"相関がない"と仮定すると，"単位時間あたりの"電荷の流れのゆらぎ $\overline{\Delta I^2} = e\bar{I}$ が得られ，低周波では[1]問題 1 のようにして式 (8.1) から，

$$S_I(\omega) = \frac{\overline{\Delta I^2}}{2\pi} = \frac{e}{2\pi} \bar{I} \tag{8.4}$$

となることが示される．この相関のない電荷の流れによる散弾雑音は（van der Ziel 1986），空間電荷を無視するならば，小さな領域で見た降水量が，雨粒単位でゆらぎを持つことに比せられる現象である[2]．量子力学的に粒

---

[1]与えられた $\bar{I}$ の下で連続電荷の極限 $e \to 0$ を考えると散弾雑音は無くなる．
[2]Coulomb 効果と弾性散乱は古典的な導電体における散弾雑音を減じる効果を持つ．Landauer 1993, 1994 参照．

子を Fermi 粒子もしくは Bose 粒子として扱う場合には相関を考慮して式 (8.4) を修正しなければならない．よく知られているこのタイプの現象は Hanbury-Brown and Twiss 1956, 1957 などの実験に見られるフォトンの"集団化"（bunching）である．導線における実際の電流雑音は，散乱や Coulomb 相互作用による緩和効果のために式 (8.4) よりも小さくなる．本章では粒子の量子力学的性質による修正だけを考察する．

もちろん平衡状態の雑音は熱平衡統計力学のゆらぎの理論に基づく"正確な"結果であり，メソスコピック系にも適用できるはずである．一方，量子効果（干渉性を持つ導電体における）は単一粒子レベルにおいても Fermi 統計によっても，散弾雑音に対して重要な修正をもたらす．しかし量子散弾雑音の $\bar{I}$ をゼロに近づけた極限として熱平衡雑音を得ることができる（Landauer 1989a, 1993）．

散弾雑音の最も簡単な例である，外部の自由空間へ"障害"を含む"導波路"を通じて粒子を放出している熱浴を 8.2 節で議論する．他の熱浴との結合による雑音の変化と熱平衡極限について 8.3 節で考察する．

8.4 節では低周波雑音（典型的に $1/f$ に依存する．f は周波数）を論じる．このタイプの雑音は多くの場合，原子の動きやイオン化状態の時間変化に起因する緩慢な抵抗変化によって発生する（Bernamot 1937, Dutta and Horn 1981）．Feng et al. 1986 はメソスコピックな効果 ― 位相干渉性を持つような微小部分における不純物分布の変化による抵抗の変化 ― によって巨視的な試料における $1/f$ 雑音を説明できるという提案をした．

8.2 熱浴から放射する粒子の散弾雑音

熱平衡状態にある多粒子系の熱浴（化学ポテンシャル μ，温度の逆数 β）が，"導波路" ― 熱浴の開口部に結合した導管 ― を通じて粒子を外部の自由空間へ放出している状況を考える．熱浴から外部空間への"導波路"の透過係数を T とすると，T は"導波路"内部の障害と，自由空間とのインピーダンス整合の不完全さによって決まる．熱浴の開口部は十分小さく，粒子の放出によって熱浴の平衡状態が乱されることはない．また開口部から"導波路"への粒子の伝播は完全であるように設計されているもの

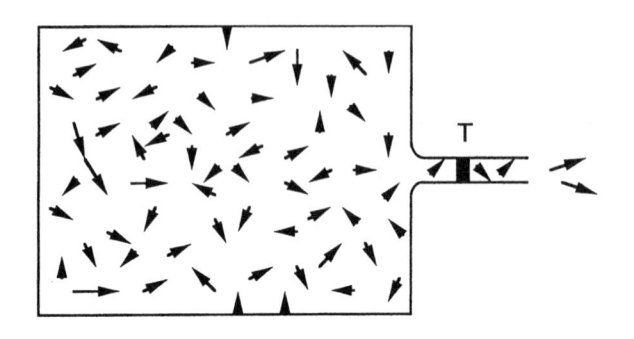

図 8.1 透過率 T の完全に整合した"導波路"を介した,熱平衡状態の熱浴から外部の自由空間への粒子の放出.

とする.図 8.1 に概略を示す.簡単のために"導波路"は単一のチャネルを持つものとする.多チャネルへの一般化は第 5 章の議論と似たもので難しくない.多チャネルへの一般化と,複数の熱浴への一般化については参考文献を参照されたい."導波路"の単位長さ,単位エネルギーあたりの状態密度(放出方向)を $n_1(\epsilon)$ とする.Landauer の定式化と同様の仮定によると導管中の外向きの状態は,平衡分布 $\bar{f}(\epsilon)$ に従った粒子の占有が起こる($\bar{f}$ は Fermi もしくは Bose 分布関数を表す).これらの仮定は第 5 章で言及したように"黒体"において Liouville の定理によって具体化されているものである(Landau and Lifshitz 1959, p.178).小さいエネルギー範囲 $\Delta\epsilon$ において,熱浴から導管へ単位時間に放出される粒子数の平均は(式 (8.9) までの一般的な表式は"粒子流"— 単位時間に通過する粒子の数 — を扱う)$I_0 = \nu f$ で,その平均は,

$$\bar{I}_0 = \nu \bar{f}, \quad \nu = v n_1(\epsilon) \Delta\epsilon \tag{8.5}$$

である.v は導管の方向の粒子速度,f はその瞬間における占有分布で $\bar{f}$ はその平均である.質量を持つ粒子の"放出頻度"ν(測定される $\omega/2\pi$ とは無関係)は $\nu = \Delta\epsilon/\pi\hbar$ で与えられる[3].この ν は 1 次元の導管の中の偏光のないフォトンに対しても同じである.ここで I_0 自身と,決められた I_0 の透過に伴うゆらぎの簡単な計算方法を提示することにする(Schwimmer

---

[3] 式 (5.14) 参照."スピン"の縮退のために因子 2 を含める.

and Imry 1994 未出版). I_0 の粒子から,単位時間あたりに正確に I の粒子が障害を通過する確率は次のようになる (I_0 は分布関数 f のゆらぎに伴って,時間に依存してゆらいでいる量であることを再び注意しておく.この平均値が式 (8.5) で与えられる).

$$P_{I_0}(I) = \begin{pmatrix} I_0 \\ I \end{pmatrix} T^I (1-T)^{I_0-I} \tag{8.6}$$

これは成功率 T を持つ"独立な"I_0 回の試行において I 回の成功が得られる確率である.平均値と分散(平方偏差)は各試行における値の I_0 倍で与えられる.一回の試行に関する平均値は T,分散は $T(1-T)$ である.

外部へ放出される粒子流の平均は,I_0 の確率を $P(I_0)$ とおいて,

$$\bar{I} = \sum_{I_0=0}^{\infty} P(I_0) \sum_{I=1}^{I_0} I P_{I_0}(I) = \sum_{I_0} P(I_0) T I_0 = T \bar{I}_0 = \nu \bar{f} T \tag{8.7}$$

と表される.ゆらぎ $\overline{\Delta I^2} = \overline{I^2} - \bar{I}^2$ を計算しよう.$\overline{I^2}$ は,

$$\overline{I^2} = \sum_{I_0} P(I_0) \sum_I I^2 P_{I_0}(I) = \sum_{I_0} P(I_0) \left[(TI_0)^2 + I_0 T(1-T) \right] \tag{8.8}$$

である.上式では先に言及したように二項分布 (8.6) の分散が $I_0 T(1-T)$ であることを用いた.ここで $\overline{I_0^2} = \sum_{I_0} P(I_0) \cdot I_0^2 = \bar{I}_0^2 + \sum_{I_0} P(I_0) \overline{\Delta I_0^2} = \bar{I}_0^2 + \nu \bar{f}(1 \mp \bar{f})$ の関係が必要である.最後の等式を得るために,Fermi 粒子(複号上側)および Bose 粒子(複号下側)の f の分散が $\bar{f}(1 \mp \bar{f})$ になるというよく知られた結果 (Landau and Lifshitz 1959) と,頻度 ν の放出は独立であるという仮定を用いた.これを式 (8.8) に代入して単位時間あたりの粒子流のゆらぎを求めると次のようになる.

$$\overline{\Delta I^2} = T^2 \nu \bar{f}(1 \mp \bar{f}) + \nu \bar{f} T(1-T) = \nu \bar{f} T(1 \mp \bar{f} T) \tag{8.9}$$

この式は"最終的に放出される状態あたりの粒子流のゆらぎが,通常の Fermi／Bose 統計のゆらぎによって与えられる"という物理的に単純な意味を持つ.放出方向の状態に関して $\bar{f}T(1 \mp \bar{f}T)$ となっている.

Hanbury-Brown and Twiss 1956 によるフォトンの相関実験(教育的な解説としては,たとえば Baym 1969, p.431),すなわちフォトン検出器に

よって測定される光源からの $T=1$ の放出の強度ゆらぎの測定結果は，古典的な独立事象を仮定した結果 $\nu\bar{f}$ よりも大きく $\nu\bar{f}(1+\bar{f})$ であった．この結果は Landau and Lifshitz 1959 の 112.7 節に，Einstein の 1909 年の仕事に関係付けて言及してある．我々は光源から検出器への透過率 T によって，状態あたりに観測される平均 $\bar{f}T$ を通じて結果が変更されることを，式 (8.9) から明瞭に理解することができる．

 Martin and Landauer 1992 および Murphy 1992（未出版）の興味深い提案に基づき，$f=1$ でゆらぎを持たない電子線を 2 本の電子線に分けたときに各々の電子線が実効的に $\bar{f}=1/2$ となり，最大 $T\bar{f}(1-T\bar{f})$ のゆらぎを持つ状況を考えよう．これらのゆらぎは最初の電子線がゆらぎを持たないこととの整合性から，完全な反相関の関係を持つ．これは Hanbury and Twiss の 2 検出器の実験に対応した Fermi 粒子の実験である．

 絶対零度の電子に関して，電圧 V によって単位時間あたりに放出された電荷流の散弾雑音ゆらぎは，上述のように $eV/\Delta\epsilon$ の独立な寄与を足しあわせることによって得られる．

$$\overline{\Delta I^2} = e^2(eV/\Delta\epsilon)\nu T(1-T) = eVG(1-T) = e\bar{I}(1-T) \quad (8.10)$$

これは古典的な結果 (8.4) に $(1-T)$ を掛けたものと等価である．この最も単純な散弾雑音は $T=0$ および $T=1$ で "ゼロになる"．絶対零度になるとこれらの 2 つの極限において，透過過程が確率的な性質を持たなくなるのである．任意の T に対するゆらぎの式 (8.10) は多チャネルの場合にも簡単に一般化できるものであり，これは Khlus 1987 や Lesovik 1989 によって最初に導出された（Yurke and Kochanski 1990, Büttiker 1990 も参照）．バリスティックな量子ポイントコンタクトのようにコンダクタンスが量子化されてステップ状に変化する時，散弾雑音はステップ間の遷移のところで最大になる．そのとき $0<T<1$ のチャネルだけが開く．式 (8.8)-(8.9) に示したゆらぎはすべて "2 つの独立な理由" によって起こる．それは粒子源における各状態の占有個数のゆらぎと，平均的透過 T に対する統計的ゆらぎである．明らかに入射してくる各粒子は，透過するかしないかのどちらかの結果を与える．このような見方は式 (8.9) の新たな解釈をもたらす．頻度 ν の "独立" な各事象の "成功率" は $\bar{f}T$ で，分散

は $\bar{f}T(1-\bar{f}T)$ である．これに ν を掛けることで式 (8.9) が得られる．式 (8.7)-(8.9) の短い導出は，よく知られた確率論の結果の導出に相当する．

上記の扱いによって Fermi 粒子性もしくは Bose 粒子性の現れる様子が明らかになり，直接 Hanbury-Brown and Twiss の結果を理解することができる．さらに詳しい説明のある文献は Beenakker and van Houten 1991b, Büttiker 1992a, b, Chen and Ting 1992, Hershfield 1992, Davies et al. 1992, Shimizu et al. 1992, Landauer and Martin 1992, Martin and Landauer 1992, de Jong and Beenakker 1992, 1994, Levitov and Lesovik 1993, Landauer 1993, 1995, Ueda and Shimizu 1993, Gurevich and Rudin 1996 などである．Landauer は最後の文献において，L_ϕ よりも大きい試料では散弾雑音が減衰し，巨視的極限でゼロになる様子を論じた．これは第 5 章で行ったように，試料を局所的に干渉性が保持される多くの部分に仮想的に分割して考えることによって理解できる．Beenakker and Büttiker 1992 および Nagaev 1992 は拡散的で干渉性を持つ擬 1 次元導電体の散弾雑音が普遍的に因子 1/3 で修正されることを見いだした．これは透過の固有値がほとんど 0 か 1 であることに基づく計算によっている（Dorokhov 1984, Imry 1986a, b, Pendry et al. 1992）．関連した実験については Li et al. 1990a, b, Kil et al. 1990, Washburn et al. 1991, Liefrink et al. 1994a, b を見られたい．量子ポイントコンタクトにおける散弾雑音の低下は Reznikov et al. 1995 によって明瞭に観測された．Coulomb 相関による小さい透過率での新しいタイプのゆらぎの減少が，これらの著者や Birk et al. 1995 によって発見された．低周波における振舞いが Kumar et al. 1996 によって調べられている．

8.3 粒子溜めの熱ゆらぎの効果：熱平衡の極限

粒子源から出た粒子が真空中に放出される代わりに第 2 の"粒子溜め"に入るものとすると，2 つの新たな効果が予想される．第 1 に，粒子の量子性（Bose 粒子性もしくは Fermi 粒子性）によって，粒子流のゆらぎは"それぞれの終状態の占有個数"にも依存する．終状態におけるゆらぎも

また雑音の原因になるのである[4]．第2に，粒子溜めから粒子源への逆方向の放出も起こり得る．この効果は粒子源と粒子溜めの役割を逆に扱うことによって得られる．粒子源と粒子溜めは干渉性を持たず（第5章），これらの2つの寄与は近似的に加算される．

終状態の占有個数の効果は透過係数 T に $(1\mp f')$ を掛けることによって与えられる．f' は電子溜め内の決められたエネルギー状態の占有個数である．散乱体と粒子溜めをつなぐ"導波路"部分における Fermi 粒子の相関の効果を Martin and Landauer 1992 が波束の描像に基づいて議論している．以下に示す取り扱いは彼らの議論と等価なものである．Muzykantskii and Khmelnitskii 1994 も参照されたい．

簡単のため Fermi 粒子に限定して粒子流とそのゆらぎの計算を示すことにする．各状態によって運ばれる電流 I_1 は以下のようにして得られる．左側にひとつの電子，右側にひとつの正孔があるものとすると（$f_l \equiv 1$, $f^1 \equiv f_r = 0$）左から右へ電子が透過する確率は T で，電流は $ev_F T/L$ と与えられる．L は"導波路"の長さで，左側から来る電子が散乱体に当たる頻度は v_F/L となる．$f_l = 0$ で $f_r = 1$ なら $I_1 = -ev_F T/L$ である．$f_l = f_r = 0$ もしくは $f_l = f_r = 1$ なら $I_1 = 0$ である．一般の I_1 は次式で与えられる．

$$T\frac{v_F}{L}[f_l(1-f_r) - f_r(1-f_l)] = T\frac{v_F}{L}(f_l - f_r)$$

エネルギー区間 $d\epsilon$ のすべての状態にある電子が散乱体に衝突する総頻度は $v_F n_1(\epsilon) d\epsilon = \nu$ である（式 (8.5) 参照）．各々の衝突試行で電子が右側へ透過する確率は $x_+ \equiv f_l(1-f_r)T$ であり，左側へ透過する確率は $x_- = f_r(1-f_l)T$ である．透過が起こらない確率は $1 - x_- - x_+$ である．

右側への透過確率 x_+，左側への透過確率 x_- は，各"事象"についてのものであり，単位時間内に ν 回の独立な事象が繰り返される．各々の事象による右側への正味の平均電流は $x_+ - x_-$ であり，その電流の自乗平均

---

[4]占有個数のゆらぎは相殺し合うため，通常の（平均粒子流の）輸送特性に影響しないことは興味深い．第5章参照．しかし（この後の式 (8.11) と (8.12) の比較から分かるように）このゆらぎは電流の"ゆらぎ"には影響するのである！Landauer 1993, 1995 はこの点を強調した．

は $x_+ + x_-$ である．したがって $d\epsilon$ の範囲で単位時間に流れる平均電流は，

$$\bar{I} = \nu T (f_l - f_r) \tag{8.11}$$

となる．電流値の分散は $\nu(x_+ + x_-) - \nu(x_+ - x_-)^2$ となるので，

$$\overline{\Delta I^2} = \nu T \left[f_l(1 - f_r) + f_r(1 - f_l) \right] - \nu T^2 (f_l - f_r)^2 \tag{8.12}$$

である．これが"Fermi 粒子の電流ゆらぎの主要な結果"である[5]．この結果を更に明確に理解するため，別の方法で式を導出し，右向きおよび左向きの近似的な分布関数の形を見いだすことにする．単位時間あたりに n_+ 回右へ行き，n_- 回左へ行く確率は三項分布によって与えられる．

$$P_\nu(n_+, n_-) = \frac{\nu!}{n_+! n_-! (\nu - n_+ - n_-)!} x_+^{n_+} x_-^{n_-} (1 - x_+ - x_-)^{1 - n_+ - n_-} \tag{8.13}$$

これは式 (8.6) の二項分布の単純な一般化である．ここで ν が大きい場合に適用できる Gauss 近似を利用する．$\ln P_\nu$ を $\bar{n}_+$ と $\bar{n}_-$ における最大値 ($n_\pm = \bar{n}_\pm + \delta_\pm$) の近傍で展開して適当な計算を施すと，大きい ν に対し P_ν は 2 変数の Gauss 分布に近似される．

$$P_\nu(n_+, n_-) = \tilde{N} \exp \left\{ -\frac{1}{2\nu} \left[\frac{\delta_+^2}{x_+} + \frac{\delta_-^2}{x_-} + \frac{(\delta_+ + \delta_-)^2}{1 - x_+ - x_-} \right] \right\} \tag{8.14}$$

$\tilde{N}$ は規格化因子であり，また予想されるように $\bar{n}_\pm = \nu x_\pm$ である．各種のゆらぎ $\overline{\delta_\pm^2}$, $\overline{\delta_+ \delta_-}$ は式 (8.14) の指数から簡単に決まる（たとえば Landau and Lifshitz 1959）．これらの結果と Gauss 近似に対する更に高次の積率などは式 (8.13) から母関数法を用いて直接得ることができる（Levitov and Lesovik 1993）．このような基礎的な評価によって $\nu \to \infty$ において I の分布が Gauss 関数になり式 (8.12) と一致することが分かる．

$$\overline{\Delta I^2} = \nu \left[x_+ + x_- - (x_- - x_+)^2 \right]$$
$$\to \nu \left\{ T \left[f_l(1 \mp f_r) + f_r(1 \mp f_l) \right] \mp T^2 (f_l - f_r)^2 \right\} \tag{8.15}$$

---

[5] 等価な表式として $\overline{\Delta I^2} = \nu T \left[f_l(1 - f_l) + f_r(1 - f_r) + (1 - T)(f_l - f_r)^2 \right]$ と書くこともできる．この式は Büttiker 1992b によって与えられた．

最後の式が一般的な"結論"となるが，ここでは特別なモデル（Schwimmer and Imry 1994 未出版）に基づく複雑な計算から得られる Bose 粒子系の結果も併せて示してある（下側の符号）．式 (8.15) の最後の項における符号 $\mp$ は驚くべきものに思われるかもしれないが，これは式 (8.9) における最後の符号 $\mp$ の項の自然な一般化になっている（Büttiker 1992b 参照）．

確認のために平衡状態 $\bar{f}_l = \bar{f}_r = \bar{f}$ の場合を見てみる．

$$\overline{\Delta I_{eq}^2} = 2\nu\bar{f}(1\mp\bar{f})T = \frac{2\Delta\epsilon e^2}{\pi\hbar}\bar{f}(1\mp\bar{f})T = 2G\Delta\epsilon\bar{f}(1\mp\bar{f}) \quad (8.16)$$

Fermi 粒子については $d\bar{f}/d\epsilon = -\beta\bar{f}(1-\bar{f})$ で，エネルギー積分を施すと，

$$\overline{\Delta I_{eq}^2} = \frac{2G}{\beta} \quad (8.17)$$

という Nyquist-Johnson の結果が得られる．散弾雑音から熱平衡雑音を得るこのような概念は，Landauer 1989a, 1993 によって提示された．但しここでは静的な極限（$\omega \ll 1/\tau^*$）だけを扱ったことに注意されたい．

右側の"粒子溜め"が実効的に真空ならば（たとえば Fermi 粒子で $\mu_r \to -\infty, f_r \to 0$ or $\beta(\epsilon - \mu_r) \gg 1$）式 (8.13) から次式が得られる．

$$\overline{\Delta I^2} = \nu T\bar{f}_l(1\mp T\bar{f}_l) \quad (8.18)$$

これは式 (8.9) の最も単純な散弾雑音の結果と一致する．式 (8.15) は熱平衡雑音と散弾雑音を両方含んだ，低周波ゆらぎの最も一般的な式である．粒子源と粒子溜めの占有確率と，"障害"を透過する粒子の離散性を反映したゆらぎの基本的な取り扱いから，完全に上記の結果が得られることをここで強調しておく．前者は粒子の Fermi 粒子性もしくは Bose 粒子性によって決まる（$f \ll 1$ もしくは $T \ll 1$ で古典的極限に近づく）．後者は障害や不規則性を持つ導電体を粒子が透過する際の確率的な性質に起因するものである．

我々は熱平衡雑音と非平衡散弾雑音を両方とも Landauer の描像に基づいて考察したが，この結果は離散的な電荷の輸送が関与するいろいろな状況に適用することができる．例としてコンダクタンスが式 (2.19) で与えられるようなトンネル接合を考えてみよう．2 つの巨視的な電極が次の"遷

移ハミルトニアン"によって弱く結合しているものとする（電極間のコンダクタンスが $e^2/\hbar$ より十分小さいことが弱結合の十分条件となる）．

$$\mathcal{H}_T = \sum_{l,r} \left(t c_r^\dagger c_l + t^* c_l^\dagger c_r \right) \tag{8.19}$$

$c_{l,r}^\dagger$ と $c_{l,r}$ は左側 (l) もしくは右側 (r) の電極における電子の生成演算子と消滅演算子で，t は第5章で扱った遷移行列要素である．与えられたエネルギー ϵ の下で状態 (l,r) を考えよう．左の電極の電子数演算子 $\hat{n}_l = c_l^\dagger c_l$ とハミルトニアンの交換子を作り，$\dot{n}_l = \hat{I}_1$ を考慮すると，左の電極 l に入る電子流の演算子は次のようになる．

$$\hat{I}_1 = (i/\hbar) \left(t c_r^\dagger c_l - t^* c_l^\dagger c_r \right) \tag{8.20}$$

これにより直ちに次式が得られる．

$$\overline{\hat{I}_1^2} = \frac{|t|^2}{\hbar} \left[\bar{f}_r(1-\bar{f}_l) + \bar{f}_l(1-\bar{f}_r) \right] \tag{8.21}$$

非平衡状態で I_1 の分散を求めるときには，式 (2.19) から与えられる $|t|^2$ のオーダーの平均電流も考慮されなければならない．

8.4 低周波の $1/f$ 雑音

試料に電流を流して電圧雑音を測定すると，低周波ではおおむね周波数の逆数の冪に従う雑音が支配的になる．この指数は1に近いことが多い．白色雑音（周波数依存性を持たない雑音）とは異なるこの雑音のことを"$1/f$ 雑音"もしくは単に低周波雑音と呼ぶ．この雑音は普遍的に存在するため，低周波における"白色の"散弾雑音を観測することは難しい．$1/f$ 雑音の強度が"直流電流の平方に比例する"ことはすぐに理解できる．一般的な表式（Hooge 1969）として，

$$\overline{\Delta V^2(\omega)} = \gamma \frac{V^2}{N_e f} \tag{8.22}$$

という関係が成り立つ．N_e は荷電キャリヤの総数で，係数 γ は典型的に $\sim 10^{-3}$ である．$1/f$ 雑音は緩慢な抵抗の変動によるものと解釈されてい

る．抵抗値の時間変動は定常電流の下で電圧ゆらぎを生じる．したがって 1/f 雑音は Johnson-Nyquist 雑音のゆらぎとして現れる（Voss and Clarke 1976．彼らは 1/f 雑音の温度－ゆらぎのモデルを提唱している．これはある範囲で成功を収めているが，広く一般に適用できるものではなさそうである）．多くの場合において 1/f 雑音の原因が緩慢な抵抗値のゆらぎであることの証拠が Dutta and Horn 1981 によって与えられている．一方，1/f 雑音の多様性と非普遍性を強調した最近のレビューとしては Weissman 1988 がある．散弾雑音は電流に対して 1 次の依存性を持つので，原理的に 1/f 雑音と区別されることを注意しておく．

多くの系において（Ralls et al. 1984, Farmer et al. 1987, Ralls and Buhrman 1988）コンダクタンスの値は 2 つもしくはそれ以上の局所的に安定な値の間を行き来する（電信雑音：telegraph noise）．これは散乱体となる原子が局所的に安定な 2 つの場所を往復することや，不純物原子がイオン化されたり戻ったり（半導体中のドナーやアクセプタのように）することによるものと理解される．系の中にこのような活性化中心がたくさんあり，各活性中心の 2 状態を分かつエネルギー障壁の値が統計的になめらかな分布を持っている場合に 1/f 雑音が現れることを示すことができる．表面状態も 1/f 雑音に関与する可能性が McWhorter 1957 によって指摘された．この過程による雑音はドーピングによって試料が金属－絶縁体転移に近づいたときに著しく強められることを付け加えておく（Finkelstein and Imry 1992 未出版）．実験的にも Cohen et al. 1992 によって，金属－絶縁体遷移の近傍において非常に大きく，明らかに普遍的な 1/f 雑音の増加現象が観測されている．

抵抗の変化が多くの活性化過程によるものであり，活性化エネルギーがある程度の範囲である程度一様な分布を持てば 1/f 雑音が導かれるという基本概念は容認できるものである（Bernamot 1937）．活性化エネルギー W を持ち，活性化頻度が，

$$\frac{1}{\tau} \sim \frac{1}{\tau_0} e^{-\beta W} \tag{8.23}$$

と与えられる過程が，濃度 n_i（たとえば $n_i \sim 10^{17}/\text{cm}^3$）の "不純物" サイトにおいて生じると考えよう．この過程に伴って ΔR のオーダーの抵

8.4. 低周波の $1/f$ 雑音

変化が起こるものとする. このような活性化エネルギーが W_{min} と W_{max} (これらのエネルギーは典型的に $\sim (10^{-1}-5)$ eV と予想される) の間にほぼ一様に分布していると仮定すると, 角周波数 ω における抵抗変化に $1/\tau \sim \omega$ の関係に従って関与してくるエネルギー障壁は明らかに,

$$W_{\text{eff}} \sim \frac{1}{\beta}|\ln\omega\tau_0| \tag{8.24}$$

のオーダーである (定量的な考察については後の記述を参照). 典型的な数値としては $\tau_0 \sim 10^{-14}$ s, $\omega \sim 1-10^8$ Hz, 室温を想定すると W_{eff} の範囲はおよそ $\frac{1}{2}-1$ eV であり, 周波数と τ_0 への依存性は極めて小さい. 上記の範囲において W の分布は一様であると近似して $P(W) \sim 1/W_0$ とおく (一般には関係する周波数領域の中で W_0 のわずかな変化を仮定してもよい). 式 (8.23) と式 (8.24) から, 特徴的な頻度もしくは周波数の分布が実際に周波数の逆数に依存することが分かる.

$$P(\omega) \sim P(W_{\text{eff}})\frac{dW_{\text{eff}}}{d\omega} \sim \frac{1}{W_0\beta\omega} \tag{8.25}$$

係数 $1/W_0\beta$ は $10^{-3}-10^{-1}$ 程度である.

式 (8.25) を系統的な方法から導くために (Bernamot 1937, Dutta and Horn 1981), まず特徴的な頻度が $1/\tau$ の過程をひとつ考える. この過程は $\exp(-t/\tau)$ で減衰する抵抗の自己相関を生じる. したがって抵抗もしくは測定電圧は次のような雑音スペクトルを持つ.

$$S_W(\omega) = \frac{1/(\tau\pi)}{\omega^2 + (1/\tau)^2} \tag{8.26}$$

添字 W は τ が活性化エネルギー W に依存することを示す. 次に τ に広いスペクトルを持たせて, τ の分布が主として W の分布 $P(W)$ によって決まるものと仮定する. 全雑音のパワーは,

$$S_{tot}(\omega) = \int dW\, S_W(\omega)P(W) \tag{8.27}$$

となる (S_W においては活性化エネルギー W に対応する $1/\tau$ の値が選ばれているものと理解する). 再び大きい有限の ω に関し, 積分範囲の W

は主に式 (8.24) によって決まり，$P(W)$ は $1/W_0$ と近似されるものとしよう（W_0 はエネルギーの次元を持つ定数）．すると，

$$S_W(\omega) = \frac{\tau_0 e^{\beta W}/\pi}{1 + \omega^2 \tau_0^2 e^{2\beta W}}$$

となり，初等的な積分計算から式 (8.25) が得られる．揺動散逸定理（式 (A.16) もしくは式 (8.1) 参照）と式 (8.25) は複素導電率 $\sigma(\omega)$ の虚部が，W が対数的な周波数領域で $P(W)$ に比例することを意味する（Pytte and Imry 1987）．したがって $P(W)$ を定数でない関数に修正すると，式 (8.22) の γ が弱い周波数依存性を持ち，$\sigma(\omega)$ が対数的な周波数依存性を持つようになる．応答関数の一般的な性質は Kramers-Kronig の関係に従う．

適当なエネルギー範囲（式 (8.24)）においても本当は $P(W)$ が ω に依存するため（依存性は弱いにしても），$1/f$ 特性は厳密なものでないことを注意しておく．雑音パワーの全積分は有限でなければならないので，$1/f$ 依存性が $f \to 0$ や $f \to \infty$ に適用できないことは明らかである．従って W が実効的に遮断される上限と下限を持つという便宜的な見方も成立するが，実際の依存性は対数的なので（式 (8.24)）このような見方は本質的なものではない．

着目する緩和過程が試料抵抗にどのように影響するかを直接推定することはほとんど不可能である（例外は金属ガラスにおける"2 準位系"（Ludviksson et al. 1984）である．後で簡単に言及する）．体積もしくは粒子数の逆数（式 (8.22)）には依存するであろうが，更に特殊な機構を考慮する必要がある．驚くべきことにこの問題に関して，おそらく巨視系においてもメソスコピック物理の考え方が役に立つ（Feng et al. 1986）．

完全に干渉性を持ったメソスコピック系（全方向の寸法 L_i が $L_i \ll L_\phi, L_T$ を満たす）から考察を始めよう．不純な統計集団から 2 つの異なるメソスコピック試料を選ぶとき，コンダクタンス値で $\sim (e^2/\hbar)$，抵抗値で $\sim \bar{R}^2(e^2/\hbar)$ の違いがあることは承知の通りである．したがってコンダクタンスのゆらぎは個々の試料の不純物分布を反映した"指紋"となる（この概念はコンダクタンスの磁場依存性を見る場合にしばしば用いられるが，ここでは磁気コンダクタンスの問題は論じない）．ここで直ちに次の疑問が生じる．試料の"指紋"が完全に変更されて，不純な集団の中の

別の試料に変わってしまい，コンダクタンスに $\sim e^2/\hbar$ 程度の変化が現れるためには，どの程度の不純物分布の変更が必要なのだろうか？

Altshuler and Spivak 1985 や Feng et al. 1986 によってダイヤグラムを用いた完全なコンダクタンスの変化の計算が行われた．金属的な極限 $l \ll L \ll \xi$ では"ひとつの"散乱中心が Fermi 波長程度の距離を移動するだけで"1次元系"には $e^2/\hbar$，"厳密な2次元系"には $e^2/(\hbar k_F l)$ 程度のコンダクタンスの変化が現れる．3次元系では $e^2/\hbar$ の変化が因子 $(k_F^2 lL)^{-1/2}$ によって減じられる．細線や薄膜試料の場合，L は太さや厚さである．これらの結果は物理的に，コンダクタンスと電子の伝播確率の比例関係に基づいて理解することができる．伝播確率は系を通過する古典的な Feynman 径路の和の絶対値の自乗によって与えられる（Argaman 1993 によって定量評価がなされた．未出版）．拡散的な径路の数が $(L/l)^2$ のオーダーであることは簡単に判る．これは2次元系において各径路が多数の散乱体サイトのうち有限の割合のサイトを通過しており，単一の散乱体がそこを通過する径路に位相 2π の変化をもたらすだけで，干渉を大きく変えるのに十分であることを意味している．この傾向は各径路がすべての散乱体サイトを通過する1次元系において更に強くなる．3次元系では各々のサイトを径路が通る確率は l/L だけ小さくなるので，この効果は2次元に比べて $\sqrt{l/L}$ の因子によって弱められることになる．

Feng et al. 1986 によると（Pendry et al. 1986 も参照）上記の事情から $1/f$ 雑音が説明される．干渉性を持つ系では R の変化によって $1/f$ 雑音の係数因子を決める抵抗変化が決まる．上記の機構が巨視的な試料 ($L \gg L_\phi$) においても正当な抵抗変化を与える理由は，コンダクタンスゆらぎが L/L_ϕ に対して比較的弱い冪の依存性を持つことによる（Altshuler and Khmelnitskii 1985, Lee et al. 1987）．このことを物理的に理解する方法は，第2章や第4章で示したように（Imry 1986a, b），大きい試料を仮想的に寸法 L_ϕ の $(L/L_\phi)^d$ 個のブロックに分割して考えればよい．それぞれのブロックの中では干渉性が保持されており，不純物原子の移動に対するコンダクタンスの敏感さもほぼ"コヒーレントな"値（$L_\phi \gg L$ のときの値）を持つ．別のブロックの間に干渉はないので，それぞれのブロックからの寄与を古典的に足し合わせることができる．したがってゆらぎの

自乗に $(L_\phi)^d/\mathrm{Vol}$ が掛かる（式 (8.22) の体積依存性と整合している）．さらに進んだ半定量的な評価のためには，伝導が幅 $k_B T$ のエネルギー領域で起こり，比較の対象となるすべての場合において $k_B T \gtrsim \hbar/\tau_\phi$ となることを念頭におかなければならない[6]．このエネルギー領域における平均化は ΔG^2 に $\hbar/k_B T \tau_\phi$ の冪程度の減少をもたらす（Lee et al. 1987, Altshuler and Khmelnitskii 1985）．したがって不純物の移動によるコンダクタンスの相対変化は最終的に，

$$\frac{(\Delta G)^2}{G^2} = \frac{\Delta G_{coh}^2}{G_{coh}^2} \frac{L_\phi^d}{\mathrm{Vol}} f(\beta\hbar/\tau_\phi) \tag{8.28}$$

と表される．添字 coh は（寸法）$\lesssim L_\phi$ のブロックを対象とすることを意味し，関数 f は引き数が 1 より大きい（小さい）ときに，引き数に対して $O(1)$ となる（比例する）．この見積もりは適当な条件下において，通常の $1/f$ 雑音強度の正しいオーダーを与えることができる．式 (8.26)-(8.28) による描像をコンダクタンスゆらぎのパワースペクトルに変換するには，与えられた τ について $\langle \Delta G(0) \Delta G(\tau) \rangle = \overline{\Delta G^2} e^{-t/\tau}$ と書いて，前と同様に τ（もしくは W）に関する分布の積分を実施すればよい．寸法 L の 3 次元試料で $\overline{\Delta G_{L_\phi}^2} = (Ae^2/\hbar)^2$ とすると，式 (8.22) の中の数値係数となる Hooge パラメーターまでが（$f=1$ として）次式のように与えられる．

$$\gamma \sim \frac{A^2}{k_F l} \frac{L_\phi}{l} \frac{k_B T}{W_0} \tag{8.29}$$

$A \sim 1$ とするには，3 次元で $k_F l \sim 1$ でなければならないが，これは実験結果と近いオーダーである．$k_F l$ がこれより大きくなっても L_ϕ が $k_F l$ とともに増加するため，結果が大きく変わることはない[7]．この概念の一般的な正当性はまだ定量的に裏付けられているわけではないが，多くの状況の説明に有効であるように見える．

これらの概念の更に進んだ応用は金属ガラスに関するもので，低温における特性（音響波の伝播を含む）には 2 準位トンネル系が関与しているものと思われる．$1/f$ に対するこれらの寄与の古典的な理論は Ludviksson

---

[6] Fermi 液体の描像が成立するためには，この不等式が成立しなければならない．

[7] しかし先に言及したように $1/f$ 雑音は金属－絶縁体転移の近傍において，電気的再分布の効果によって増大する．

et al. 1984 によって与えられたが，量子効果も（比較的高温でも）関与している可能性がある（Feng et al. 1986）．またこれと関連した概念がスピングラスについて Altshuler and Spivak 1985 によって与えられているが，ここでは議論しない．

問題

1. この問題は"パワースペクトル"の概念を，具体的な単位周波数範囲における平均雑音パワーとの関係において明瞭に示すことを意図している．この雑音パワーは実験的に測定可能な量である．

   (a) **定義**：信号 $v(t)$ が長い時間 T にわたって測定されることを想定する（簡単のため周期境界条件を仮定するが，これは重要ではない）．$v(t)$ の Fourier 展開は次のように表される．

   $$v(t) = \frac{2\pi}{T} \sum_n v_n e^{2\pi i n t/T} \tag{8.30}$$

   v_n を v_ω（$\omega = 2\pi n/T$, $v_\omega = v_{-\omega}^*$）とも書くことにする．$v_n = (1/2\pi)\int_0^T v(t)e^{2\pi i n t/T}dt$ である．$t \ll T$ における v の相関関数 $K_v(t)$ は $v(t')v(t'+t)$ の平均（集団平均もしくは時刻に関する平均）として定義される．

   $$K_v(t) = \overline{v(t_0)v(t_0+t)} \equiv \frac{1}{T}\int_0^T v(t')v(t'+t)dt' \tag{8.31}$$

   パワースペクトルは次式で定義される．

   $$v_\omega^2 \equiv \frac{1}{2\pi}\int K_v(t)e^{-i\omega t}dt \tag{8.32}$$

   (b) $|f_\omega|^2 = 2\pi T v_\omega^2$（Wiener-Khintchin の定理）を証明せよ．

   (c) 実験的に信号をフィルターに通して周波数 ω の近傍 $\Delta\omega$ の領域の信号を測定する（$\Delta\omega \gg 2\pi/T$ であるが $\Delta\omega$ は小さく，この範囲内で v_ω^2 の変化が無視できるものとする）．フィルター

を通過した信号は次式で表される（$n \in \Delta\omega$ は $(\omega - \Delta\omega/2) < 2\pi n/T < (\omega + \Delta\omega/2)$ を意味する）．

$$v_{\Delta\omega}(t) = \frac{2\pi}{T} \sum_{n \in \Delta\omega} v_n e^{2\pi i n t/T} \qquad (8.33)$$

雑音パワーの平均は，

$$P_{\Delta\omega} = \frac{1}{T} \int_0^T [v_{\Delta\omega}(t)]^2 \, dt \qquad (8.34)$$

である．これが，

$$P_{\Delta\omega} = \left(\frac{2\pi}{T}\right)^2 \sum_{n \in \Delta\omega} |v_n|^2 \qquad (8.35)$$

となることを証明せよ．$\Delta\omega$ の範囲内で許容される ω の数は $T\Delta\omega/2\pi$ なので，(b) を用いると，

$$P_{\Delta\omega} = (2\pi)^2 v_\omega^2 \Delta\omega \qquad (8.36)$$

となる．したがって $(2\pi)^2 v_\omega^2 \Delta\omega$ がこの周波数領域の平均雑音パワーである．$K_v(t)$ が長時間の極限で時間 T に依存しないことに注意せよ．

2. 容量 C のコンデンサと抵抗 R が並列に結合している回路の電圧雑音のパワースペクトルを次の2つの方法で計算せよ．第1の方法はNyquist の定理の適用である．第2の方法としてはコンデンサ電圧の熱力学的ゆらぎに着目し，R が周波数スケールを決めているものと見なす．$\omega RC \gg 1$ と $\omega RC \ll 1$ の2つの極限について物理的に議論せよ．

3. 式 (8.29) を導出せよ．

第9章　結言

　前章まででメソスコピック系に現れる多くの興味深い現象を概観してきた．実験に用いる微細な試料とその作製方法を簡単に第1章で紹介し，Anderson 局在による電気特性の修正を第2章で考察した．局在現象は量子干渉が（巨視的な試料においてさえ）重要な効果をもたらす最初の例となっている．第3章では非弾性散乱によって波動関数の相対位相の不確定性が生じて干渉性が消失する一般的な原理を論じ，よく知られた散逸応答関数から非弾性散乱頻度を推定する方法を示した．この方法の応用例として，拡散的な系の電子－電子散乱による位相緩和を考察した．

　第4章では平衡系の性質として磁場下でのメソスコピック系の応答を主に取り上げ，Aharonov-Bohm（AB）磁束に伴うリングの永久電流を論じた．電流の絶対的な安定性を強調した物理的議論を行い，相互作用のない電子系による永久電流の大きさを見積もった．永久電流は，純粋にメソスコピックな効果と，不純な集団に関する平均化の結果として得られる効果の違いを端的に示す実例となっている．不純な集団の平均化が起こる場合には磁場周期が半減し，磁束が変わる際に電子数や化学ポテンシャルが定数に保たれるかどうかといった条件も結果に影響する．実験的に観測されている永久電流は上記の見積もりよりもかなり大きいので，電子間相互作用を正しく考慮する必要があるものと考えられる．相互作用の効果を，一般的な正当性を持つ局所的電荷中性の概念（第5章にも応用例が見られる）に基づいて考慮し，永久電流の大きさを説明する方法が提示されているが，現段階では仮説の域を出ておらず，完全な理論的方法の確立が待たれるところである．

　現在メソスコピック物理において最も関心が持たれている輸送の問題を第5章で扱った．まず基本的なパラダイムとして2端子および4端子試料

に対する Landauer 公式を導入した．応用例としてバリスティックな"ポイントコンタクト"におけるコンダクタンスの量子化，複数の抵抗を直列結合した系に現れる1次元および擬1次元系の局在現象，抵抗の並列結合と，h/e の磁束周期を持つリング形抵抗体の AB 振動などを取り上げた．AB リングは試料固有の効果が現れるよい実例である．しかし一方で集団平均化の効果はリングにおいて，これもよく知られた $h/2e$ の振動を生じる．実験的な観測と試料毎の性質に対する理解によって，再現性のあるコンダクタンスゆらぎの概念が導かれた．2端子試料においてこのゆらぎは普遍的な強度を持つ．普遍コンダクタンスゆらぎを定性的および半定量的に議論し，ランダム行列の普遍性との関係にも言及した．また4端子系を実例としながら Landauer 形式の多端子系への一般化を行った．全端子を相対的に同等に扱うことにより時間反転対称性に基づく正しい Onsager の対称性を導いたが，これは Casimir による一般的な描像とも実験結果とも整合する．

　第6章以降では現在著者が最も興味を惹かれる話題を取り上げており，特に第6章と第7章において Byers-Yang 定理の一般的な理論的枠組みに基づいた独自の観点を強調してある．第6章は量子 Hall 効果の概説である．整数量子 Hall 効果の理解に必要な，不規則性を持つ2次元電子系の強磁場下の振舞いを議論し，また占有率 1/3 の状態において 1/3 の分数量子 Hall 効果を生じる Laughlin の描像の概略を述べた．新奇で刺激的な"複合 Fermi 粒子"の概念と，占有率 1/2 の状態の特別な役割にも言及した．

　第7章では超伝導体と常伝導－超伝導（NS）接合におけるメソスコピックな効果を紹介した．ゆらぎのために長距離秩序が保持されない超伝導体においてもある程度の超伝導性は残ることを論じた．それから2つの超伝導体の間で常伝導体部分を介して位相情報のやり取りが行われる興味深いモードについて概説した．ここで主要な役割を担う機構は NS 界面における電子と正孔の Andreev 反射である．常伝導体部分が位相干渉長 L_ϕ に比べて長すぎないならば，常伝導体を介して超伝導電流を流すことができる．SNS 接合の超伝導電流と，常伝導リングの永久電流との対応関係を指摘し，NS 接合や SNS 接合の興味深い性質を紹介した．渦糸の力学にも簡単に言及した．

第8章では，熱平衡状態における Johnson-Nyquist 雑音から始めて，雑音現象全般を概説した．電流輸送状態の散弾雑音は"放出側"および"捕獲側"の各電子溜めにおける占有数のゆらぎと，粒子が"障害"を透過する過程の確率的性質によるものとして理解される．個々の電子は透過係数で与えられる確率に従って障害を透過をしたり透過しなかったりすることになり，この確率によってコンダクタンスの時間平均が決まる．また低周波の"$1/f$ 雑音"について，欠陥の移動や荷電状態の変化によるコンダクタンスの離散的な変化を原因とする解釈を強調して概説した．このような抵抗の変化を理解するには，不純物分布の変化に伴う微細部分の"指紋"の変化に基づいた，メソスコピックな機構からの説明が有効かもしれない．驚くべきことにこのようなメソスコピックな機構が，巨視的な系の雑音にも関わっている可能性がある．第6章から第8章では，取り上げた話題にさほど精通していない読者にも理解できるように，物理概念の簡潔な説明を試みた．

　我々は本書においてメソスコピック物理に関するすべての仕事を取り扱ったわけではない．興味深く重要ではあるが，物理的に単純であったり，他に優れたレビューが存在するという理由から本書で取り上げなかった題材も多く存在する．たとえば光学的な効果（Schmitt-Rink et al. 1989），バリスティック領域の性質（Beenakker and van Houten 1991d に優れた記述が見られる），共鳴トンネル（第5章 問題4），Coulomb ブロッケイド（第5章 問題5, Grabert and Devoret 1992, Glattli and Sanquer 1994）などの問題がある．共鳴トンネルにおける Coulomb 効果を単純な近似以上のレベルで考察しようとすると微妙な問題が生じるが，これも本書では論じていない（Imry and Sivan 1994. もうひとつの Fermi 準位の効果を付録 F で議論してある）．容量的な"荷電項"（Anderson 1963）と電荷および磁束の詳細なダイナミクス（Hekking et al. 1994 の中の文献を参照）による Josephson 接合系の量子効果の問題（Likharev 1986）は，量子 Hall 系との類似性の観点からも興味深いものであるが（Ao and Thouless 1994, Stern 1994）本書では扱わなかった．電子と古典的な波動の類似性に関する膨大な仕事（Anderson 1985, Genack et al. 1990, van Haeringen and Lenstra 1991, Pendry and MacKinnon 1992, Sheng

1995) にも言及していない.

　しかし著者としては本書の内容が微視的領域と巨視的領域の中間領域に現れる興味深い物理現象のほぼ十分な紹介になっていると考えたい．表現はいささか表層的になるが，量子物理と統計物理の境界に現れる主要な性質をまとめると次のようになる．

1. 弾性散乱と非弾性散乱は全く異なった性質を持つ．前者は電子の位相をよく定義された状態（複雑なものではあっても）に保つのに対し，後者は位相の不確定性を引き起こし量子干渉を消失させる．

2. 量子干渉効果は L_ϕ 程度の範囲に及び，Anderson 局在，各種の AB 振動やコンダクタンスゆらぎなどの量子論的現象を引き起こす．

3. メソスコピックな試料は同じパラメーターを持つもの同士でも，試料毎の微視的な違いにより，コンダクタンスや軌道磁気応答などの特性に試料間での違い（ゆらぎ）がある．いくつかの種類のゆらぎの大きさは"普遍性"を示すが，これはハミルトニアンや遷移行列などの演算子のスペクトル的な普遍性に関係している．緩和時間のスペクトルも何らかの普遍性を持つことが予想される．

4. L_ϕ 程度に及ぶ常伝導電子の位相干渉によって，超伝導体の秩序の情報を伝達することができる．この知見に基づく常伝導体（半導体も含む）への超伝導近接効果の研究の進展が期待される．

　一般的に言えば単一電子の量子干渉によるメソスコピックな効果は比較的よく理解されている．電荷系と磁束系が複合して相互作用を持つことに起因する多くの新奇な効果が，今後のメソスコピック物理におけるひとつの主要な舞台になるであろう．また物質の基本的な 3 種類の状態 — 絶縁状態，常伝導状態，超伝導状態 — の相互関係は，これまで多くの考察がなされているにもかかわらず，今だに十分理解されているとは言い難い．磁気秩序に伴って生じる複雑な問題を除外しても，この問題に対する理解は現状では不十分なものである．メソスコピック物理がこの問題の解明に向けて大きく貢献するであろうことは明らかである．

実際の電子デバイスの微細化傾向によって微細化技術にもますます拍車がかかっており，今後もナノスケールにむけて進展を続けるであろう微細化技術もまたメソスコピック物理への基本的な寄与をもたらすものと予想される．このような成果は最終的に電子デバイス技術に発展をもたらす知見としてフィードバックされるであろう．現在提案されている多くのメソスコピックデバイスの概念がすべて実際に利用されると言うつもりはないが，少なくとも電子デバイスの寸法が今より 1/2 倍から一桁程度縮小されると，量子的な効果が不可避的に液体窒素温度にまで現れるようになる[1]．そうなると電気伝導を用いる技術ゲームのルールは変更され，量子干渉効果や Coulomb エネルギー現象に基礎をおくデバイス概念が一般化されるものと思われる．現在のデバイス概念とその延長路線への根強い信奉に対する Landauer 1989b, 1990a や Moore 1993 の批評はまさに適切なものであり，我々はエレクトロニクス技術者がメソスコピック物理を，おそらくは超伝導物理とともに習得しなければならない時代が遠からず来ると信じている．つい 30-40 年前までは量子力学も半導体物性もエレクトロニクスの教育課程に標準的に含まれるものではなかったのである！STM 関連技術も急速に進展を続け，分子レベルの寸法を持つデバイスを作製する道を開いてゆくであろう．このようにしてメソスコピック領域の"下限"に到達したとき，そこには更に多くの発見が待ち受けているものと思われる．

---

[1] 分子レベルまで試料の縮小が進むと，量子的な効果は室温でも現れるようになる．このような試料も AFM-STM 技術による人工的な作製が可能になりつつある．また適当な条件下でこのような試料を自生させることができる例もある（Costa-Krämer et al. 1995 など）．

付　録

A　久保の線形応答理論

まず時間依存しないハミルトニアン $\mathcal{H}$ によって決まっている基底状態 $|g\rangle$ の，摂動に対する線形応答の定式化を示す．一般的な参考書としては Nozières 1963 が優れている．摂動を振動数 ω の単色振動としても一般性を失わないので η を無限小の正数として摂動項を，

$$\mathcal{H}^{ex} = \lim_{\eta \to 0} \lambda e^{-i\omega t} \hat{A} e^{\eta t} \tag{A.1}$$

と書く．初めに $\mathcal{H}$ に関する Heisenberg 表示（すなわち相互作用表示）を採用する．時間に依存する摂動論によると（たとえば Fetter and Walecka 1971, p.173），演算子 B の期待値 $\langle B \rangle$ の摂動による変更は次式で表される．

$$\begin{aligned}\delta\langle B(t)\rangle &= \frac{i}{\hbar}\int_{-\infty}^{t} dt' \langle g|[\mathcal{H}_H^{ex}(t'), B_H(t)]|g\rangle \\ &= \frac{i}{\hbar}\int_{-\infty}^{t} dt' \sum_n \{\langle g|\mathcal{H}_H^{ex}|n\rangle\langle n|B_H|g\rangle - \langle g|B_H|n\rangle\langle n|\mathcal{H}_H^{ex}|g\rangle\}\end{aligned} \tag{A.2}$$

$|n\rangle$ は $\mathcal{H}$ の固有状態（完全系をなす）であり，添字 H は $\mathcal{H}$ に関する Heisenberg 表示を意味する．Schrödinger 表示（演算子に添字を付けない）に移行すると，$\hbar\omega_{ij} = E_i - E_j$，$\langle g|A_H|n\rangle = e^{i\omega_{gn}t}\langle g|A|n\rangle$ などの関係から，単色の応答 $\delta B(t) = \delta B_\omega e^{i\omega t}$ が得られる．

$$\delta B_\omega = \lim_{\eta \to 0} \frac{\lambda}{\hbar} \sum_n \left\{ -\frac{\langle g|A|n\rangle\langle n|B|g\rangle}{\omega + \omega_{ng} + i\eta} + \frac{\langle g|B|n\rangle\langle n|A|g\rangle}{\omega - \omega_{ng} + i\eta} \right\} \tag{A.3}$$

応答関数は $\delta B_\omega = \chi_{BA}(\omega)\lambda$ によって定義されるので，A に対する B の応答は次のように書かれる†．

$$\chi_{BA}(\omega) = \lim_{\eta \to 0} \frac{1}{\hbar} \left\{ -\frac{A_{gn}B_{ng}}{\omega + \omega_{ng} + i\eta} + \frac{B_{gn}A_{ng}}{\omega - \omega_{ng} + i\eta} \right\} \quad (A.4)$$

これをまず分極率 $\chi_{\beta\alpha}$ に適用してみる．分極率は摂動ハミルトニアン eEx^α で表される α 方向の単位強度の電場によって誘起される双極子能率 ex^β として与えられる．α と β は直交座標軸を指定する添字である．系内に電荷 e の荷電粒子を想定する．

$$\chi_{\beta\alpha}(\omega) = \lim_{\eta \to 0} \frac{e^2}{\hbar} \left\{ -\frac{x_{gn}^\alpha x_{ng}^\beta}{\omega + \omega_{ng} + i\eta} + \frac{x_{gn}^\beta x_{ng}^\alpha}{\omega - \omega_{ng} + i\eta} \right\} \quad (A.5)$$

複素誘電率は $1 + 4\pi\chi(\omega)$ であり，その虚部は，導電率の実部を $\sigma_r(\omega)$ とすると $4\pi\sigma_r(\omega)/\omega$ である．複素導電率は次式で与えられる（E をベクトルポテンシャルで表し，電流を計算してもこれと等価な式が得られる）．

$$-\sigma_{\beta\alpha}(\omega) = \lim_{\eta \to 0} \frac{e^2 i\omega}{\hbar} \sum_n \left\{ -\frac{x_{gn}^\alpha x_{ng}^\beta}{\omega + \omega_{ng} + i\eta} + \frac{x_{gn}^\beta x_{ng}^\alpha}{\omega - \omega_{ng} + i\eta} \right\} \quad (A.6)$$

特に，

$$\mathrm{Re}\,\sigma_{\beta\alpha}(\omega) = \frac{\omega e^2 \pi}{\hbar} \sum_n \left\{ \delta(\omega + \omega_{ng}) x_{gn}^\alpha x_{ng}^\beta - \delta(\omega - \omega_{ng}) x_{gn}^\beta x_{ng}^\alpha \right\} \quad (A.7)$$

である．デルタ関数を Fourier 変換の形で表し，式 (A.2) から式 (A.3) への操作と逆の操作を施すと（van Hove 1954），導電率を交換子相関関数の Fourier 変換で表すことができる．

$$\begin{aligned}\mathrm{Re}\,\sigma_{\beta\alpha}(\omega) &= \frac{\omega e^2}{2\hbar} \int_{-\infty}^\infty dt \langle g|[x^\alpha(0), x^\beta(t)]|g\rangle e^{-i\omega t} \\ &\xrightarrow[\text{finite } T]{} \frac{\omega e^2}{2\hbar} \int_{-\infty}^\infty dt \langle [x^\alpha(0), x^\beta(t)]\rangle_T e^{-i\omega t}\end{aligned} \quad (A.8)$$

式 (A.8) の最後の式は，その前の式の基底状態での平均量を有限温度の平均 $\langle\ \rangle_T$ に置き換えて一般化したものである．熱平衡状態では詳細つり

---

† (訳注) 線形応答理論に基づく応答関数の一般式を "久保公式" とするなら，本書では式 (A.4) が久保公式にあたる．しかし線形応理論の中のどの式を "久保公式" と呼ぶかは一般に曖昧で，この述語の扱い方は文献によってまちまちである．

あいの関係，すなわち式 (A.8) における $x^\beta x^\alpha$ と $x^\alpha x^\beta$ の項の比 $e^{-\beta\hbar\omega}$ ($\beta = 1/k_B T$) を簡単に得ることができるので"揺動散逸定理"が導かれる．

$$\text{Re } \sigma_{\beta\alpha}(\omega) = \frac{e^2 \omega \pi}{\hbar} S_{\beta\alpha}(\omega)[1 - e^{-\beta\hbar\omega}] \quad (A.9)$$

ここで（P_g を状態 g の熱的重みとすると），

$$S_{\beta\alpha}(\omega) = \int_{-\infty}^{\infty} dt \langle x^\alpha(0) x^\beta(t) \rangle e^{i\omega t} = \sum_{g,n} x_{gn}^\alpha x_{ng}^\beta \delta(\omega - \omega_{ng}) P_g \quad (A.10)$$

である．式 (A.9) は熱平衡ゆらぎにおける相関と散逸応答の関係を表す有用な一般式で，動的な場合にも適用できる．

最も関心が持たれるのは演算子 A および B が粒子密度の Fourier 変換 n_{-q} および n_q の場合（$n_q = \sum_j e^{-iq \cdot r_j}$）である．このときの S は動的構造因子と呼ばれ，次式で表される．

$$\begin{aligned} S(q, \omega) &= \sum_{g,n} |\langle g|n_q|n \rangle|^2 \delta(\omega - \omega_{ng}) P_g \\ &= \frac{1}{2\pi} \int_{-\infty}^{\infty} dt \langle n_{-q}(0) n_q(t) \rangle e^{-i\omega t} \end{aligned} \quad (A.11)$$

$S(q, \omega)$ は系に粒子を入射したときの，運動量遷移 $\hbar q$，エネルギー遷移 $\hbar\omega$ を伴う非弾性散乱の断面積に関する Born 近似に比例している（van Hove 1954）．有限温度 T における詳細つりあいの関係は，

$$S(q, -\omega) = e^{-\beta\hbar\omega} S(q, \omega) \quad (A.12)$$

である．揺動散逸定理によって（Landau and Lifshitz 1959, Lifshitz and Pitaevskii 1980 参照）$S(q, \omega)$ を系の誘電関数の逆数の虚部に正確に関係づけることができる．q および ω について，

$$\text{Im} \frac{1}{\epsilon(q, \omega)} = \frac{4\pi^2 e^2}{\hbar q^2} S(q, \omega)[1 - e^{-\beta\hbar\omega}] \quad (A.13)$$

となる（Coulomb 相互作用の Fourier 変換は $4\pi e^2/q^2$ である）．

式 (A.9) の揺動散逸定理を通常の形に直すために，$v = \dot{x}$ と x の行列要素の関係を用いる．式 (A.10) のデルタ関数によって $\omega_{ng} = \omega$ となるので，

$k_B T \gg \hbar\omega$ において,

$$\text{Re } \sigma_{xx}(\omega) = \frac{e^2}{2k_B T} \int_{-\infty}^{\infty} dt \langle v^x(0) v^x(t)\rangle e^{i\omega t} \qquad (A.14)$$

である. $\langle v^x(0) v^x(t)\rangle$ を $S_v(\omega)$ — v のパワースペクトル(スペクトル密度:spectral density とも呼ぶ) — で書くと次式が得られる(たとえば Reif 1965, 15.15-16 節を参照).

$$\frac{1}{\text{Vol}} e^2 S_v(\omega) = \frac{k_B T}{\pi} \sigma(\omega) \qquad (A.15)$$

ここでは体積の因子をあらわに示した(式 (A.15) の前までは体積を 1 とおいてある).

長さ L の系の中で速度 v の 1 電子が担う電流が ev/L であることを念頭に置くと,上式は電流雑音スペクトルとコンダクタンスの間の,有名な Nyquist-Johnson の関係式と等価である.一般の $\hbar\omega$ と $k_B T$ の関係の下では,

$$e^2 S_v(\omega) = \frac{\text{Vol } \hbar\omega}{\pi} \left(\frac{1}{2} + \frac{1}{e^{\beta\hbar\omega} - 1} \right) \sigma(\omega) \qquad (A.16)$$

であり,

$$S_I(\omega) = \frac{\hbar\omega}{2\pi} G(\omega) \coth\left(\frac{\beta\hbar\omega}{2}\right) \qquad (A.17)$$

となる.ここでは時間反転に関して不変な $\sigma(\omega) = \sigma(-\omega)$ の系だけを対象としている.

B 久保-Greenwood の公式と Edwards-Thouless の関係

式 (A.7) の中の x の行列要素を,たとえば正の ω の $\omega = \omega_{ng}$ などに注意しながら v の行列要素を用いて書くと(しかし微妙な問題があることも念頭におく),低周波の実導電率 σ_{xx} は,

$$\text{Re } \sigma(\omega) = \frac{\pi e^2}{\text{Vol } \hbar\omega} \sum_n |v_{gn}|^2 \delta(\omega - \omega_{ng}) \qquad (B.1)$$

と表される.座標の添字 x は省いた.相互作用のない準粒子系の素励起は電子−正孔対の励起であり,正孔は E_F と $E_F - \hbar\omega$ の間の任意のエネ

ギーに生成する．この狭いエネルギー範囲で $|v_{gn}|^2$ を平均値 $\overline{v^2}$ に置き換えると次式が得られる．

$$\text{Re}\,\sigma(\omega \to 0) = \frac{\pi e^2 \hbar}{\text{Vol}} \overline{v^2}[N(0)]^2 \tag{B.2}$$

$N(0)$ は単位エネルギーあたりの状態密度，Vol は系の体積で，$N(0) = n(0) \cdot \text{Vol}$ である[†]．この式は久保－Greenwood の公式と呼ばれる．この公式は実効的にスペクトルが連続的な巨視的な系に対してのみ適用可能であることに注意されたい．離散的なスペクトルを持つメソスコピック系を扱う方法は第 5 章で論じてある．

式 (B.1) の導電率は Edwards and Thouless 1972 の巧妙な議論によると，適切に定義された "境界条件に対する感度" との間に定量的な関係を持つ．付録 C に示すように，電子が寸法 L の系を移動するときに波動関数 ψ の位相が ϕ 変化するという境界条件は，磁束 Φ が穴を貫いている周 L のリング中の電子に課せられる式 (C.2) の条件と等価である．磁束に伴って $\oint A_x dx = \Phi$ で定義される周回方向（x 方向とする）の成分を持つベクトルポテンシャルが導入される．定数のベクトルポテンシャル A_x による摂動は，

$$\mathcal{H}'_\phi = \frac{e}{c}\hat{v}_x A_x = \frac{\hbar \hat{v}_x \phi}{L} \tag{B.3}$$

と表される．A もしくはこれと等価な ϕ の変化に伴う固有状態エネルギーの 2 次の変化は次式のようになる．

$$\frac{\partial^2 E_i}{\partial \phi^2} = \frac{\hbar^2 N}{mL^2} + 2\frac{\hbar^2}{L^2}\sum_{j \neq i}\frac{|\langle j|v_x|i\rangle|^2}{E_i - E_j} \tag{B.4}$$

ここでも行列要素を平均的な値 $\overline{v^2}$ で置き換えることができる．$\sum_j$ はおおむね第 1 項（"反磁性項"）を打ち消す傾向にあり，式 (B.4) 全体のオーダーは最小の分母を持つ項によって決まる．その最小の分母は準位間隔，

$$\Delta \equiv 1/N(0) \tag{B.5}$$

[†]（訳注）状態密度と $\overline{v^2}$ の扱いについて p.109 訳注参照．

から与えられる．Thouless エネルギー E_c は $E_c \equiv \hbar D/L^2$ もしくは，

$$E_c \equiv \pi \left| \overline{\frac{\partial^2 E_i}{\partial \phi^2}} \right| \sim \pi \left(\frac{\hbar}{L}\right)^2 \frac{\overline{v^2}}{\Delta} \tag{B.6}$$

と定義される．π は先の定義との整合性のための係数で，$\overline{v^2}$ は式 (B.2) を通じて σ と関係しており yz 平面方向の断面積が A の細線について，

$$\frac{E_c}{\Delta} = \frac{\hbar}{e^2} \frac{\sigma A}{L} \tag{B.7}$$

となる．$\sigma A/L$ がコンダクタンス G であることから，

$$G = \frac{e^2}{\hbar} \frac{E_c}{\Delta} \tag{B.8}$$

である．E_c を V_L/π と置くと V_L は 2.3 節の V_L と一致する（式 (2.20) 参照）．

上記の結果は無次元コンダクタンスが，境界条件に対する感度を表すエネルギー指標と準位間隔の比によって与えられることを示している．

C　Aharonov-Bohm 効果と Byers-Yang の定理（Bloch の定理）

リング形の系の開口部を Aharonov-Bohm 磁束 Φ が貫いている一般的な状況を考察してみよう（図参照）．Byers and Yang 1961 および Bloch 1970 によって提唱された普遍的な定理によると，このリングのあらゆる物理的性質は Φ に関して Φ_0 の周期を持つ．この証明は次のゲージ変換で Φ を消すことによって与えられる．

$$\psi' = e^{ie/\hbar c \sum_j \chi(r_j)} \psi \tag{C.1}$$

r_i は電子の座標であり χ は $\tilde{A}_\phi = \nabla \chi$ によって定義される．$\tilde{A}_\phi$ は回転演算子を施すと Aharonov-Bohm 磁束を与えるベクトルポテンシャルである（リング材の内部で curl $\tilde{A} = 0$ であり，リングの開口部を周回する径路に沿った積分 $\oint \tilde{A}_\phi \cdot d\vec{l}$ が Φ に等しい）．ゲージ変換を施された多電子

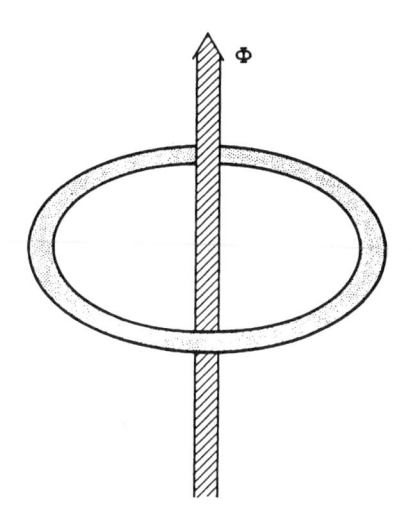

Schrödinger 方程式では $\tilde{A}_\phi = 0$ となる．このことの代価として一般にゲージ変換後の波動関数 ψ' はリングの周に関する周期境界条件を満たさなくなる．電子の座標をリングに沿って1周させると，ψ' の位相は，

$$\phi = 2\pi\Phi/\Phi_0 \tag{C.2}$$

だけ変わる．磁場を消滅させるベクトルポテンシャルの導入に伴って現れるこの位相のずれの概念を，磁束を周回する任意の径路に適用できることは明らかである．ϕ は 2π を法としており，それ以上の範囲では意味を持たないので，磁束 Φ と磁束 $\Phi + n\Phi_0$ の下の電子状態は，同じ境界条件を与えられて"区別がつかない"ことになる．

D 拡散領域における行列要素の導出

電子が拡散的であれば,正確な固有状態間の $e^{i\mathbf{q}\cdot\mathbf{r}}$ の行列要素の絶対値の自乗平均[†]は,

$$|\langle m|e^{i\mathbf{q}\cdot\mathbf{r}}|n\rangle|^2_{av} = \frac{1}{\pi\hbar N(0)}\frac{Dq^2}{(Dq^2)^2+\omega^2}; \quad \omega \equiv \frac{E_n - E_m}{\hbar} \tag{D.1}$$

と表される. $N(0)$ は系の状態密度である.

式 (D.1) を導出する最も単純な方法は,拡散する粒子の準古典的な近似によるものである(Azbel 私信, 1981). この近似において量子論的な遷移確率 ― 式 (D.1) の左辺と状態密度の積 ― は,振動数 $(E_m - E_n)/\hbar$ に依存する適当な古典量の相関関数の Fourier 変換に等しい. $e^{i\mathbf{q}\cdot\mathbf{r}(t)}$ の古典的平均は次式で与えられる($\mathbf{r}(0) = 0$ とおく).

$$\langle e^{i\mathbf{q}\cdot\mathbf{r}(t)}\rangle = e^{-(1/2)q^2\langle r^2(t)\rangle} = e^{-q^2 Dt} \tag{D.2}$$

この式の Fourier 変換は式 (D.1) 右辺のようなよく知られた Lorentz 型関数になる. 式 (D.1) を導く他の方法として,拡散に対して適当な動的構造因子 $S(q,\omega)$ を用いることもできる(Abrahams et al. 1981, Kaveh and Mott 1981, McMillan 1981, Imry et al. 1982). 動的構造因子は式 (D.1) の右辺に比例し,行列要素の平方として与えられる."拡散極"は摂動論から自然に現れる.

E 低温における 2 次元系の位相緩和

式 (3.32) の 2 次元積分 $\int d^2k$ を,1 程度の数値因子を省いて実行してみる. 角度積分の結果,次式が得られる.

$$\int_0^{k_m}\frac{dk}{k}\bigl(1 - J_0(kx_{12})\bigr) \simeq \ln(k_m x_{12}) \tag{E.1}$$

J_0 はゼロ次の Bessel 関数, $x_{12} = |x_1(t) - x_2(t)|$, $k_m \sim (k_B T/\hbar D)^{1/2}$ は式 (3.36) の前で議論した k の切断上限である. 厚さ d の薄膜の場合, $\int dk_z$

[†] (訳注) エネルギーが $\hbar\omega$ だけ離れたすべての状態間の行列要素に関する平均.

は $k_z = 0$ における値の $2\pi/d$ 倍とおくことができるので，緩和時間 τ_ϕ の逆数は次のようになる[†]．

$$\frac{1}{\tau_\phi} \sim \frac{e^2 k_B T}{\hbar^2 \sigma d} \ln\left(\sqrt{\frac{k_B T}{\hbar D}} x_{12}\right) \sim \frac{e^2 k_B T}{\hbar^2 \sigma d} \ln\left(\frac{k_B T \tau_\phi}{\hbar}\right) \quad \text{(E.2)}$$

典型的な x_{12} として $\sqrt{D\tau_\phi}$ を用い，対数関数内の定数を省いた．逐次代入によってこの方程式を解くと，

$$\frac{1}{\tau_\phi} \sim e^2 \frac{k_B T}{\hbar^2 \sigma d} \ln\left(\frac{\sigma d}{e^2 \hbar}\right) \sim \frac{e^2 k_B T}{\hbar^2 \sigma d} \ln(k_F^2 l d) \frac{k_B T}{g_\Box} \ln g_\Box \quad \text{(E.3)}$$

となる．$g_\Box$ は薄膜における無次元の"正方領域コンダクタンス" $g_\Box = \sigma d \hbar / e^2$ であり，係数部分にも対数関数の引数にも現れる．これは Altshuler, Aronov and Khmelnitskii が求めた薄膜に関する計算結果と一致している（たとえば Altshuler and Aronov 1985, 式 (4.47a) 参照）．

F　Coulomb 相関による状態密度の修正

Coulomb 相互作用を持つ電子気体を Hartree-Fock 近似で扱うと，交換項による自己エネルギーの変更によって，状態密度の異常（E_F における対数的な減少）が現れることはよく知られている（たとえば Kittel 1963）．この対数的な特異性は正しいものではなく，Coulomb 力の遮蔽を考慮すると異常は消失する．しかし系が不規則性を持つ場合にはそれが弱いものであっても，E_F において単一電子の状態密度 $n(E)$ に特異性が現れる（Altshuler and Aronov 1979, McMillan 1981 も参照）．この状態密度の異常は実験的にも観測されており（Abeles et al. 1975, McMillan and Mochel 1981, Dynes and Garno 1981, Imry and Ovadyahu 1982a, Hertel et al. 1983, White et al. 1985），$d \leq 2$ の低次元系において特に顕著に現れる．

まず Hartree-Fock 理論を思い出そう（Kittel 1963）．自己無撞着な Schrödinger 方程式は次のようになる．

$$\frac{p^2}{2m}\phi_m + \int d^d y\, V(x-y) \sum_l f_l \phi_l^*(y)\phi_l(y)\phi_m(x)$$

[†]（訳注）σ の単位について p.61 訳注を参照．

$$-\int d^d y V(x-y) \sum_l {}' f_l \phi_l^*(y) \phi_l(x) \phi_m(y) = E_m \phi_m(y) \quad (\text{F.1})$$

ϕ_m は 1 電子状態, E_m はそのエネルギーである. f_l は占有率で, $\sum_l'$ は状態 m と平行なスピンの状態に関する和を意味する. V は電子間相互作用であり, 第 2 項が Hartree の直接相互作用の寄与, 第 3 項が Fock の交換相互作用の寄与を表す. エネルギーは,

$$E_m = \epsilon_m + \Sigma_m \quad (\text{F.2})$$

と表される. ϵ_m は相互作用のない場合の非摂動エネルギーである. 自己エネルギー Σ_m は Hartree-Fock 近似の結果として,

$$\Sigma_m = \sum_l f_l \langle ml|V|ml \rangle - \sum_l {}' f_l \langle ml|V|lm \rangle \quad (\text{F.3})$$

と与えられる. $\langle ml|V|ml \rangle = \iint d^d x d^d y \phi_m^*(x) \phi_m(x) V(x-y) \phi_l^*(y) \phi_l(y)$ であり, $\langle ml|V|lm \rangle$ は ϕ_l と ϕ_m の引き数 x, y を入れ替えたものである (ϕ_l^* と ϕ_m^* の引き数は変えない). 不規則性を持たない系の Hartree 項は, 背景として存在する一様な正電荷を正確に打ち消すが, 不規則な系では正電荷が相殺されない. しかしここでは交換項 Σ_m^{ex} だけに注意を払うことにする. 直接相互作用の項を含み動的遮蔽を考慮した完全な計算を行うと, 交換項だけから得られる結果と係数因子が異なるが, 特異性の性質自体は変わらない.

まず V に Fourier 変換を施す.

$$V(\mathbf{r}) = \frac{1}{(2\pi)^3} \int d\mathbf{q} V_q e^{i\mathbf{q}\cdot\mathbf{r}} \quad (\text{F.4})$$

そうすると交換積分は,

$$\langle ml|V|lm \rangle = \frac{1}{(2\pi)^3} \int d\mathbf{q}\, |\langle m|e^{i\mathbf{q}\cdot\mathbf{r}}|l\rangle|^2 V_q \quad (\text{F.5})$$

と表される. 最も単純な近似として静的に遮蔽された Coulomb 相互作用を V_q に用い, 行列要素の平方に式 (D.1) を充てることにする. q が小さい極限で $V_q = (4\pi e^2/q^2) \cdot \Lambda^2 q^2 = 1/n(0)$ と近似される場合に興味深い性

質が現れる（Λ は遮蔽距離．電子の電荷 e が約分で消えることに注意されたい）．交換エネルギーは非摂動エネルギー ϵ の関数として次のように与えられる．

$$\Sigma^{ex}(\epsilon) = -\frac{1}{(2\pi)^3} \int_{\epsilon'<E_F} d\epsilon' \int d^d q \frac{1}{\pi\hbar n(0)} \frac{Dq^2}{(Dq^2)^2 + (\epsilon-\epsilon')^2/\hbar^2} \quad \text{(F.6)}$$

状態密度の変化は次式のようになる．

$$\frac{dn}{dE} = \frac{dn}{d\epsilon}\frac{d\epsilon}{dE} = \frac{dn/d\epsilon}{1+d\Sigma/d\epsilon} \quad \text{(F.7)}$$

$dn/d\epsilon = n(\epsilon)$ は非摂動の状態密度である．式 (F.6) を微分すると，3 次元系の $\Sigma^{ex'}$ が $\epsilon = E_F$ において弱い特異性を持つことが分かる．更に微分を施すことで特異点を強調することができる．式 (F.6) の積分変数 ϵ' を $(\epsilon' - E_F)$ に変換すると，積分上限での $\epsilon - \epsilon'$ は $(\epsilon - E_F)$ である．よって 1 階微分の結果，次の積分式が得られる．

$$\Sigma^{ex'}(\epsilon) = -\frac{1}{8\pi^4 n(0)\hbar} \int d\mathbf{q} \frac{Dq^2}{(Dq^2)^2 + \omega^2} \quad \text{(F.8)}$$

ここで $\hbar\omega \equiv \epsilon - E_F$ である．更に 2 階微分の結果は次のようになる．

$$\Sigma^{ex''}(\epsilon) = \frac{1}{4\pi^4 n(0)\hbar} \int d^d q \frac{Dq^2\omega}{[(Dq^2)^2 + \omega^2]^2} = \frac{\text{const}}{\hbar D^{3/2}\omega^{1/2}n(0)} \quad \text{(F.9)}$$

最後の等式は 3 次元系の結果である．3 次元系で Σ' は状態密度に対して $\omega^{1/2}/\hbar n(0)D^{3/2}$ の定数倍の寄与を持つことになる．

$$n(E) = n_0(E)\left[1 + C_1\omega^{1/2}/\hbar n(0)D^{3/2}\right] \quad \text{(F.10)}$$

このように状態密度は E_F において $1/2$ 乗の特異性を持ち，その相対強度（$\hbar\omega \sim E_F$ に対して）は $1/(k_F l)^{3/2}$ のオーダーになる．ここに示した計算 (McMillan 1981) は，低次の項を系統的に扱った Altshuler and Aronov 1979 の計算を簡略化したものになっている．この計算は状態密度の修正が小さい場合 ($k_F l \gg 1$) には妥当なもので，実験結果とよく合う．

状態密度の異常に関して興味深い点は，系の次元への依存性である．実効的に 2 次元系となる薄膜試料では $\sqrt{\omega}$ よりも強い対数的な特異性が現れる．

試料が2次元系となるためには，試料の厚さ d が特徴的な距離 $L_\omega \sim \sqrt{D/\omega}$ よりも薄くなければならない（式 (3.38) の議論を参照．$\hbar\omega \gg k_B T$, $\hbar\tau_\phi^{-1}$ を仮定する）．2次元的特性へのクロスオーバーと，擬2次元系の対数的な振舞いは実験的にも確認されている（Imry and Ovadyahu 1982a）．特異性は1次元において最も顕著になるが，ここで述べた結果は状態密度に対する修正が小さい場合にのみ適用できることを重ねて強調しておく．

G スペクトル相関の準古典論

Berry 1985 の仕事に基づく Argaman et al. 1993 の考察に従って，体積 $V = L^d$ の金属粒子における Fermi 準位 E_F 付近の準位密度を考える．金属極限の条件は式 (4.38) で与えられるが，以下の考察はより広い適用範囲を持つ．Gutzwiller 1971 は Feynman の伝播関数（Green 関数 G の Fourier 変換）の和を周期的な古典径路 j に関する和に置き換えて，すべての古典径路が不安定な"カオス的な系"に対する"トレース（固有和）の式"を得た（これは式 (4.16) を求める際に用いた方法である）．

$$n(E) = \sum_j A_j e^{iS_j/\hbar} \tag{G.1}$$

S_j は周期的径路 j（Maslow の添字修正は考えない）に沿った古典的な作用量で，係数 A_j は不安定な軌道付近の gauss 積分に起因するものである．

$$A_j = \frac{1}{2\pi\hbar} T_j |\det(M_j - I)|^{-\frac{1}{2}} \tag{G.2}$$

T_j は軌道 j と"モノドロミー行列"M_j（線形近似では位相空間内における1周期後の軌道からのずれを表した $(2d-2)$ 次元ベクトルの変換行列である）の周期である．T_j は径路の始点と終点を軌道上の任意の点におくことができ，決められた軌道に関するそのような寄与がすべてコヒーレントであることを反映している）．

ここで準位密度相関関数 (4.33) と，その Fourier 変換である"スペクトル構造因子"$\tilde{K}(E,t)$ に関心が持たれる（K を定義するときの平均化は，適当な E の範囲と，不規則性を持つ系の場合には"不純な集団"について行われる）．

この Gutzwiller の和は絶対収束をしないという深刻な数学的問題を含んでいる．その上準古典的近似では時間の経過に伴って軌道が指数関数的に拡散してしまうため，この近似は長い時間では成立しない．しかし限界となる時間は，単純に $\hbar/\Delta$ で見積もられるオーダーよりも長いという強い示唆もある（Tomsovic and Heller 1993）．そこで長時間での切断 τ_ϕ（もしくは $\gamma \sim \hbar \tau_\phi^{-1}$ の低エネルギー切断．物理的にはたとえば位相緩和による切断）を導入することにする．ここで $\Delta \ll \gamma \ll E_c$ という仮定が必要となる（これは Altshuler and Shklovskii 1986 に依る）．この準古典的方法が Δ 以下のエネルギーに適用できないことは明らかである．問題になるエネルギースケールは $|\epsilon - \epsilon'| \sim \Delta,\ E_c$ であるが，これらはそれぞれ $\hbar^d,\ \hbar$ に比例し E_F よりはるかに小さいので，$\hbar$ が十分小さいとする準古典的近似が成立し得る．Berry 1985 は古典的な式 $T_j = \partial S_j / \partial E$ を用い，径路の二重和において"対角的な項"のみを残す半古典的近似を行って[2]，スペクトル構造因子 $\tilde{K}(t)$ として，

$$\tilde{K}(E,t) = \sum_j |A_j|^2 \delta(t - T_j) \qquad (\text{G.3})$$

を得た．Berry は時間 t 経過後に電子が始点に戻る確率が，そのようなすべての古典軌道の確率の和になるという Hannay and de Almeida 1984 による古典的和則を用いた．

$$P_{cl}(E,t) = \sum_j P_j(E,t) = \sum_j \delta(t - T_j) T_j |\det(M_j - I)|^{-1} \qquad (\text{G.4})$$

（ここで先と同様に行列 $(M_j - I)$ が現れる理由は，位相空間における体積要素の変換による）彼は更にエルゴード系の準古典的スペクトルが $\hbar$ 程度以下のスケール（下記参照）においてランダム行列の相関（$\tilde{K}(\epsilon) \propto \epsilon^{-2}$）を満たすことを証明した．古典的なエルゴード系で $t \lesssim \hbar/\Delta$ において上記の理論を適用するためには，(不安定な)各軌道とその周りの Gauss 分布領域を実効的に分離できると見なさなければならないことを注意しておく．

---

[2] 時間反転対称な系（$H = 0$ で磁性不純物を含まない）では因子 2 が付加される．これは弱局在の場合のように，式 (G.1) の A_j のうち，時間反転軌道の対からの寄与がコヒーレントに加算されることによる．

Argaman et al.1993 は Berry の計算を次に示す方法で書き直した (Doron et al. 1992 も参照). 式 (G.2)-(G.4) から次式が得られる.

$$\tilde{K}(t) = \frac{t}{\hbar^2}\frac{d\Omega}{dE}P_{cl}(t) \tag{G.5}$$

$\Omega(E)$ はエネルギー E における (純粋に古典的な) 位相空間の体積で, $d\Omega/dE$ は正しい規格化のための因子である (Argaman et al. 1993 参照). これは非常に有用な式で, たとえば輸送に対する"弱局在の量子補正"(第2章) に相当するような古典的確率を扱うことができる. 体積 $V = L^d$ の中で古典的極限の拡散運動をしており, 量子的な局在のない (無次元コンダクタンス $g \cong E_c/\Delta \gg 1$) 単純な単一粒子に対して, 以下の結果が得られる (粒子は等エネルギー面の上を等方的に拡散するので, 位相空間における回帰確率密度は x 空間における確率の $1/4\pi$ になることに注意する).

$$P_{cl}(t) \propto \begin{cases} 1 & t \gtrsim \hbar/E_c \sim \dfrac{L^2}{D} \\[6pt] \dfrac{V}{(4\pi Dt)^{d/2}} & t \lesssim \hbar/E_c \end{cases} \tag{G.6}$$

時間が $\ll \hbar/\Delta$ の場合について式 (G.5) と式 (G.6) を Fourier 変換すると, スペクトル相関に対する Altshuler-Shklovskii の結果を得ることができる.

$$K(\epsilon) \propto \begin{cases} -\epsilon^{-2} & \gamma \lesssim \epsilon \lesssim E_c \\[6pt] \dfrac{V}{(\hbar D)^{d/2}}\epsilon^{d/2-2} & E_c \lesssim \epsilon \lesssim \hbar/\tau_{cl} \end{cases} \tag{G.7}$$

これらの結果は明確な半古典的解釈ができる. 低エネルギー (0D) の範囲については Berry の結果やランダム行列理論と一致する (たとえばスペクトルの"剛性"を求めるためにエネルギー範囲 W の準位数のゆらぎを計算すると, $\epsilon \lesssim E_c$ に対する $K(\epsilon)$ の 2 重積分によって, よく知られた $\log W/\gamma$ の結果が, 正しい係数の付いた形で与えられる). ここで適当な切断を, たとえば $K(t)$ に $e^{-\gamma|t|/\hbar}$ を掛けるなどの方法で導入しなければならない. これによって $\epsilon \lesssim \gamma$ において $K(\epsilon)$ の正の成分が現れ, 赤外の $-1/\epsilon^2$ を打ち消す. ランダム行列理論の適用上限となるエネルギー E_c は

予想通り $\hbar$ に比例し，$\epsilon > E_c$ において新たな Altshuler-Shklovskii の振舞いが現れ，スケールに依存する古典的拡散過程において異なる冪の特性が与えられる（第2章，Derrida and Pomeau 1982）．

H 4端子形式

式 (5.26) をあらわに書いてみる．

$$\frac{e^2}{\pi\hbar}\begin{pmatrix} -T_1 & T_{12} & T_{13} & T_{14} \\ T_{21} & -T_2 & T_{23} & T_{24} \\ T_{31} & T_{32} & -T_3 & T_{34} \\ T_{41} & T_{42} & T_{43} & -T_4 \end{pmatrix}\begin{pmatrix} \mu_1 \\ \mu_2 \\ \mu_3 \\ \mu_4 \end{pmatrix} = \begin{pmatrix} I_1 \\ I_2 \\ I_3 \\ I_4 \end{pmatrix} \quad \text{(H.1)}$$

$i = 1,\ldots,4$ について $T_i = \sum_{j\neq i}T_{ij} = \sum_{j\neq i}T_{ji}$ である．ベクトル μ の各成分が等しいと電流がゼロとなるので，これは実質的に3つの独立な方程式を含む．$\sum I_i = 0$ とおく．

4端子測定においては $I_1 = -I_3 = J_1$，$I_2 = -I_4 = J_2$ である．これらの電流値から3つの独立な電圧 $\mu_i - \mu_j$ が決まる．しかし設定できる独立な変数は J_1，J_2 の2つだけであり，これらは式 (5.27) や式 (5.31) のように，たとえば $V_1 = \mu_1 - \mu_3$ と $V_2 = \mu_2 - \mu_4$ で表すことができる．特に1と3を電流端子，2と4を電圧端子とする通常の測定では，式 (5.32) のように $J_2 = 0$ とおくことができる（$k = 1$, $l = 3$, $m = 2$, $n = 4$, $R_{13,24} = V_2/J_1$）．式 (5.27) の各 α を求める最も簡単な方法は $V_2 = 0$ としてゼロでない V_1 を印加することで，このためには式 (5.26) の各 μ を $(1, 0, -A, 0)$ と設定すればよい．$V_1 = 1 + A$ である[†]．それから $I_1 = -I_3$，$I_2 = -I_4$ となるように A を決めて J_1 と J_2 を得る．これによって α_{11} と α_{21} が決まり，α_{12}，α_{22} も μ_2 および μ_4 を用いて同様の手順から決めることができる．A は直ちに，

$$A = \frac{T_{31} - T_1}{T_{13} - T_3} = \frac{T_{21} + T_{41}}{T_{23} + T_{43}} \quad \text{(H.2)}$$

[†] (訳注) これでも支障はないが，$V_1 = V_0(1 + A)$ のように置き換えれば，式 (H.3) (H.4) の次元の不自然さを回避できる．

と決まり，たとえば，

$$J_2 = I_2 = \frac{e^2}{\pi\hbar}(T_{21} - T_{23}A) = \frac{e^2}{\pi\hbar}\frac{T_{21}T_{43} - T_{32}T_{41}}{T_{23} + T_{43}} \quad \text{(H.3)}$$

$$V_1 = 1 + A = \frac{S}{T_{23} + T_{43}} \quad \text{(H.4)}$$

となる．式 (5.29) と同様に $S = T_{21} + T_{41} + T_{23} + T_{43}$ である．定義により $-\alpha_{21} = J_2/V_1$ である．式 (H.3)（および J_1 に対する同様の式）と式 (H.4) の比によって，式 (5.28) と一致した α_{21} と α_{11} が得られる．

$$\frac{\pi\hbar}{e^2}\alpha_{11} = -T_1 + \frac{(T_{12} + T_{14})(T_{21} + T_{41})}{S} \quad \text{(H.5)}$$

$$-\frac{\pi\hbar}{e^2}\alpha_{21} = \frac{T_{21}T_{43} - T_{23}T_{41}}{S} \quad \text{(H.6)}$$

式 (5.27) では 2 つの V によって 2 つの J を表したが，これらはたとえば $\mu_2 - \mu_4$ にも依存する．これが V_1 を印加する際に，正しい差を持つ μ_1 と μ_3 の組み合わせを任意に選べない理由である．

I 透過固有値の普遍相関による普遍コンダクタンスゆらぎ

ここでの議論は 2 端子の Landauer コンダクタンスの表式 (5.16) に基づくものである．Pichard and Sarma 1981a, b や Pichard 1984 に倣って右辺を伝送行列（transfer matrix）T で表すと便利である（Imry 1986）．

$$\text{tr } tt^\dagger = \text{tr}\frac{2}{TT^\dagger + (TT^\dagger)^{-1} + 2I} \quad \text{(I.1)}$$

I は単位行列である．t は $N_\perp \times N_\perp$ の遷移行列で，コンダクタンスを求めたい散乱体の左側から入射する電子波と右側に透過する電子波の確率振幅の関係を表している．$2N_\perp \times 2N_\perp$ の伝送行列 T は式 (5.9) のように透過振幅 t と反射振幅 r によって表される．T は散乱の左側のそれぞれの振幅によって，散乱体の右側の左向きおよび右向きの波動関数の振幅を与える．T は乗法的な性質を持ち，散乱体を直列接続した系の特性は，それぞれの T の掛け算によって与えられる（この問題の完全な取り扱いについては Pichard 1984, Pendry 1990 を参照）．Oseledec 1968 の定理から，

長さ L の大きな系（ここでは原子単位系を用いる）で，式 (I.1) の分母の固有値（Dorokhov 1982, 1984）は L に関して指数関数的であり，式 (I.1) は次のように書き直される．

$$g = \sum_n \frac{1}{1+\cosh\lambda_n} = \sum_n \frac{1}{1+\cosh(L\mu_n)} \tag{I.2}$$

λ_n は系全体の固有値であり μ_n は"単位長さあたりの"値，もしくは局在長の逆数と考えることができる．この値の最小値によって局在長 ξ の逆数が与えられる．λ_n の値が縮退せずに分布しているものとすると"実効的なチャネル数" N_eff の数は1以下で，他のチャネルは指数関数的に小さな寄与しか持たないと言うことができる．したがって，

$$N_\text{eff} = g \tag{I.3}$$

であり，これが式 (5.60) を導くために用いられる．固有値の分布の本質的な性質は，各準位の間の"反発"（縮退を避ける性質）であり，これが N_eff のゆらぎを抑制する傾向を持つ．実際に式 (I.2) は g を固有値の"線形統計"（λ_n の滑らかな関数の n に関する和）で表しており，固有値がランダム行列理論に基づく相関を持つと仮定するならば g のゆらぎが1程度になるということに基づいて Dyson 1962 および Mehta and Dyson 1963 の結果を主張することができる（Mehta 1967 も参照）．ランダム行列理論の仮定が固有値の分布に対するグローバルな"最大エントロピーの原理"によって正当化されることにより (Mello et al. 1988)，$\langle\Delta g^2\rangle$ が普遍的な定数になる．しかし Beenakker 1993 は，この結果は擬1次元系（$N_\perp$ が有限で，L が非常に長い多くの例に適用できる）に関するダイヤグラムを用いた計算結果と比べて近いものではあるが完全に一致しないこと（16/15 倍）を示した．ごく最近になって Beenakker and Rejaei 1993 と Chalker and Macêdo 1993 はそれぞれ独立に，グローバルな最大エントロピーの法則 (Mello and Pichard 1989) は Fokker-Planck 型の方程式から得られる正確な分布ではなく，単にその平均場的な近似を与えるにすぎないことに注意を向けて問題を解いた．最大エントロピーの近似は便利ではあるが厳密なものではない．この近似から更に補正を施すことによって，あらゆる擬1次元系に関して正しい $\langle\Delta g^2\rangle$ を与えることができるようになる．2

次元以上の系でもランダム行列理論の仮定によって $\langle \Delta g^2 \rangle$ の正しいオーダーが得られるが，正確な数値は得られない．しかし定量的な正当性にいささか欠けるにしても，定性的には各透過固有値間の"反発"が，$\langle \Delta g^2 \rangle$ に普遍性が現れることの理由になっていると言える．

J　バリスティックなポイントコンタクトのコンダクタンス

2つの巨視的な電極が $N_\perp$ 個のチャネルを持つ理想導線によって結合しているものとする．$T_{ij} = T'_{ij} = \delta_{ij}$, $R_{ij} = R'_{ij} = 0$ とする．この場合 $G_c = N_\perp (e^2/\pi\hbar)$ で，1チャネルの一方のコンタクトあたりの抵抗は，単一チャネルの場合と同様に $(\pi\hbar/2e^2)$ となる．この状況は2つの巨視的な導電体を仕切る絶縁面に小さな"開口部"がある状況（ポイントコンタクト；Jansen et al. 1983）と等価である．l を導電体（電極）の平均自由行程として，断面積 A が $A \ll l^2$ の"バリスティック"な量子ポイントコンタクトの抵抗が Sharvin 1965 によって計算された．その結果は次式で表される．

$$R_{orifice} = 4\rho l/3A \tag{J.1}$$

ρ は導電体の抵抗率である．これはバリスティックな準古典的運動学から簡単に求められるが，l には依存しないことに注意する必要がある．面積 A の開口部のチャネル数（スピン縮退を含まないもの．式 (5.16) のチャネルコンダクタンスには含めてある）は $Ak_F^2/4\pi$ である．開口部の抵抗は（$\rho = 3\pi^2\hbar/e^2 k_F^2 l$ を用いて），

$$R_c = \pi\hbar/(e^2 N_\perp) \tag{J.2}$$

と表され，先に示した G_c の逆数に一致している．この抵抗は"導線"そのものの抵抗とは無関係であり，電極間を理想導線（電子を散乱しない無抵抗導線）で結合した場合でも有限な値を持つことを強調しておく．この抵抗は2つの平衡状態にある電極を接続する"開口部"が狭まっている幾何学的な属性に起因するものである．

2次元系のチャネル数は，開口部の幅を W とすると Wk_F/π と与えら

れる．バリスティックな 2 次元系および 3 次元系のコンダクタンスを，

$$G_c = \frac{e^2}{\pi\hbar} N_\perp \tag{J.3}$$

とまとめることができる．$N_\perp$ はスピン縮退を含まないチャネル数である (Imry 1986)．$N_\perp$ にスピン縮退を含めると，理想チャネルコンダクタンスは $e^2/2\pi\hbar$ となる．Wharam et al. 1988 と van Wees et al. 1988 はこのことをそれぞれ独立に，GaAs の 2 次元量子井戸系のポイントコンタクトにおいて実験的に見いだした．理想的な全コンダクタンス (J.3) が得られる条件を特定することは簡単ではないが，このことは式 (5.16) のところで簡単に言及してある．1 原子（もしくは数原子）のコンタクトに関して，今後の研究の進展が期待される．

参考文献

[1] Special Issue of IBM Journal of Research and Development **32**, no.3 (May 1988).
[2] Special Issue of IBM Journal of Research and Development **32**, no.4 (July 1988).
[3] Special Issue of Physics Today, June 1993 on Optics of Nanostructures.
[4] Abeles, B., Sheng, P., Coutts, M. D. and Arie, Y. (1975) Adv. Phys. **24**, 407.
[5] Abrahams, E. and Lee, P. A. (1986) Phys. Rev. **B33**, 683.
[6] Abrahams, E., Anderson, P. W., Licciardello, D. C. and Ramakrishnan, T. V. (1979) Phys. Rev. Lett. **42**, 673.
[7] Abrahams, E., Anderson, P. W., Lee, P. A. and Ramakrishnan, T. V. (1981) Phys. Rev. **B24**, 6783.
[8] Abrikosov, A. A. (1988) Fundamentals of the Theory of Metals, North-Holland, Amsterdam. (→ 国内の文献 [A2])
[9] Adkins, C. J. (1977) Phil. Mag. **36**, 1285.
[10] Aharonov, Y. and Bohm, D. (1959) Phys. Rev. **115**, 485.
[11] Akkermans, E., Montambaux, G., Pichard, J.-L and Zinn-Justin, J. (eds.) (1995) Mesoscopic Quantum Physics, Les Houches Session LXI. Elsevier, Amsterdam.
[12] Altland, A. and Gefen, Y. (1995) Phys. Rev. **B51**, 10671.
[13] Altland, A., Iida, S., Müller-Groeling, A. and Weidenmüller, H. A. (1992) Ann. Phys. **219**, 148.
[14] Altshuler, B. L. (1985) Pis'ma Zh. Eksp. Teor. Fiz. **41**, 530 [JETP Lett. **41**, 648 (1985)].
[15] Altshuler, B. L. and Aronov, A. G. (1979) J. Eksp. Teor. Fiz. **77**, 2028 [Sov. Phys. JETP **50**, 968 (1979)].
[16] Altshuler, B. L. and Aronov, A. G. (1985), in Electron-Electron Interactions in Disordered Systems, Efros, A. L. and Pollak, M., eds. North-Holland, Amsterdam, p.1.
[17] Altshuler, B. L. and Khmelnitskii, D. E. (1985) JETP Lett. **42**, 359.
[18] Altshuler, B. L. and Lee, P. A. (1988) Physics Today **41**, 36.
[19] Altshuler, B. L. and Shklovskii, B. (1986) Sov. Phys. JETP **64**, 127.
[20] Altshuler, B. L. and Spivak, B. Z. (1985) JETP Lett. **42**, 447.
[21] Altshuler, B. L. and Spivak, B. Z. (1987) Sov. Phys. JETP **65**, 343.
[22] Altshuler, B. L., Aronov, A. G. and Lee, P. A. (1980a) Phys. Rev. Lett.

44, 1288.
[23] Altshuler, B. L., Khmelnitskii, D., Larkin, A. I. and Lee, P. A. (1980b) Phys. Rev. **B22**, 5142.
[24] Altshuler, B. L., Aronov, A. G. and Spivak, B. Z. (1981a) JETP Lett. **33**, 94.
[25] Altshuler, B. L., Aronov, A. G. and Khmelnitskii, D. E. (1981b) Solid State Commun. **39**, 619.
[26] Altshuler, B. L., Aronov, A. G. and Khmelnitskii, D. E., (1982a) J. Phys. **C15**, 7367.
[27] Altshuler, B. L., Aronov, A. G., Khmelnitskii, D. E. and Larkin, A. I. (1982b), in Quantum Theory of Solids, I. M. Lifschitz, ed. Mir Publishers, Moscow, p.130.
[28] Altshuler, B. L., Aronov, A. G., Spivak, B. Z., Sharvin D. Yu and Sharvin, Yu V. (1982c) JETP Lett. **35**, 588.
[29] Altshuler, B. L., Kravtsov, V. E. and Lerner I. V. (1986) Zh. Eksp. Teor. Fiz. **91**, 2276 [Sov. Phys. JETP **64**, 1352 (1986)].
[30] Altshuler, B. L., Khmelnitskii, D. E. and Spivak, B. Z. (1983) Solid State Commun. **48**, 841.
[31] Altshuler, B. L., Gefen, Y. and Imry, Y. (1991a) Phys. Rev. Lett. **66**, 88.
[32] Altshuler, B. L., Lee, P. A. and Webb, R. A. (eds.) (1991b) Mesoscopic Phenomena in Solids, North-Holland, Amsterdam.
[33] Altshuler, B. L., Gefen, Y., Imry, Y. and Montambaux, G. (1993) Phys. Rev. **B47**, 10335.
[34] Ambegaokar, V. and Baratoff, A. (1963) Phys. Rev. Lett. **10**, 486.
[35] Ambegaokar, V. and Eckern, U. (1990) Phys. Rev. Lett. **65**, 381; (1991) **67**, 3192.
[36] Ambegaokar, V., Halperin, B. I. and Langer, J. S. (1971) Phys. Rev. **B4**, 2612.
[37] Anderson, P. W. (1958) Phys. Rev. **109**, 1492.
[38] Anderson, P. W. (1963), in Lectures on the Many-Body Problem, Ravello, 1963, E. R. Caianello, ed. Academic Press, New York, 1964, p.113.
[39] Anderson, P. W. (1967), in The Josephson Effect and Quantum Coherence Measurements in Superconductors and Superfluids. Progress in Low Temperature Physics, Gorter, C. J., ed. North-Holland, Amsterdam.
[40] Anderson, P. W. (1981) Phys. Rev. **B23**, 4828.
[41] Anderson, P. W. (1985) Phil. Mag. **B52**, 505.
[42] Anderson, P. W., Thouless, D. J., Abrahams, E., and Fisher, D. S. (1980) Phys. Rev. **B22**, 3519.
[43] Ando, T. (1983) J. Phys. Soc. Japan **52**, 1740.
[44] Ando, T. (1984) J. Phys. Soc. Japan **53**, 3101, 3126.
[45] Ando, T., Fowler, A. B. and Stern, F. (1982) Rev. Mod. Phys. **54**, 437.
[46] Andreev, A. F. (1964) Zh. Eksp. Teor. Fiz. **46**, 1823 [Sov. Phys. JETP **19**, 1228].
[47] Andreev, A. F. (1966) Zh. Eksp. Teor. Fiz. **51**, 1510 [Sov. Phys. JETP **24**, 1019].
[48] Ao, P. and Thouless, D. J. (1993) Phys. Rev. Lett. **70**, 2158.
[49] Ao, P. and Thouless, D. J. (1994) Phys. Rev. Lett. **72**, 128.
[50] Aoki, H. and Ando, T. (1981) Solid State Commun. **38**, 1079.
[51] Aoki, H., Tsukada, M., Schluter, M. and Levy, F. (eds.) (1992) New

Horizons in Low-Dimensional Electronic Systems. Kluwer, Dordrecht.
[52] Argaman, N. and Imry, Y. (1993) Physica Scripta **T49**, 333.
[53] Argaman, N., Smilansky, U. and Imry, Y. (1993) Phys. Rev. **B47**, 4440.
[54] Aronov, A. G. and Sharvin, Yu V. (1987) Rev. Mod. Phys. **59**, 755.
[55] Arovas, D. P., Schrieffer, J. R., Wilczek, F. and Zee, A. (1985) Nucl. Phys. **B251**, 117.
[56] Ashcroft, N. and Mermin, N. D. (1976) Solid State Physics. Holt, Rinehart and Winston, New York. (→ 国内の文献 [A1])
[57] Aslamazov, L. G. and Larkin, A. I. (1974) Zh. Eksp. Teor. Fiz. **67**, 647 [Sov. Phys. JETP **40**, 321 (1974)].
[58] Aslamazov, L. G., Larkin, A. I. and Ovchinnikov, Yu. N. (1969) Sov. Phys. JETP **28**, 171.
[59] Averin, D. V. and Likharev, K. K. in Altshuler et al. (1991b), p.173.
[60] Avouris, P. and Lyo, I.-W. (1994) Science **264**, 942.
[61] Azbel, M. Ya. (1973) Phys. Rev. Lett. **31**, 589.
[62] Azbel, M. Ya. (1981) J. Phys. **C14**, L225.
[63] Azbel, M. Ya. (1983) Solid State Commun. **45**, 527.
[64] Azbel, M. Ya. (1993) Phys. Rev. **B48**, 4592.
[65] Azbel, M. Ya. and Soven, P. (1983) Phys. Rev. **B27**, 831.
[66] Balian, R., Maynard, R. and Toulouse, G. (eds.) (1979), Ill-Condensed Matter. North-Holland, Amsterdam.
[67] Bardeen, J. (1961) Phys. Rev. Lett. **6**, 57.
[68] Bastard, G., Brum, J. A. and Ferreira, R. (1991), in Solid State Physics **44**, 229.
[69] Baym, G. (1969) Quantum Mechanics. Benjamin, New York.
[70] Beenakker, C. W. J. (1991) Phys. Rev. Lett. **67**, 3836; (1992) **68**, 1442(E).
[71] Beenakker, C. W. J. (1992a) Phys. Rev. **B46**, 12841.
[72] Beenakker, C. W. J. (1992b), in Fukuyama and Ando (1992), p.235.
[73] Beenakker, C. W. J. (1993) Phys. Rev. Lett. **70**, 1155.
[74] Beenakker, C. W. J. (1994) Phys. Rev. **B49**, 2205.
[75] Beenakker, C. W. J. (1995), in Akkermans et al. (1995), p.259.
[76] Beenakker, C. W. J. and Büttiker, M. (1992) Phys. Rev. **B46**, 1889.
[77] Beenakker, C. W. J. and Rejaei, B. (1993) Phys. Rev. Lett. **71**, 3693.
[78] Beenakker, C. W. J. and van Houten, H. (1991a) Phys. Rev. Lett. **66**, 3056.
[79] Beenakker, C. W. J. and van Houten, H. (1991b) Phys. Rev. **B43**, 12066.
[80] Beenakker, C. W. J. and van Houten, H. (1991c), in SQUID '91, Proc. 4th Int. Conf. on Superconducting and Quantum Effect Devices and Their Applications, H. Koch and H. Lübbig, eds. Springer, Berlin.
[81] Beenakker, C. and van Houten, H. (1991d), in Solid State Physics, **44**, 1.
[82] Beenakker, C. W. J., Rejaei, B. and Melsen, J. A. (1994) Phys. Rev. Lett. **72**, 2470.
[83] Ben-Jacob, E. and Gefen, Y. (1985) Phys. Lett. **108A**, 289.
[84] Benoit, A. D., Washburn, S., Umbach, C. P., Laibovitz, R. B. and Webb, R. A. (1986) Phys. Rev. Lett. **57**, 1765.
[85] Benoit, A. D., Umbach, C. P., Laibovitz, R. B. and Webb, R. A. (1987) Phys. Rev. Lett. **58**, 2343.
[86] Berezinskii, V. L. (1971) Sov. Phys. JETP **32**, 493.
[87] Bergman, D. J. (1983) Private communication; the author is indebted to

D. J. Bergman for this suggestion.
[88] Bergman, D. J., Ben-Jacob, E., Imry, Y. and Maki, K. (1983) Phys. Rev. **A27**, 3345.
[89] Bergmann, G. (1982) Z. Phys. **B48**, 5.
[90] Bergmann, G. (1984) Phys. Rep. **107**, 1.
[91] Bergmann, G., Bruynseraede, Y. and Kramer, B. (eds.) (1984) Localization, Interaction and Transport Phenomena in Impure Metals. Springer-Verlag, Heidelberg.
[92] Berkovits, R. and Avishai, Y. (1995) Europhys. Lett. **29**, 475.
[93] Berkovits, R. and Avishai, Y. (1996) Phys. Rev. Lett. **76**, 291.
[94] Bernamot, J. (1937) Ann. Phys. (Leipzig) **7**, 71.
[95] Berry, M. V. (1985) Proc. Roy. Soc. London, **A400**, 229.
[96] Binder, K. (ed.) (1984) Application of Monte-Carlo Methods in Statistical Physics. Springer-Verlag, Berlin.
[97] Binning, G., Rohrer, H., Gerber, Ch. and Weibel, E. (1982) Phys. Rev. Lett. **49**, 57.
[98] Birk, M., de Jong, M. J. M. and Schönenberger, C. (1995) Phys. Rev. Lett. **75**, 1610.
[99] Bishop, D. J., Tsui, D. C. and Dynes, R. C. (1980) Phys. Rev. Lett. **44**, 1153.
[100] Bishop, D. J., Licini, J. C. and Dolan, G. J., (1985) Appl. Phys. Lett. **46**, 1000.
[101] Blatter, G., Feigelman, M. V., Geshkenbein, V. B., Larkin, A. I. and Vinokur, V. M. (1994) Rev. Mod. Phys. **66**, 1125.
[102] Bloch, F. (1930) Z. Phys. **61**, 206.
[103] Bloch, F. (1968) Phys. Rev. Lett. **21**, 1241; Phys. Rev. **165**, 415.
[104] Bloch, F. (1970) Phys. Rev. **B2**, 109.
[105] Blonder, M. (1984) Bull. Am. Phys. Soc. **29**, 535.
[106] Blonder, M., Tinkham, M., and Klapwijk, T. M. (1982) Phys. Rev. **B25**, 4515.
[107] Bohigas, O., Giannonni, M. J. and Schmidt, C. (1984) Phys. Rev. Lett. **52**, 1.
[108] Borland, R. E. (1963) Proc. Roy. Soc. London **A274**, 529; (1968) Proc. Phys. Soc. London **28**, 926.
[109] Böttger, H. and Bryksin, V. V. (1985) Hopping Conduction in Solids. Academic Verlag, Berlin; VCH Verlag, Mannheim.
[110] Bouchiat, H. and Montambaux, J. (1989) J. Phys. (Paris) **50**, 2695.
[111] Brandt, N. B., Bogachek, E. N., Gitsu, D. V., Gogadze, G. A., Kulik, I. O., Nikolaeva A. A. and Ponomarev, Ya. G. (1976) JETP Lett. **24** 273.
[112] Brandt, N. B., Bogachek, E. N., Gitsu, D. V., Gogadze, G. A., Kulik, I. O., Nikolaeva, A. A. and Ponomarev, Ya. G. (1982) Sov. J. Low Temp. Phys. **8**, 358.
[113] Bratus, E. N., Shumeiko, V. S. and Wendin G. (1995) Phys. Rev. Lett. **74**, 2110.
[114] Brody, T. A., Flores, J., Frech, J. B., Mello, P. A., Pandey, A. and Wong, S. S. M. (1981) Rev. Mod. Phys. **53**, 385.
[115] Broers, A. N. (1989), in Reed and Kirk (1989), p.421.
[116] Browne, D. A. and Nagel, S. R. (1985) Phys. Rev. **B32**, 8424.
[117] Browne, D. A., Carini, J. P., Muttalib, K. A. and Nagel, S. R. (1984) Phys. Rev. **B30**, 6798.
[118] Bruder, C. (1995) Mesoscopic Superconductivity. Habilitation thesis, University of Karlsruhe; to appear in Superconductivity Review **1**(4)

(1996).
[119] Bruder, C., Fazio, R. and Schön, G. (1994) Physica **B203**, 240; Phys. Rev. **B50**, 12766.
[120] Buot, F. (1993) Phys. Rep. **254**, 74.
[121] Büttiker, M. (1985a), in Hahlbohm and Lübbig (1985), p.429.
[122] Büttiker, M. (1985b) Phys. Rev. **B32**, 1846.
[123] Büttiker, M. (1986a) Phys. Rev. **B33**, 3020.
[124] Büttiker, M. (1986b) Phys. Rev. Lett. **57**, 1761.
[125] Büttiker, M. (1988) IBM J. Res. Dev. **32**, 317.
[126] Büttiker, M. (1990) Phys. Rev. Lett. **65**, 2901.
[127] Büttiker, M. (1992a) Phys. Rev. Lett. **68**, 843.
[128] Büttiker, M. (1992b) Phys. Rev. **B46**, 12485.
[129] Büttiker, M. (1993) J. Phys. Cond. Matter **5**, 9361.
[130] Büttiker, M. and Imry, Y. (1985) J. Phys. **C18**. L467.
[131] Büttiker, M. and Klapwijk, T. M. (1986) Phys. Rev. **B33**, 5114.
[132] Büttiker, M., Imry, Y. and Landauer, R. (1983a) Phys. Lett. **96A**, 365.
[133] Büttiker, M., Harris, E. P. and Landauer, R. (1983b) Phys. Rev. **B28**, 1268.
[134] Büttiker, M., Imry, Y. and Azbel, M. Ya. (1984) Phys. Rev. **A30**, 1982.
[135] Büttiker, M., Imry, Y., Landauer, R. and Pinhas, S. (1985) Phys. Rev. **B31**, 6207.
[136] Byers, N. and Yang, C. N. (1961) Phys. Rev. Lett. **7**, 46.
[137] Caldeira, A. O. and Leggett, A. J. (1983) Ann. Phys. **149**, 374.
[138] Capasso, F. and Datta, S. (1990) Physics Today **43**, 74.
[139] Carini, J. P., Muttalib, K. A. and Nagel, S. R. (1984) Phys. Rev. Lett. **53**, 102.
[140] Casimir, H. B. J. (1945) Rev. Mod. Phys. **17**, 343.
[141] Castaing, B. and Nozières, P. (1980) J. Phys. (Paris) **41**, 701.
[142] Castaing, B. and Nozières, P. (1985) Private communication. The author is indebted to Drs. Castaing and Nozières for a discussion on this point.
[143] Castellani, C., di Castro, C. and Pelliti, L. (1981) Disorders Systems and Localization. Springer-Verlag, Berlin.
[144] Caldeira, H. A., Kramer, B. and Schön, G. (eds.) (1995) Quantum Dynamics of Submicron Structures, NATO Advanced Science Institute Ser.E, vol.291. Kluwer, Dordrecht.
[145] Chakraborty, T. and Pietiläinen, P. (1988) The Fractional Quantum Hall Effect. Springer-Verlag, Berlin.
[146] Chakravarty, S. and Schmid, A. (1986) Phys. Rep. **140**, 193.
[147] Chalker J. T. and Coddington, P. D. (1988) J. Phys. **C21**, 2665.
[148] Chalker, J. T. and Macêdo, A. M. S. (1993) Phys. Rev. Lett. **71**, 3693.
[149] Chambers, R. G. (1960) Phys. Rev. Lett. **5**, 3.
[150] Chandrasekhar, V., Rooks, M. J., Wind, S. and Prober, D. E. (1985) Phys. Rev. Lett. **55**, 1610.
[151] Chandrasekhar, V., Webb, R. A., Brady, M. J., Ketchen, M. B., Gallagher, W. J. and Kleinsasser, A. (1991) Phys. Rev. Lett. **67**, 3578.
[152] Chen, L. Y. and Ting, C. S. (1992) Phys. Rev. **B46**, 4714.
[153] Cheung, H. F., Gefen, Y. and Riedel, E. K. (1988) IBM J. Res. Dev. **32**, 359.
[154] Cheung, H. F., Gefen, Y. and Riedel, E. K. (1989) Phys. Rev. Lett. **62**, 587.
[155] Cohen, O., Ovadyahu, Z. and Rokni, M. (1992) Phys. Rev. Lett. **69**, 3555.

[156] Costa-Krämer, J. L., Garcia, N., Garcia-Mochales, P. and Serena, P. A. (1995) Surf. Sci. **342**, L1144.
[157] Courtois, H., Grandit, P. and Pannetier, B. (1994), in Glattli and Sanquer (1994), p.85.
[158] Courtois, H., Grandit, P., Mailly, D. and Pannetier, B. (1996) Phys. Rev. Lett. **76**, 130.
[159] Crommie, M. F., Lutz, C. P. and Eigler, D. M. (1993) Science **262**, 218; Phys. Rev. **B48**, 2851; Nature **363**, 524.
[160] Czycholl, G. and Kramer, B. (1979) Solid State Commun. **32**, 945.
[161] Datta, S., Melloch, M. R., Brandyopadhyay, S., Noren, R., Vaziri, M., Miller, M. and Reifenberger, R. (1985) Phys. Rev. Lett. **55**, 2344.
[162] Davies, J. H., Hyldegaard, P., Hershfield, S. and Wilkins, J. W. (1992) Phys. Rev. **B46**, 9620.
[163] Davies, R. A., Pepper, M. and Kaveh, M. (1983) J. Phys. **C16**, L285.
[164] de Gennes, P. G. (1965) Superconductivity in Metals and Alloys. Benjamin, New York. (→ 国内の文献 [A9])
[165] de Gennes, P. G. (1966), in 1965 Tokyo Lectures in Theoretical Physics, Vol.1, R. Kubo, ed. W. A. Benjamin, Inc., New York, p.117.
[166] de Jong, M. J. M. and Beenakker, C. W. J. (1992) Phys. Rev. **B46**, 13400.
[167] de Jong, M. J. M. and Beenakker, C. W. J. (1994), in Glattli and Sanquer (1994), p.427.
[168] de Jong, M. J. M. and Beenakker, C. W. J. (1995) Phys. Rev. **B51**, 16867.
[169] de Jong, M. J. M. and Molenkamp, W. (1995) Phys. Rev. **B51**, 13389.
[170] de Vegvar, P. G. N., Fulton, T. A., Mallison, W. H. and Miller, R. E. (1994) Phys. Rev. Lett. **73**, 1416.
[171] Delsing, P., Chen, C. D., Haviland, D. B. and Claeson, T. (1994) Physica **B194**, 993.
[172] den Hartog, S. G., Kapteyn, C. M. A., van Wees, B. J. and Klapwijk, T. M. (1995) Groningen, preprint.
[173] Derrida, B. and Pomeau, Y. (1982) Phys. Rev. Lett. **48**, 627; see also: Sinai, Ya. G., in Proc. 6th Int. Conf. on Mathematical Physics, Berlin 1981. Springer, Berlin.
[174] des Cloizeaux, J. (1965) J. Phys. Chem. Solids **26**, 259.
[175] Deutscher, G. and de Gennes, P. G. (1969), in Superconductivity, vol.2, R. D. Parks, ed. Marcel Dekker, New York, p.1005.
[176] de Vegvar, P. G. N., Fulton, T. A., Mallison, W. H. and Miller, R. E. (1994) Phys. Rev. Lett. **73**, 1416.
[177] Devoret, M. (1995), in Akkermans et al. (1995).
[178] Dingle, R. B. (1952) Proc. Phys. Soc. A. **212**, 47.
[179] Dolan, G. J. and Osheroff, D. D. (1979) Phys. Rev. Lett. **43**, 721.
[180] Dolan G. J., Licini, J. C. and Bishop, D. J. (1986) Phys. Rev. Lett. **56**, 1493.
[181] Domany, E. and Sarker, S. (1979) Phys. Rev. **B20**, 4726.
[182] Donnely, R. J. (1991) Quantized Vortices in He^{II}. Cambridge UP, Cambridge.
[183] Dorokhov, O. N. (1982) Pis'ma J. Eksp. Teor. Fiz. **36**, 259 [JETP Lett. **36**, 318].
[184] Dorokhov, O. N. (1984) Solid State Commun. **51**, 381.
[185] Doron, E., Smilansky, U. and Dittrich, T. (1992) Physica **B179**, 1.

[186] Du, R., Stormer, H., Tsui, D., Pfeiffer, L., West, K. (1993) Phys. Rev. Lett. **70**, 2944.
[187] Dupuis, N. and Montambaux, G. (1991) Phys. Rev. **B43**, 14390.
[188] Dutta, P. and Horn, P. M. (1981) Rev. Mod. Phys. **53**, 497.
[189] Dynes, R. C. and Garno, J. (1981) Phys. Rev. Lett. **46**, 137.
[190] Dyson, F. J. (1962) J. Math. Phys. **3**, 140, 157, 166.
[191] Ebisawa, H. (1992), in Fukuyama and Ando (1992), p.273.
[192] Echternach, P. M., Gershenson, M. E., Bozler, H. M., Bogdanov, A. M. and Nilsson, B. (1993) Phys. Rev. **B48**, 11516.
[193] Eckern, Z. (1991) Z. Phys. **B82**, 393.
[194] Eckern, Z. and Schmid, A. (1989) Phys. Rev. **B39**, 6441.
[195] Economou, E. N. (1990) Green's Functions in Quantum Physics, 2nd ed. Springer-Verlag, Berlin.
[196] Economou, E. N. and Soukoulis, C. M. (1981a) Phys. Rev. Lett. **46**, 618.
[197] Economou, E. N. and Soukoulis, C. M. (1981b) Phys. Rev. Lett. **47**, 972.
[198] Edwards, J. T. and Thouless, D. J. (1972) J. Phys. **C5**, 807.
[199] Efetov, K. B. (1982) Zh. Eksp. Teor. Fiz. **82**, 872 [Sov. Phys. JETP **55**, 514].
[200] Efetov, K. B. (1983) Adv. Phys. **32**, 53.
[201] Efros, A. L. and Pollak, M. (eds.) (1985) Electron-electron Interaction in Disordered Systems. North-Holland, Amsterdam.
[202] Eiler, W. (1985) Solid State Commun. **56**, 11.
[203] Eiles, T. M., Martinis, J. M. and Devoret, M. H. (1993a), in Geerligs et al., p.210.
[204] Eiles, T. M., Martinis, J. M. and Devoret, M. H. (1993b) Phys. Rev. Lett. **70**, 1862.
[205] Elion, W. J., Geerligs, L. J. and Mooij, J. E. (1992) Phys. Rev. Lett. **69**, 2971.
[206] Elion, W. J., Wachters, J. J., Sohn, L. L. and Mooij, J. E. (1993) Phys. Rev. Lett. **71**, 2311.
[207] Elion, W. J., Matters, M., Geigenmüller, U. and Mooij, J. E. (1994) Nature **371**, 594.
[208] Engquist, H. L. and Anderson, P. W. (1981) Phys. Rev. **B24**, 1151.
[209] Entin-Wohlman, O. and Gefen, Y. (1989) Europhys. Lett. **8**, 477.
[210] Entin-Wohlman, O. and Gefen, Y. (1991) Ann. Phys. (NY) **206**, 68.
[211] Entin-Wohlman, O., Hartsztein, K. and Imry, Y. (1986) Phys. Rev. **B34**, 921.
[212] Entin-Wohlman, O., Imry, Y. and Sivan, U. (1989) Phys. Rev. **B40**, 8342.
[213] Entin-Wohlman, O., Imry, Y., Aronov, A. G. and Levinson, Y. (1995a) Phys. Rev. **B51**, 11584.
[214] Entin-Wohlman, O., Aronov, A. G., Levinson, Y. and Imry, Y. (1995b) Phys. Rev. Lett. **75**, 4094.
[215] Esaki, L. (1984) Proc. 17th Int. Conf. on the Physics of Semiconductors, San Francisco. Springer-Verlag, New York, p.473.
[216] Esaki, L. (1986) IEEE J. Quantum Electron. **QE-22**, 1611.
[217] Farmer, K. R., Rogers, C. T. and Buhrman, R. A. (1987) Phys. Rev. Lett. **58**, 2255.
[218] Fazio, R. and Schön, G. (1991) Phys. Rev. **B43**, 5307.
[219] Fazio, R., Geigenmüller, U., and Schön, G. (1991a), in Quantum Fluctuations in Mesoscopic and Macroscopic Systems, H. A. Cerdeira,

ed. World Scientific, Singapore.
[220] Fazio, R., Bruder, C. and Schön, G. (1991b), in Glattli and Sanquer (1994), p.49.
[221] Feng, S. and Lee, P. A. (1991) Science **251**, 633
[222] Feng, S., Lee, P. A. and Stone, A. D. (1986) Phys. Rev. Lett. **56**, 1960; 2772(E).
[223] Fetter, A. L. and Walecka, J. O. (1971) Quantum Theory of Many-Particle Systems. McGraw-Hill, New York. (→ 国内の文献 [A15])
[224] Feynman, R. P. and Vernon, F. L. (1963) Ann. Phys. (NY) **24**, 118.
[225] Feynman, R. P., Leighton, R. B. and Sands, M. (1965) The Feynman Lectures on Physics. Addison-Wesley, Reading, MA. vol. iii. (→ 国内の文献 [A14])
[226] Fisher, D. S. and Lee, P. A. (1981) Phys. Rev. **B23**, 6851.
[227] Fisher, M. E. (1967) Rep. Progr. Phys. **30**, 1391.
[228] Fisher, M. E. (1971), in Proceedings of the Varenna International Enrico Fermi School, course 51, M. S. Green, ed. Academic Press, New York.
[229] Fisher, M. E. and Langer, J. S. (1968) Phys. Rev. Lett. **20**, 665.
[230] Fowler, A. B., Fang, F. F., Howard, W. E. and Stiles, P. J. (1966) Phys. Rev. Lett. **16**, 901.
[231] Fowler, A. B., Hartstein, A. and Webb, R. A. (1982) Phys. Rev. Lett. **48**, 196.
[232] Friedman, L. R. and Tunstall, D. P. (eds.) (1978) The Metal-Nonmetal Transition in Disordered Systems. SUSSP, Edinburgh.
[233] Frydman, A. and Ovadyahu, Z. (1996) Europhys. Lett. **33**, 217.
[234] Fukuyama, H. (1980) J. Phys. Soc. Japan **48**, 2169; (1981a) **50**, 3407.
[235] Fukuyama, H. (1981b), in Nagaoka and Fukuyama (1982), p.89.
[236] Fukuyama, H. (1983), in Goldman and Wolf (1983), p.161.
[237] Fukuyama, H. (1985), in Efros and Pollak (1985), p.155.
[238] Fukuyama, H. and Ando, T. (1992) Transport Phenomena in Mesoscopic Systems, Proc. 14th Taniguchi Symposium, Shima, Japan, 1991. Springer-Verlag, Berlin.
[239] Fukuyama, H. and Yoshioka, H. (1992), in Aoki et al. (1992), p.369.
[240] Fulton, T. A. and Dolan, G. J. (1987) Phys. Rev. Lett. **59**, 109.
[241] Furusaki, A. (1992), in Fukuyama and Ando (1992), p.255.
[242] Furusaki, A. and Tsukada, M. (1991) Solid State Commun. **78**, 290.
[243] Furusaki, A., Takayanagi, H. and Tsukuda, M. (1991) Phys. Rev. Lett. **67**, 132.
[244] Gantmakher, V. F. and Levinson, Y. (1987) Carrier Scattering in Metals and Semiconductors. North-Holland, Amsterdam.
[245] Geerligs, L. J., Harmans, G. J. P. M. and Kouwendhoven, L. P. (1993) (eds.) The Physics of Few-Electron Nanostructures. North-Holland, Amsterdam.
[246] Gefen, Y. and Thouless, D. J. (1993) Phys. Rev. **B47**, 10423.
[247] Gefen, Y., Imry, Y. and Azbel, M. Ya (1984a) Phys. Rev. Lett. **52**, 129.
[248] Gefen, Y., Imry, Y. and Azbel, M. Ya (1984b) Surf. Sci. **142**, 203.
[249] Genack, A. Z., Garcia, N., Li, J., Polkosnik, W. and Drake, J. M. (1990) Physica **A168**, 387.
[250] Gijs, M., van Haesendonk, C. and Bruynseraede, Y. (1984) Phys. Rev. Lett. **52**, 5069; (1985) Phys. Rev. **B30**, 2964.
[251] Ginzburg, V. L. and Landau, L. D. (1950) J. Exp. Teor. Fiz. **20**, 1064. Translated in: Tev Haar, D. (ed.) (1965) Men of Science, Pergamon,

Oxford.
[252] Giordano, N., Gilson, W. and Prober, D. E. (1979) Phys. Rev. Lett. **43**, 725.
[253] Giulianni, G. F. and Quinn, J. J. (1982) Phys. Rev. **B26**, 4421.
[254] Glattli, D. C. and Sanquer, M. (eds.) (1994) Coulomb and Interference Effects in Small Electronic Structures. Editions Frontieres, Paris.
[255] Glazman, L. I. and Matveev, K. A. (1989) JETP Lett. **49**, 659.
[256] Glazman, L. I., Lesouik, G. B., Khmelnitskii, D. E. and Shekhter, R. I. (1988) JETP Lett. **48**, 238.
[257] Goldman, A. M. and Wolf, S. A. (eds.) (1983) Percolation, Localization and Superconductivity, NATO Advanced Science Institutes, Series B: Physics, vol.109. Plenum Press, New York.
[258] Goldman, V., Su, B. and Jain, J. K. (1994) Phys. Rev. Lett. **72**, 2065.
[259] Gordon, J. M. (1984) Phys. Rev. **B30**, 6770.
[260] Gorkov, L. P. and Eliashberg, G. M. (1965) Sov. Phys. JETP **21**, 940.
[261] Gorkov, L. P., Larkin, A. I. and Khmelnitskii, D. E. (1979) JETP Lett. **30**, 288.
[262] Gorter, C. J. (1936) Physica **3**, 503.
[263] Gorter, C. J. and Kronig, R. (1936) Physica **3**, 1009.
[264] Gossard, A. C. (1986) IEEE J. Quantum Electron. **QE-22**, 1649.
[265] Grabert, H. and Devoret, M. H. (eds.) (1992) Single Charge Tunneling, Coulomb Blockade Phenomena in Nanostructures, NATO Advanced Science Institute, Series B: Physics, vol.294. Plenum Press, New York.
[266] Greenwood, J. (1958) Proc. Phys. Soc. London **71**, 585.
[267] Gunther, L. (1989) J. Low Temp. Phys. **77**, 15; (1990) ibid. **79**, 255 (erratum).
[268] Gunther, L. and Gruenberg, L. (1972) Phys. Lett. **38A**, 463.
[269] Gunther, L. and Imry, Y. (1969) Solid State Commun. **7**, 1391.
[270] Gurevich, V. L. and Rudin, A. M. (1996) Phys. Rev. **B53**, 10078.
[271] Gutzwiller, M. C. (1971) J. Math. Phys. **12**, 343.
[272] Hahlbuhm, H. D. and Lübbig, H. (eds.) (1985) Proceedings of the Third International Conference on Superconducting Quantum Devices, Berlin. de Gruyter, Berlin [contains references on SQUIDS].
[273] Haldane, F. D. M. (1983) Phys. Rev. Lett. **51**, 605.
[274] Haldane, F. D. M. and Rezayi, E. H. (1988) Phys. Rev. Lett. **60**, 956.
[275] Halperin, B. I. (1982) Phys. Rev. **B25**, 2182.
[276] Halperin, B. I. (1984) Phys. Rev. Lett. **52**, 1583; **52**, 2390(E).
[277] Halperin, B. I. and McCumber, D. E. (1970) Phys. Rev. **B1**, 1054.
[278] Halperin, B. I. and Nelson, D. R. (1979) Phys. Rev. **B19**, 2457.
[279] Halperin, B. I., Lee, P. A. and Read, N. (1993) Phys. Rev. **B47**, 7312.
[280] Hanbury-Brown, R. and Twiss, R. Q. (1956) Nature **177**, 27.
[281] Hanbury-Brown, R. and Twiss, R. Q. (1957) Proc. Roy. Soc. London **A242**, 300; **A243**, 291.
[282] Hannay, J. H. and Ozorio de Almeida, A. M. (1984) J. Phys. **A17**, 3429. In this work the classical sum rule was derived. The physical interpretation in terms of a probability was given by U. Smilansky, S. Tomsovic and O. Bohigas, (1992) J. Phys. **A25**, 3261 and Argaman et al. 1993.
[283] Harrison, W. A. (1970) Solid State Theory. McGraw-Hill, New York. (→ 国内の文献 [A13])
[284] Haviland, D. B., Liu, Y. and Goldman, A. M. (1989) Phys. Rev. Lett.

62, 2180.
[285] Hebard, A. F. and Paalanen (1985) Phys. Rev. Lett. **54**, 2155.
[286] Heiblum, M., Nathan, M. I., Thomas, D. E. and Knoedler, C. M. (1985) Phys. Rev. Lett. **55**, 2200.
[287] Hekking, F. W. J and Nazarov, Yu. V. (1994) Phys. Rev. **B49**, 6847.
[288] Hekking, F. W. J., Schön, G. and Averin, D. V. (eds.) (1994) Mesoscopic Superconductivity, Proceedings of the NATO ARW in Karlsruhe. Physica **B203**, 201.
[289] Herman, M. A. and Sitter, H. (1989) Molecular Beam Epitaxy, Fundamentals and Current Status. Springer Series in Material Science **7**. Springer, Berlin.
[290] Hershfield, S. (1992) Phys. Rev. **B46**, 7061.
[291] Hertel, G. H., Bishop, D. J., Spencer, E. G., Rowell, J. M. and Dynes, R. C. (1983) Phys. Rev. Lett. **50**, 743.
[292] Hikami, S., Larkin, A. I. and Nagaoka, Y. (1981) Progr. Theor. Phys. **63**, 707.
[293] Hofmann, S. and Kummel, R. (1993) Phys. Rev. Lett. **70**, 1319.
[294] Hofstetter, E. and Schreiber, M. (1993) Europhys. Lett. **21**, 933.
[295] Hohenberg, P. C. (1967) Phys. Rev. **158**, 383.
[296] Holstein, T. (1959) Ann. Phys. (NY) **8**, 325, 343.
[297] Holstein, T. (1961) Phys. Rev. **124**, 1329.
[298] Hooge, F. N. (1969) Phys. Lett. **29A**, 139.
[299] Howard, R. E. and Prober, D. E. (1982), in VLSI Electronics: Microstructure Science. Academic, New York, vol.5, chap.9. [deals with nanofabrication].
[300] Hubbard, J. (1964) Proc. Roy. Soc. London **A277**, 237.
[301] Hughes, R. J. F., Nicholls, J. T., Frost, J. E. F., Linfield, E. F., Pepper, M., Ford, C. J. B., Ritchie, D. A., Jones, G. A. C., Kogan, E. and Kaveh, M. (1994) J. Phys. Cond. Matter **6**, 4769.
[302] Hui, V. C. and Lambert, C. J. (1993) Europhys. Lett. **23**, 203.
[303] Hund, F. (1938) Ann. der Physik **32**, 102.
[304] Imry, Y. (1969a) Ann. Phys. (NY) **51**, 1.
[305] Imry, Y. (1969b), in Proceedings of the 1969 Stanford Conference on Superconductivity, F. Chilton, ed. North-Holland, Amsterdam, p.344.
[306] Imry, Y. (1969c) Phys. Lett. **29A**, 82.
[307] Imry, Y. (1977) Phys. Rev. **B15**, 4478.
[308] Imry, Y. (1980a) Phys. Rev. Lett. **44**, 469.
[309] Imry, Y. (1980b) Phys. Rev. **B21**, 2042.
[310] Imry, Y. (1981a) Phys. Rev. **B24**, 1107.
[311] Imry, Y. (1981b) J. Appl. Phys. **52**, 1817.
[312] Imry, Y. (1983a) J. Phys. **C16**, 3501.
[313] Imry, Y. (1983b), in Goldman and Wolf (1983), p.189.
[314] Imry, Y. (1985) Invited Lecture at the Freudenstadt German Physical Society.
[315] Imry, Y. (1986a) Europhys. Lett. **1**, 249.
[316] Imry, Y. (1986b), in Directions in Condensed Matter Physics, Memorial Volume to S.-k Ma, G. Grinstein and G. Mazenko, eds. World Scientific, Singapore, p.102.
[317] Imry, Y. (1988) Physica **B152**, 295.
[318] Imry, Y. (1991), in Kramer (1991), p.221.
[319] Imry, Y. (1995a) Europhys. Lett. **30**, 405.

[320] Imry, Y. (1995b), in Akkermans et al. (1995), p.181.
[321] Imry, Y. and Bergman, D. J. (1971) Phys. Rev. **A3**, 1416.
[322] Imry, Y. and Gunther, L. (1971) Phys. Rev. **B3**, 3939.
[323] Imry, Y. and Ovadyahu, Z. (1982a) Phys. Rev. Lett. **49**, 841.
[324] Imry, Y. and Ovadyahu, Z. (1982b) J. Phys. **C15**, L327.
[325] Imry, Y. and Shiren, N. (1986) Phys. Rev. **B33**, 7992.
[326] Imry, Y. and Sivan, U. (1994) Solid State Commun. **92**, 83.
[327] Imry, Y. and Strongin, M. (1981) Phys. Rev. **B24**, 6353, contains many prior references.
[328] Imry, Y., Bergman, D. J., Deutscher, G. and Alexander, S. (1973) Phys. Rev. **A7**, 744.
[329] Imry, Y., Gefen, Y. and Bergmann, D. J. (1982) Phys. Rev. **B26**, 3436.
[330] Iordanskii, S. V. (1982) Solid State Commun. **43**, 1.
[331] Ismail, K., Meyerson, B. S. and Wang, P. J. (1991) Appl. Phys. Lett. **58**, 2117; **59**, 973.
[332] Jackiw, R. (1977) Rev. Mod. Phys. **49**, 681.
[333] Jain, J. K. (1989a) Phys. Rev. Lett. **63**, 199.
[334] Jain, J. K. (1989b) Phys. Rev. **B40**, 8079.
[335] Jain, J. K. and Kivelson, S. A. (1988) Phys. Rev. Lett. **60**, 1542; Phys. Rev. **B37**, 4111, 4726.
[336] Jalabert, R. A., Pichard, J.-L. and Beenakker, C. W. J. (1993) Europhys. Lett. **24**, 1.
[337] Jansen, N. J. M., van Gelder, A. P., Duif, A. M., Wyder, P. and d'Ambrumenil, N. (1983) Helv. Phys. Acta **56**, 209.
[338] Jiang, H. W., Johnson, C. E., Wong, K. L. and Hannahs, S. T. (1993) Phys. Rev. Lett. **71**, 1439.
[339] John, S., Sompolinsky, H. and Stephen, M. J. (1983) Phys. Rev. **B27**, 5592.
[340] Jonson, M. and Girvin, S. (1979) Phys. Rev. Lett. **43**, 1447.
[341] Josephson, B. D. (1962) Phys. Lett. **1**, 251.
[342] Josephson, B. D. (1965) Adv. Phys. **14**, 419.
[343] Joyez, P., Lafarge, P., Filipe, A., Esteve, D. and Devoret, M. (1994) Phys. Rev. Lett. **72**, 2458.
[344] Joynt, R. and Prange, R. E. (1984) Phys. Rev. **B29**, 3303; J. Phys. **C17**, 4807.
[345] Kagan, Yu. and Leggett, A. J. (eds.) (1992) Quantum Tunneling in Condensed Media. North-Holland, Amsterdam.
[346] Kamenev, A. and Gefen, Y. (1993) Phys. Rev. Lett. **70**, 1976.
[347] Kamenev, A. and Gefen, Y. (1994) Phys. Rev. **B49**, 14474.
[348] Kamenev, A. and Gefen, Y. (1995) Int. J. Mod. Phys. **B9**, 751.
[349] Kamenev, A. and Gefen, Y. (1996) WIS preprint.
[350] Kamenev, A., Reulet, B., Bouchiat, H. and Gefen, Y. (1994) Europhys. Lett. **28**, 391.
[351] Kanda, A. and Kobayashi, S-I. (1995) J. Phys. Soc. Japan (Letters) **64**, 19.
[352] Kanda, A., Katsumoto, S. and Kobayashi, S-I. (1994) J. Phys. Soc. Japan **63**, 4306.
[353] Kang, W., Störmer, H. L., Pfeiffer, L., N., Baldwin, K. W. and West, K. W. (1993) Phys. Rev. Lett. **71**, 3850.
[354] Kapon, E., Huang, D. M. and Bhat, R. (1989) Phys. Rev. Lett. **63**, 430.
[355] Kastalsky, A., Greene, L. H., Barner, J. B., Bhat, R. (1990) Phys. Rev. Lett. **64**, 958.

[356] Kastalsky, A., Kleinsasser, A. W., Greene, L. H., Bhat, R., Milliken, F. P. and Harbison, J. P. (1991) Phys. Rev. Lett. **67**, 3026.
[357] Katsumoto, S. (1995) J. Low Temp. Phys. **98**, 287.
[358] Kaveh, M. and Mott, N. F. (1981) J. Phys. **C14**, L67.
[359] Kaveh, M., Uren, M. J., Davies, R. A. and Pepper, M. (1981) J. Phys. **C14**, L413.
[360] Kawabata, A. (1980) J. Phys. Soc. Japan **49**, 628; (1981) J. Phys. Soc. Japan **50**, 2461.
[361] Kawaguchi, Y. and Kawaji, S. (1982) Surface Sci. **113**, 5051 and references therein.
[362] Kazarinov, R. F. and Luryi, S. (1982) Phys. Rev. **B25**, 7626.
[363] Keldysh, L. V. and Kopaev, Yu. V. (1965) Sov. Phys. Solid-State **6**, 2219.
[364] Khlus, V. A. (1987) Sov. Phys. JETP **66**, 1243.
[365] Khmelnitskii, D. E. (1983) JETP Lett. **38**, 552.
[366] Khmelnitskii, D. E. (1984a) Phys. Lett. **106A**, 182.
[367] Khmelnitskii, D. E. (1984b) Physica **B126**, 235.
[368] Kil, A. J., Zijlstra, R. J. J., Schuurmans, M. F. H. and Andre, J. P. (1990) Phys. Rev. **B41**, 5169.
[369] Kirk, W. P. and Read, M. A. (eds.) (1992) Nanostructures and Mesoscopic Systems, Proc. of the 1991 Santa Fe Int. Symposium. Academic Press, Boston.
[370] Kiss, L. B., Kertész, J. and Hajdu, J. (1990) Z. Phys. **B81**, 299.
[371] Kittel, C. (1963) Quantum Theory of Solids. Wiley, New York. (→ 国内の文献 [A7])
[372] Kittel, C. (1986) Introduction to Solid State Physics. Wiley, New York. (→ 国内の文献 [A6])
[373] Kivelson, S. A., Lee, D. H. and Zhang, S. C. (1992) Phys. Rev. **B46**, 2223.
[374] Kleinsasser, A. W., Jackson, T. N., McInturff, D., Rammo, F., Pettit, G. D. and Woodall, J. M. (1989) Appl. Phys. Lett. **55**, 1909.
[375] Knox, R. S. (1963) Solid State Phys. Suppl. **5**, 100.
[376] Kohn, W. (1964) Phys. Rev. **133**, A171.
[377] Kohn, W. (1965), in Physics of Solids at High Pressures, C. T. Tomizuka and R. M. Emrick, eds. Academic Press, New York, p.561.
[378] Kohn, W. and Sham, L. J. (1965) Phys. Rev. **140**, A1133.
[379] Kohn, W. and Vashishta, P. (1985), in Theory of the Inhomogeneous Electron Gas, S. Lundquist and N. H. March, eds. Plenum Press, New York.
[380] Kosterlitz, J. M., and Thouless, D. J. (1973) J. Phys. **C6**, 1181.
[381] Kramer, B., Bergmann, G. and Bruynseraede, Y. (eds.) (1985) Localization, Interaction and Transport Phenomena, Springer Series in Solid State Sciences **61**. Springer, Berlin.
[382] Kramer, B. and MacKinnon, A. (1993) Rep. Prog. Phys. **56**, 1469.
[383] Kramer, B. (ed.) (1991) Quantum Coherence in Mesoscopic Systems, NATO Advanced Science Institutes, Series no.254. Plenum Press, New York.
[384] Kramers, H. A. (1940) Physica **7**, 284.
[385] Kubo, R. (1957) J. Phys. Soc. Japan, **12**, 570.
[386] Kubo, R. (1962) J. Phys. Soc. Japan, **17**, 975.
[387] Kulik, I. O. (1969) Zh. Eksp. Teor. Fiz. **57**, 1745. [Sov. Phys. JETP

30, 944].
[388] Kulik, I. O. (1970a) JETP Lett, **11**, 275.
[389] Kulik, I. O. (1970b) Zh. Eksp. Teor. Fiz. **58**, 2171. [Sov. Phys. JETP **31**, 1172].
[390] Kulik, I. O. and Omelyanchuk, A. N. (1975) JETP Lett. **21**, 96; (1977) Sov. Phys. J. Low Temp. Phys. **3**, 459; (1978) ibid. **4**, 142; (1984) ibid. **10**, 158.
[391] Kulik I. O. and Yanson, K. (1972) The Josephson Effect in Superconductive Tunneling Structures. Israel Program of Scientific Translations, Jerusalem.
[392] Kumar, A., Saminadayar, L., Glattli, D. C., Jin, Y. and Etienne, B. (1996), Phys. Rev. Lett. **76**, 2778.
[393] Ladan, F. R. and Maurer, C. R. (1983) Acad. Sci. **297**, 227.
[394] Lafarge, P., Joyez, P., Esteve, D., Urbina, C. and Devoret, M. H. (1993) Phys. Rev. Lett. **70**, 994.
[395] Laibowitz, R. (1983), in Percolation, Localization and Superconductivity, A. M. Goldman and S. A. Wolf, eds. NATO Advanced Science Institutes, Series B: Physics, 109.
[396] Lambert, C. J. (1991) J. Phys. Cond. Matter, **3**, 6579.
[397] Lambert, C. J. (1993) J. Phys. Cond. Matter, **5**, 707.
[398] Lambert, C. J. (1994) Physica **B203**, 201.
[399] Lambert, C. J. and Robinson, S. M. (1993) Phys. Rev. **B48**, 10391.
[400] Lambert, C. J., Hui, V. C. and Robinson, S. J. (1993) J. Phys. Cond. Matter, **5**, 4187.
[401] Landau, L. D. and Lifshitz, E. M. (1959) Statistical Physics. Pergamon Press, London. (→ 国内の文献 [A21])
[402] Landau, L. D. and Lifshitz, E. M. (1960a) Quantum Mechanics. Pergamon Press, London.
[403] Landau, L. D., and Lifshitz, E. M. (1960b) Electrodynamics of Continuous Media. Pergamon Press, London.
[404] Landauer, R. (1957) IBM J. Res. Fev. **1**, 223.
[405] Landauer, R. (1970) Phil. Mag. **21**, 863.
[406] Landauer, R. (1975) Z. Physik **B21**, 247.
[407] Landauer, R. (1978) Proc. 1977 Ohio State University Conf. Electrical Transport and Optical Properties of Inhomogeneous Media. AIP Conf. Proc. **40**, J. C. Garland and D. Tanner, eds. AIP, New York.
[408] Landauer, R. (1985), in Localization, Interaction and Transport Phenomena, G. Bergmann and Y. Bruynseraede, eds. Springer, New York, p.38.
[409] Landauer, R. (1987) Z. Phys. **B68**, 212.
[410] Landauer, R. (1988) IBM J. Res. Dev. **32**, 306.
[411] Landauer, R. (1989a) Physica **D38**, 226.
[412] Landauer, R. (1989b), in Reed and Kirk (1989), p.17.
[413] Landauer, R. (1989c) J. Phys. Cond. Matter **1**, 8099.
[414] Landauer, R. (1990a) Physica **A168**, 75.
[415] Landauer, R. (1990b), in Analogies in Optics and Microelectronics, W. van Haeringen and D. Lenstra, eds. Kluwer, Dordrecht, p.243.
[416] Landauer, R. (1993) Phys. Rev. **B47**, 16427.
[417] Landauer, R. (1995), in Proceedings of the Conference on Fundamental Problems in Quantum Theory, D. Greenberger and A. Zeilinger, ed. New York Acad. Sci., New York, p.417.
[418] Landauer, R. and Büttiker, M. (1985) Phys. Rev. Lett. **54**, 2049.

[419] Landauer, R. and Helland, J. C. (1954) J. Chem. Phys. **22**, 1655.
[420] Landauer, R. and Martin, T. (1992) Physica **B182**, 288.
[421] Landauer, R. and Swanson, J. A. (1961) Phys. Rev. **121**, 1668.
[422] Lang, N. D. (1987) Phys. Rev. **B36**, 8137.
[423] Langenberg, D. N. (1969), in Tunneling Phenomena in Solids, E. Burstein and S. Lundquist, eds. Plenum Press, New York, p.519.
[424] Langer, J. S. (1971) Ann. Phys. **65**, 53.
[425] Langer, J. and Ambegaokar, V. (1967) Phys. Rev. **164**, 498.
[426] Langer, J. S. and Neal, T. (1966) Phys. Rev. Lett. **16**, 984.
[427] Langreth, D. C. and Abrahams, E. (1981) Phys. Rev. **B24**, 2978.
[428] Larkin, A. I. and Khmelnitskii, D. E. (1982) Usp. Fiz. Nauk **136**, 336. [Sov. Phys. Usp. **25**, 185].
[429] Laughlin, R. B. (1981) Phys. Rev. **B23**, 5632.
[430] Laughlin, R. B. (1983) Phys. Rev. Lett. **50**, 1395; Phys. Rev. **B27**, 3383.
[431] Laughlin, R. B. (1988) Phys. Rev. Lett. **60**, 2677.
[432] Lee, P. A. (1980) J. Noncryst. Solids **35**, 21.
[433] Lee, P. A. (1984) Phys. Rev. Lett. **53**, 2042.
[434] Lee, P. A. and Fisher, D. S. (1981) Phys. Rev. Lett. **47**, 882.
[435] Lee, P. A. and Ramakrishnan, T. V. (1985) Rev. Mod. Phys. **57**, 287 [on localization and transport in disordered systems].
[436] Lee, P. A. and Stone, A. D. (1985) Phys. Rev. Lett. **55**, 1622.
[437] Lee, P. A., Stone, A. D. and Fukuyama, H. (1987) Phys. Rev. **B35**, 1039.
[438] Lenssen, K. M. H., Jeekel, P. C. A., Harmans, C. J. P. M., Mooij, J. E., Leys, M. R., Woltar, J. H. and Holland, M. C. (1994), in Coulomb and Interference Effects in Small Electronic Structures, D. C. Glattli and M. Sanquer, eds. Editions Frontieres, Paris, p.63.
[439] Lerner, I. V. and Imry, Y. (1995) Europhys. Lett. **29**, 49.
[440] Lesovik, G. B. (1989) Pis'ma Zh. Eksp. Teor. Fiz. **49**, 515 [JETP Lett. **49**, 594 (1989)].
[441] Levi, A. F. J. et al. (1990) Physics Today **43**, 58 [on devices].
[442] Levin, H., Libby, S. B. and Pruisken, A. M. M. (1983) Phys. Rev. Lett. **51**, 1915.
[443] Levitov, L. S. and Lesovik, G. B. (1993) JETP Lett. **58**, 230 and unpublished.
[444] Levy, L. P., Dolan, G., Dunsmuir, J. and Bouchiat, H. (1990) Phys. Rev. Lett. **64**, 2072.
[445] Li, Y. P., Tsui, D. C. Heremans, J. J., Simmons, J. A. and Weiman, G. W. (1990a) Appl. Phys. Lett. **57**, 774.
[446] Li, Y. P., Zaslavsky, A., Tsui, D. C., Santos, M. and Shayegan, M. (1990b) Phys. Rev. **B41**, 8388.
[447] Licciardello, D. C. and Thouless, D. J. (1975) J. Phys. **C8**, 4157; (1978) **C11**, 925.
[448] Licini, J. C., Dolan, G. J. and Bishop, D. J. (1985a) Phys. Rev. Lett. **54**, 1585.
[449] Licini, J. C., Bishop, D. J., Kastner, M. A. and Melngailis, J. (1985b) Phys. Rev. Lett. **55**, 2987.
[450] Liefrink, F., Dijkhuis, J. I., de Jong, M. J. M., Molenkamp, L. W. and van Houten, H. (1994a) Phys. Rev. **B49**, 14066.
[451] Liefrink, F., Dijkhuis, J. I. and van Houten, H. (1994b) Semiconductor

Sci. Technol. **9**, 2178.
[452] Lifschitz, I. M. and Kirpichenkov, V. Ya. (1979) Sov. Phys. JETP **50**, 499.
[453] Lifshitz, E. M. and Pitaevskii, L. P. (1980) Statistical Physics, Vol.2. Pergamon Press, New York. See, in particular secs.75-77. (→ 国内の文献 [A22])
[454] Likharev, K. K. (1979) Rev. Mod. Phys. **51** 101.
[455] Likharev, K. K. (1986) Dynamics of Josephson Junctions and Circuits. Gordon and Breach, New York.
[456] Likharev, K. K. and Zorin, A. B. (1985) J. Low Temp. Phys. **59**, 347.
[457] Little, W. A. (1967) Phys. Rev. **156**, 396.
[458] Liu, Y. and Price, J. C. (1994) Physica **194**, 1351.
[459] London, F. (1937) J. Phys. Radium **8**, 397.
[460] Loss, D. and Martin, T. (1993) Phys. Rev. **B47**, 4916.
[461] Ludviksson, A., Kree, R. and Schmid, A. (1984) Phys. Rev. Lett. **52**, 950.
[462] MacDonald, A. H. (1995), in Akkermans et al. (1995), p.659.
[463] MacDonald, A. H. and Girvin, S. M. (1988) Phys. Rev. **B38**, 6295.
[464] MacDonald, D. K. C. (1962) Noise and Fluctuations. Wiley, New York.
[465] Macêdo, A. M. S. and Chalker, J. T. (1992) Phys. Rev. **B46**, 14985.
[466] Macêdo, A. M. S. and Chalker, J. T. (1994) Phys. Rev. **B49**, 4695.
[467] MacKinnon, A. and Kramer, B. (1981) Phys. Rev. Lett. **47**, 1546.
[468] McMillan, W. L. (1981) Phys. Rev. **B24**, 2739.
[469] McMillan, W. L. and Mochel, J. (1981) Phys. Rev. Lett. **46**, 556.
[470] McWhorter, A. L. (1957), in Semiconductor Surface Physics, R. H. Kingston, ed. University of Pennsylvania Press, Philadelphia, p.207.
[471] Mahan G. D. (1990) Many-particle Physics. Plenum Press, New York.
[472] Mailly, D., Chapelier, C. and Benoit, A. (1993) Phys. Rev. Lett. **70**, 2020.
[473] Martin, T. and Landauer, R. (1992) Phys. Rev. **B45**, 1742.
[474] Marmorkos, L. K., Beenakker, C. W. J. and Jalabert, R. A. (1993) Phys. Rev. **B48**, 2811.
[475] Matters, M., Elion, W. J. and Mooij, J. E. (1995) University of Delft preprint.
[476] Mehta, M. L. (1967) Random Matrices. Academic Press, New York.
[477] Mehta, M. L. and Dyson, F. J. (1963) J. Math. Phys. **4**, 713.
[478] Mello, P. A. (1988) Phys. Rev. Lett. **60**, 1089.
[479] Mello, P. A. (1990) J. Phys. **A23**, 4061.
[480] Mello, P. A. and Pichard, J. L. (1989) Phys. Rev. **B40**, 5276.
[481] Mello, P. A., Pereyra, P. and Kumar, N. (1988) Ann. Phys. **181**, 290.
[482] Mercereau, J. E. (1969), in Tunneling Phenomena in Solids, E. Burstein and S. Lundquist, eds. Plenum Press, New York, p.461.
[483] Merzbacher, E. (1961) Am. J. Phys. **30**, 237.
[484] Meyerson, B. S., Himpsel, F. J. and Uram, K. J. (1990) Appl. Phys. Lett. **57**, 1034.
[485] Miller, A. and Abrahams, E. (1960) Phys. Rev. **120**, 745.
[486] Milnikov, G. V. and Sokolov, I. M. (1988) JETP Lett. **48**, 536.
[487] Mohanty, P., Jariwala, E. M. Q., Ketchen, M. B. and Webb, R. A. (1995), in Quantum Coherence and Decoherence, K. Fujikawa and Y. A. Ono, eds. North-Holland, Amsterdam, p.191.
[488] Montambaux, G., Bouchiat, H., Sigeti, D. and Friesner, R. (1990) Phys.

Rev. **B42**, 7647.
[489] Mooij, J. E. (1973) Phys. Stat. Sol. **A17**, 521.
[490] Mooij, J. E. and Schön, G. (1992), in Grabert and Devoret (1992), p.275.
[491] Mooij, J. E., van Wees, B. J., Geerligs, L. J., Peters, M., Fazio, R. and Schön, G. (1990) Phys. Rev. Lett. **65**, 645.
[492] Moore, G. (1993) Bull. Am. Phys. Soc. **38**, 298.
[493] Mott, N. F. (1969) Phil. Mag. **19**, 835.
[494] Mott, N. F. (1966) Phil. Mag. **13**, 989.
[495] Mott, N. F. (1970) Phil. Mag. **22**, 7.
[496] Mott, N. F. (1974) Metal-Insulator Transitions. Taylor & Francis, London; 2nd edition (1990) Taylor & Francis, London. (→ 国内の文献 [A17])
[497] Mott, N. F. and Davies, G. A. (1979) Electronic Properties of Noncrystalline Materials, 2nd ed. Clarendon Press, Oxford.
[498] Mott, N. F. and Twose, W. D. (1961) Adv. Phys. **10**, 107.
[499] Mühlschlegel, B. (1983), in Percolation, Localization and Superconductivity, A. M. Goldman and S. A. Wolf, eds. NATO Advanced Science Institutes, Series B: Physics, 109.
[500] Mühlschlegel, B., Scalapino, D. J. and Denton, R. (1972) Phys. Rev. **B6**, 1767.
[501] Müller-Groeling, A., Weidenmuller, H. A. and Lewenkopf, C. H. (1993) Europhys. Lett. **22**, 193.
[502] Müller-Groeling, A. and Weidenmuller, H. A. (1994) Phys. Rev. **B49**, 4752.
[503] Murat, M., Gefen, Y. and Imry, Y. (1986) Phys. Rev. **B34**, 659.
[504] Muttalib, K. A., Pichard, J.-L. and Stone, A. D. (1987) Phys. Rev. Lett. **59**, 2475.
[505] Muzykantskii, B. A. and Khmelnitskii, D. E. (1994) Phys. Rev. **B50**, 3982.
[506] Nagaev, K. E. (1992) Phys. Lett. **A109**, 103.
[507] Nagaoka, Y. and Fukuyama, H. (eds.) (1982) Anderson Localization. Springer-Verlag, Berlin.
[508] Nakano, H. and Takayanagi, H. (1991) Solid State Commun. **80**, 997.
[509] Nazarov, Yu. V. (1994) Phys. Rev. Lett. **73**, 1420.
[510] Newbower, R. S., Beasley, M. R. and Tinkham, M. (1972) Phys. Rev. **B5**, 864.
[511] Nguyen, V. L., Spivak, B. Z. and Shklovskii, B. I. (1985a) JETP Lett. **41**, 42.
[512] Nguyen, V. L., Spivak, B. Z. and Shklovskii, B. I. (1985b) Sov. Phys. JETP **62**, 1021.
[513] Nozières, P. (1963) Interacting Fermi Systems. Benjamin, New York. [See also Pines and Nozières (1989)]
[514] Oakeshott, R. B. S. and McKinnon, A. (1994) J. Phys. Cond. Matter **6**, 1513.
[515] Oh, S., Zyuzin, A. Yu. and Serota, R. A. (1991) Phys. Rev. **44**, 8858.
[516] Onsager, L. (1931) Phys. Rev. **37**, 405; **38**, 2265.
[517] Oseledec, V. I. (1968) Trans. Moscow Math. Soc. **19**, 197.
[518] Ovadyahu, Z. and Imry, Y. (1983) J. Phys. **C16**, L471.
[519] Ovadyahu Z. and Imry, Y. (1985) J. Phys. **C18**, L19.
[520] Pannetier, B., Chaussy, J., Rammal, R. and Gandit, P. (1984) Phys. Rev. Lett. **53**, 718; (1985) Phys. Rev. **B31**, 3209.
[521] Pauling, L. (1936) J. Chem. Phys. **4**, 673.

[522] Payne, M. C. (1989) J. Phys. Cond. Matter **1**, 4931.
[523] Peierls, R. (1955) Quantum Theory of Solids. Oxford University Press, Oxford, p.29 (comment attributed to W. Shockley). (→ 国内の文献 [A12])
[524] Pendry, J. B. (1990) J. Phys. Cond. Matter **2**, 3273, 3287.
[525] Pendry, J. B. and MacKinnon, A. (1992) Phys. Rev. Lett. **69**, 2772.
[526] Pendry, J. B., MacKinnon, A. and Castaño, E. (1986) Phys. Rev. Lett. **57**, 2983.
[527] Pendry, J. B., MacKinnon, A. and Roberts, P. J. (1992) Proc. Roy. Soc. London **A473**, 67.
[528] Pepper, M. and Uren, M. J. (1982) J. Phys. **C15**, L617.
[529] Peshkin, M. and Tonomura, A. (1989) The Aharonov-Bohm Effect. Springer-Verlag, Berlin.
[530] Petrashov, V. T., Antonov, V. N., Maksimov, S. V. and Shaikhaidarov, R. Sh. (1993a) JETP Lett. **58**, 49.
[531] Petrashov, V. T., Antonov, V. N., Delsing, P. and Claeson, T. (1993b) Phys. Rev. Lett. **70**, 347.
[532] Petrashov, V. T., Antonov, V. N., Delsing, P. and Claeson, T. (1995) Phys. Rev. Lett. **74**, 5268.
[533] Pfeiffer, L. N., Stormer, H. L., Baldwin, K. W., West, K. W., Goni, A. R., Pinczuk, A., Ashoori, R. C., Dignam, M. M. and Wegscheide, W. (1993) J. Crystal Growth **840**, 127.
[534] Pichard, J. L. (1984) Thesis, University of Paris, Orsay, No.2858.
[535] Pichard, J. L. (1991), in Quantum Coherence in Mesoscopic Systems, B. Kramer, ed., Proceeding of the 1990 NATO Advanced Science Institutes. Plenum Press, New York, p.369.
[536] Pichard, J. L. and Sarma, G. (1981a) J. Phys. **C14**, L127.
[537] Pichard, J. L. and Sarma, G. (1981b) J. Phys. **C14**, L617.
[538] Pines, D. and Nozières, P. (1989) The Theory of Quantum Liquids. Addison-Wesley, Reading, M. A., Advanced Book Classics.
[539] Pollak, M. (1970) Discuss Faraday Soc. **50**, 13; (1971) Proc. Roy. Soc. London **A325**, 383; Phil. Mag. **23**, 519.
[540] Pollak, M. (1972) J. Noncryst. Solids **11**, 1.
[541] Pooke, L., Paquin, N., Pepper, M. and Gundlach, A. J. (1989) Phys. Cond. Matter **1**, 3289.
[542] Prange, R. E., in Prange and Girvin (1990), pp.1-69.
[543] Prange, R. E. and Girvin, S. M. (1990) The Quantum Hall Effect, 2nd ed. Springer-Verlag, Berlin.
[544] Prober, D. (1983), in Goldman and Wolf (1983), p.231.
[545] Pruisken, A. M. M. (1984) Nucl. Phys. **B235**, 277.
[546] Pruisken, A. M. M. (1985) Phys. Rev. **B32**, 1311; in Kramer et al. (1985) p.188; Phys. Rev. **B31**, 416; in Prange and Girvin (1990) p.177.
[547] Pytte, E. and Imry, Y. (1987) Phys. Rev. **B35**, 1465.
[548] Rajaraman, R. (1982) Solitons and Instantons. Elsevier, Amsterdam.
[549] Ralls, K. S. and Buhrman, R. A. (1988) Phys. Rev. Lett. **60**, 2434.
[550] Ralls, K. S., Skocpol, W. J., Jackel, L. D., Howard, R. E., Fetter, L. A., Epworth, R. W. and Tennant, D. M. (1984) Phys. Rev. Lett. **52**, 118.
[551] Raveh, A. and Shapiro, B. (1992) Europhys. Lett. **19**, 109.
[552] Razeghi, M. (1989) The MOCVD Challenge. Adam Hilger, Bristol UK and Philadelphia PA.
[553] Read, N. (1994) Semicond. Sci. Technol. **9**, 1859.
[554] Reed, M. A. and Kirk, X. P. (eds.) (1989) Nanostructure Physics and

Fabrication, Proc. Texas A&M Int. Symposium. Academic Press, Boston.
[555] Reif, F. (1965) Fundamentals of Statistical and Thermal Physics. McGraw-Hill, New York. (→ 国内の文献 [A20])
[556] Rezayi, E. and Read, N. (1994) Phys. Rev. Lett. **72**, 900.
[557] Reznikov, M., Heiblum, M., Shtrikman, H. and Mahalu, D. (1995) Phys. Rev. Lett. **75**, 3340.
[558] Rice, T. M. (1965) Phys. Rev. **A140**, 1889.
[559] Salem, L. (1966) The Molecular Orbital Theory of Conjugated Systems. Benjamin, New York.
[560] Sample, H. H., Bruno, W. J., Sample, S. B. and Sichel, E. K. (1987) J. Appl. Phys. **61**, 1079.
[561] Scalapino, D. J. (1993) Phys. Rev. **B47**, 7995.
[562] Scalapino, D. J. (1969), in Tunneling Phenomena in Solids, E. Burstein and S. Lundquist, eds. Plenum Press, New York, p.477.
[563] Scalapino, D. J., Fye, R. M., Martins, N. J., Wagner, J. and Hanke, W. (1991) Phys. Rev. **B44**, 6909.
[564] Scalapino, D. J., Sears, M. and Ferrel, R. A. (1972) Phys. Rev. **B6**, 3409.
[565] Schmid, A. (1969) Phys. Rev. **180**, 627.
[566] Schmid, A. (1974) Z. Phys. **271**, 251.
[567] Schmid, A. (1988) Ann. Phys. (NY) **170**, 333.
[568] Schmid, A. (1991) Phys. Rev. Lett. **66**, 80; **66**, 1379(E).
[569] Schmitt-Rink, S., Chemla, D. S. and Miller, D. A. B. (1989) Adv. Phys. **38**, 89.
[570] Schön, G. and Zaikin, A. D. (1990) Phys. Rep. **190**, 237.
[571] Shalgi, A. and Imry, Y. (1995), in Akkermans et al. (1995), p.229.
[572] Shapiro, B. (1982) Phys. Rev. **B25**, 4266.
[573] Shapiro, B. (1983a) Phys. Rev. Lett. **50**, 747.
[574] Shapiro, B. (1983b) Ann. Isr. Phys. Soc. **V**, 367.
[575] Shapiro, B. and Abrahamas, E. (1981) Phys. Rev. **B24**, 4889.
[576] Sharvin, Yu V. (1965) Zh. Exp. Teor. Fiz. **48**, 984; (1965) Sov. Phys. JETP **21**, 655.
[577] Sharvin, D. Yu and Sharvin, Yu V. (1981) JETP Lett. **34**, 272.
[578] Shelankov, A. L. (1984) Fiz. Tverd. Tela **26**, 1615 [Sov. Phys. Solid State **26**, 981 (1984)].
[579] Sheng, P. (ed.) (1990) Scattering and Localization of Classical Waves in Random Media. World Scientific, Singapore.
[580] Sheng, P. (1995) Introduction to Wave Scattering, Localization and Mesoscopic Phenomena, Chapter 8. Academic Press, Boston.
[581] Shimizu, A., Ueda, M. and Sakaki, H. (1992) Proc. 4th Int. Symp. on Foundations of Quantum Mechanics. Physical Society of Japan, Tokyo.
[582] Shklovskii, B. I. and Efros, A. L. (1971) Zh. Exp. Teor. Fiz. **60**, 867 [Sov. Phys. JETP **33**, 469 (1971)].
[583] Shklovskii, B. I. and Efros, A. L. (1984) Electronic Properties of Doped Semiconductors, Springer Series in Solid State Sciences, **45**. Springer, Berlin, pp.210-216.
[584] Shmidt, V. V. (1966) JETP Lett. **3**, 89.
[585] Shtrikman, S. and Thomas, H. (1965) Solid State Commun. **3**, 147.
[586] Simmons, J. A., Wei, H. P., Engel, L. W., Tsui, D. C. and Shayegan, M. (1989) Phys. Rev. Lett. **63**, 1731.
[587] Simmons, J. A., Hwang, S. W., Tsui, D. C., Wei, H. P., Engel, L. W.

and Shayegan, M. (1991) Phys. Rev. **B44**, 12933.
[588] Sivan, U. and Imry, Y. (1986) Phys. Rev. **B33**, 551.
[589] Sivan, U. and Imry, Y. (1987) Phys. Rev. **B35**, 6074.
[590] Sivan, U. and Imry, Y. (1988) Phys. Rev. Lett. **61**, 1001.
[591] Sivan, U., Imry, Y., and Hartsztein, C. (1989) Phys. Rev. **B39**, 1242.
[592] Sivan, U., Milliken, F. P., Milkove, K., Rishton, S., Lee, Y., Hong, J. M., Hoegli, V., Kern and de Franza, M. (1994a) Europhys. Lett. **25**, 605.
[593] Sivan, U., Imry, Y. and Aronov, A. G. (1994b) Europhys. Lett. **28**, 115.
[594] Skocpol, W. J., Jackel, L. D., Howard, R. E., Mankiewich, P. M. and Tennant, P. M. (1986) Phys. Rev. Lett. **56**, 2865.
[595] Slevin, K., Pichard, J.-L., and Muttalib, K. A. (1993) J. de Physique **3**, 1387.
[596] Smith, H. J. and Craighead, N. G. (1990) Physics Today, **43**, 24 [on nanofabrication].
[597] Spivak, B. Z. and Khmelnitskii, D. E. (1982) Pis'ma Zh. Eksp. Teor. Fiz. **35**, 334 [JETP Lett. **35**, 412 (1982)].
[598] Spivak, B. Z. and Zyuzin, A. Yu (1991), in Altshuler et al. (1991).
[599] Stein, J. and Krey, U. (1979) Z. Phys. **B34**, 287.
[600] Stein, J. and Krey, U. (1980) Z. Phys. **B37**, 18.
[601] Stern, A. (1994) Phys. Rev. **B50**, 10092.
[602] Stern, A., Aharonov, Y. and Imry Y. (1990a) Phys. Rev. **A41**, 3436.
[603] Stern, A., Aharonov, Y. and Imry, Y. (1990b), in Kramer (1991), p.99.
[604] Stern, F. (ed.) (1982) Electronic Properties of Two Dimensional Systems. North-Holland, Amsterdam.
[605] Stone, A. D. (1985) Phys. Rev. Lett. **54**, 2692.
[606] Stone, A. D. and Imry, Y. (1986) Phys. Rev. Lett. **56**, 189.
[607] Stone, A. D., Mello, P. A., Muttalib, K. A. and Pichard, J.-L. (1991), in Mesoscopic Phenomena in Solids, B. L. Altshuler, P. A. Lee and R. A. Webb, eds. North-Holland, Amsterdam, p.369.
[608] Störmer, H. L., Du, R. R. , Kay, W., Tsui, D. C., Pfeiffer, L. N., Baldwin, K. W. and West, K. W. (1994) Semicond. Sci. Technol. **9**, 1853.
[609] Su, W. P. and Schrieffer, J. R. (1981) Phys. Rev. Lett. **46**, 738.
[610] Sze, S. M. (1986) Physics of Semiconductor Devices, 2nd ed. Wiley, New York.
[611] Szopa, M. and Zipper, E. (1995) Int. J. Mod. Phys. **B9**, 161.
[612] Takagi, S. (1992) Solid State Commun. **81**, 579.
[613] Takane, Y. and Ebisawa, H. (1991) J. Phys. Soc. Japan. **60**, 3130.
[614] Takane, Y. and Ebisawa, H. (1992) J. Phys. Soc. Japan, **61**, 1685; **61**, 2858.
[615] Takane, Y. and Otani, H. (1994) J. Phys. Soc. Japan, **63**, 3361.
[616] Takane, Y. (1994) J. Phys. Soc. Japan **63** 2849, 2668, 4310.
[617] Thornton, T. J., Pepper, M., Ahmed, H., Andrews, D. and Davies, J. J. (1986) Phys. Rev. Lett. **56**, 1198.
[618] Thouless, D. J. (1970) J. Phys. **C3**, 1559.
[619] Thouless, D. J. (1977) Phys. Rev. Lett. **39**, 1167.
[620] Thouless, D. J. (1989) Phys. Rev. **B40**, 12034.
[621] Thouless, D. J. and Gefen, Y. (1991) Phys. Rev. Lett. **66**, 806.
[622] Thouless, D. J. and Kirkpatrick, S. (1981) J. Phys. **C14** 235.
[623] Tighe, T., Johnson, A. T. and Tinkham, M. (1991) Phys. Rev. **B44**,

10286.
[624] Tighe, T., Tuominnen, M. T., Hergenrother, J. M. and Tinkham, M. (1993) Phys. Rev. **B47**, 1145.
[625] Tinkham, M. (1975) Introduction to Superconductivity. R. E. Krieger, Malabar, FL (→ 国内の文献 [A8]); 2nd edition (1996) McGraw-Hill, New York.
[626] Tomsovic, S. and Heller, E. (1993) Phys. Rev. **E47**, 282.
[627] Tonomura, A., Matsuda, T., Suzuki, R., Fukuhara, A., Osakabe, N., Umezaki, H., Endo, J. Shinogawa, K., Sugita, Y. and Fujiwara, H. (1982) Phys. Rev. Lett. **48**, 1443.
[628] Toyozawa, Y. (1961) Progr. Theor. Phys. **26**, 29.
[629] Trivedi, N. and Browne, D. A. (1988) Phys. Rev. **B38**, 9581.
[630] Trugman, S. A. (1983) Phys. Rev. **B27**, 7539.
[631] Tsui, D. C., Stormer, H. L. and Gossard, A. C. (1982) Phys. Rev. Lett. **48**, 1559; Phys. Rev. **B25**, 1405.
[632] Tuominen, M. T., Hergenrother, J. M., Tighe, T. S. and Tinkham, M. (1992) Phys. Rev. Lett. **69**, 1997.
[633] Ueda, M. and Simizu, A. (1993) J. Phys. Soc. Japan. **62**, 2994.
[634] Ulloa, S., MacKinnon, A., Castaño, E. and Kirczenow, G. (1992) Handbook on Semiconductors; vol.1, Basic Properties of Semiconductors, P. I. Landsberg, ed. North-Holland, Amsterdam, p.864.
[635] Umbach, C. P., Washburn, S., Laibowitz, R. B. and Webb, R. A. (1984) Phys. Rev. **B30**, 4048.
[636] Uwaha, M. and Noziéres, P. (1985) J. de Physique **46**, 109.
[637] van der Merwe, J. H. (1963) J. Appl. Phys. **34**, 117.
[638] van der Pauw, L. J. (1958) Philips Res. Rep. **13**, 1.
[639] van der Zant, H. S. J., Fritschy, F. C., Orlando, T. P. and Mooij, J. E. (1991a) Phys. Rev. Lett. **66**, 2531.
[640] van der Zant, H. S. J., Geerligs, L. G. and Mooij, J. E. (1991b), in Kramer (1991) p.511.
[641] van der Zant, H. S. J., Fritschy, F. C., Orlando, T. P. and Mooij, J. E. (1992a) Europhys. Lett. **18**, 343.
[642] van der Zant, H. S. J., Geerligs, L. G. and Mooij, J. E. (1992b) Europhys. Lett. **19**, 541.
[643] van der Ziel, A. (1986) Noise in Solid State Devices and Circuits. Wiley, New York.
[644] van Haeringern, W. and Lenstra, D. (eds.) (1991) Analogies in Optics and Microelectronics, Proceedings of the Conference. Physica **187**.
[645] van Houten, H. and Beenakker, C. W. J. (1991) Physica **B175**, 187.
[646] van Hove (1954) Phys. Rev. **95**, 249.
[647] van Kampen, N. G. (1981) Stochastic Processes in Physics and Chemistry. North-Holland, Amsterdam.
[648] van Otterlo, A., Wagenblast, K. H., Fazio, R. and Schön, G. (1993) Phys. Rev. **B48**, 3316.
[649] van Ruitenbeck, J. M. and van Leeuwen, D. A. (1991) Phys. Rev. Lett. **67**, 640.
[650] Van Vleck, J. H. and Weisskopf, V. F. (1945) Rev. Mod. Phys. **17**, 227.
[651] van Wees, B. J. (1988) Phys. Rev. Lett. **60**, 848.
[652] van Wees, B. J. (1990) Phys. Rev. Lett. **65**, 255.
[653] van Wees, B. J. (1991) Phys. Rev. **B44**, 2264.
[654] van Wees, B. J. (1993) Bull. Am. Phys. Soc. **38**, 492.
[655] van Wees, B. J., Van Houten, H., Beenakker, C. W. J., Williamson, J.

G., Kouendhoven, L. P., van der Marel, D. and Foxon, C. T. (1988) Phys. Rev. Lett. **60**, 848.
[656] van Wees, B. J., de Vries, P., Magnee, P. and Klapwijk, T. M. (1992) Phys. Rev. Lett. **69**, 510.
[657] van Wees, B. J., Dimoulas, A., Heida, J. P., Klapwijk, T. M., Graaf, W. V. D. and Borghs, G. (1994) Physica **B203**, 285.
[658] Visani, P., Mota, A. C. and Polini, A. (1990) Phys. Rev. Lett. **65**, 1514.
[659] Vloberghs, H., Moschalkov, V. V., van Haesendonk, C., Jonckheere, R. and Bruynseraede, Y. (1992) Phys. Rev. Lett. **69**, 1268.
[660] Volkov, A. F. (1994) Physica **B203**, 267.
[661] Vollhardt, D. and Wölfle, P. (1980) Phys. Rev. **B22**, 4678.
[662] Vollhardt, D. and Wölfle, P. (1982) Phys. Rev. Lett. **48**, 699.
[663] von Klitzing, K. (1982) Europhysics News **13**, 3.
[664] von Klitzing, K., Dorda, G. and Pepper, M. (1980) Phys. Rev. Lett. **45**, 494.
[665] Voss, R. F. and Clarke, J. (1976) Phys. Rev. **B13**, 556.
[666] Wang, T., Clark, K. P., Spender, G. F., Mack, A. M. and Kirk, W. P. (1994) Phys. Rev. Lett. **72**, 709.
[667] Washburn, S., Umbach, C. P., Laibowitz, R. B. and Webb., R. A. (1985) Phys. Rev. **B32**, 4789, and unpublished results.
[668] Washburn, S., Haug, R. J., Lee. K. V., and Hong, J. M. (1991) Phys. Rev. **B44**, 3875.
[669] Wax, N. ed. (1954) Noise and Stochastic Processes. Dover, New York.
[670] Webb, R. A. and Washburn, S. (1986) Adv. Phys. **35**, 375.
[671] Webb, R. A. and Washburn, S. (1988) Physics Today **41**, 46.
[672] Webb, R. A., Fowler, A. B., Hartstein, A. and Wainer, J. J. (1986) Surf. Sci. **170**, 14.
[673] Webb, R. A., Washburn, S., Umbach, C. P. and Laibowitz, R. B. (1984), in Bergmann et al. (1984) p.121.
[674] Webb, R. A., Washburn, S., Umbach, C. P. and Laibowitz, R. B. (1985a), in Hahlbohm and Lübbig (1985), p.561.
[675] Webb, R. A., Washburn, S., Umbach, C. P. and Laibowitz, R. B. (1985b) Phys. Rev. Lett. **54**, 2696.
[676] Webb, W. W. and Warburton, R. J. (1968) Phys. Rev. Lett. **20**, 461.
[677] Wegner, F. (1976) Z. Phys. **25**, 327; (1980) Phys. Rep **67**, 151.
[678] Wegner, F. (1979) Z. Phys. **B35**, 207.
[679] Wei, H. P., Tsui, D. C. and Pruisken, A. M. M. (1986) Phys. Rev. **B33**, 1488.
[680] Weissman, M. B. (1988) Rev. Mod. Phys. **60**, 537.
[681] Wharam, D. A., Thornton, T. J., Newbury, R., Pepper, M., Ahmed, H., Frost, J. E. F., Husko, D. G., Peacock, D. C., Ritchie, D. A. and Jones, G. A. C. (1988) J. Phys. **C21**, L209.
[682] White, E., Dynes, R. C. and Garno, J. P. (1985) Phys. Rev. **B31**, 1174.
[683] Wiesmann, H., Gurvitch, M., Lutz, H., Gosh, A., Schwartz, B., Allen, P. B. and Strongin, M. (1977) Phys. Rev. Lett. **38**, 782.
[684] Wigner, E. P. (1951) Ann. Math. **53**, 36; (1955) **62**, 548.
[685] Willett, R., Ruel, M., West, K. and Pfeiffer, L. (1993a) Phys. Rev. Lett. **71**, 3846.
[686] Willett, R., Ruel, R., Paalanen, M., West, K. and Pfeiffer, L. (1993b) Phys. Rev. **B47**, 7344.
[687] Wind, S., Rooks, M. J., Chandrasekhar, V. and Prober, D. E. (1986)

Phys. Rev. Lett. **57**, 633.
[688] Yacoby, A. and Imry, Y. (1990) Phys. Rev. **B41**, 5341 and references therein for conductance quantization.
[689] Yacoby, A., Heiblum, M., Mahalu, D. and Shtrikman, H. (1995) Phys. Rev. Lett. **74**, 4047.
[690] Yacoby, A., Stormer, H. L., Baldwin, D. W., Pfeiffer, L. N. and West, K. W. (1996) Bell Labs preprint, to be published in Solid State Comm.
[691] Yamada, R.-I. and Kobayashi, S.-I. (1995) J. Phys. Soc. Japan (Letters) **64**, 360.
[692] Yang, C. N. (1962) Rev. Mod. Phys. **34**, 694.
[693] Yang, C. N. (1989), in Proc. Int. Symp. on Foundations of Quantum Mechanics, Kobayashi, S.-I., Ezawa, H., Murayama, Y. and Nomura, S. eds. The Physical Society of Japan, p.383.
[694] Yennie, D. R. (1987) Rev. Mod. Phys. **59** 781.
[695] Yoffe, A. F. and Regel, A. R. (1960) Progr. Semicon. **4**, 237.
[696] Yoshioka, D. and Fukuyama, H. (1992), in Fukuyama and Ando (1992), p.221.
[697] Yoshioka, H. and Fukuyama, H. (1990) J. Phys. Soc. Japan **59**, 3065.
[698] Yoshioka, H. and Fukuyama, H. (1992), in Fukuyama and Ando (1992), p.263.
[699] Yurke, B. and Kochanski, G. P. (1990) Phys. Rev. **B41**, 8184.
[700] Zaikin, A. D. (1992) J. Low Temp. Phys. **88**, 373.
[701] Zaikin, A. D. (1994) Physica **B203**, 255.
[702] Zaïsev, A. V. (1980) Zh. Eksp. Teor. Fiz. **78**, 221 [Sov. Phys. JETP **51**, 111]; (1980) **79**, 2016(E) [**52**, 1018(E)]; (1984) **86**, 1742 [**59**, 1015].
[703] Zener, C. (1930) Proc. Roy. Soc. A. **137**, 636.

国内の文献（訳者補遺） 〈 〉：本書の関係箇所

[A1] (←[56]) アシュクロフト・マーミン，松原武生・町田一成訳：「固体物理の基礎」上 I／上 II／下 I／下 II, 吉岡書店，1981/1982.〈1 章，6.1 節〉
[A2] (←[8]) アブリコソフ，松原武生・東辻千枝子訳：「金属物理学の基礎」上／下，吉岡書店，1994/1995.〈2 章，7 章〉
[A3] 安藤恒也編：シリーズ物性物理の新展開「量子効果と磁場」丸善，1995.〈2.5 節，6 章〉
[A4] 岩渕修一：パリティー物理学コース クローズアップ「メゾスコピック系の物理」丸善，1998.〈4.2 節，5.2-3 節〉
[A5] 川畑有郷：新物理学シリーズ 31「メゾスコピック系の物理学」培風館，1997.〈4.2 節，5.2-3 節〉
[A6] (←[372]) キッテル，宇野良清他訳：「固体物理学入門」上／下，丸善，1998.〈5.1 節〉
[A7] (←[371]) キッテル，堂山昌男監訳：「固体の量子論」丸善，1972.〈3.1 節，付録 F〉
[A8] (←[625], 1st ed.) ティンカム，小林俊一訳：「超伝導現象」産業図書，1981.〈7 章〉
[A9] (←[164]) ド・ジャンヌ，渋谷善夫他訳：「金属および合金の超電導」養賢堂，1975.〈7 章〉
[A10] 長岡洋介・安藤恒也・高山一：岩波講座 現代の物理学 18「局在・量子ホール効果・密度波」岩波書店，1993.〈2 章，5 章，6 章〉

[A11] 日本物理学会編：「量子力学と新技術」培風館，1987. 〈5.3節「量子抵抗体の並列結合」，6.1-3節〉
[A12] (←[523]) パイエルス，碓井恒丸他訳：「固体の量子論」吉岡書店，1957. 〈4.2節〉
[A13] (←[283]) ハリソン，中野藤生他訳：「ハリソン固体論」丸善，1976. 〈2.3節〉
[A14] (←[225]) ファインマン・レイトン・サンズ，砂川重信訳：「ファインマン物理学 V 量子力学」岩波書店，1979. 〈7.3節〉
[A15] (←[223]) フェッター・ワレッカ，松原武生・藤井勝彦訳：「多粒子系の量子論」理論編／応用編，マグロウヒルブック，1987. 〈付録A〉
[A16] 福山秀敏編：シリーズ物性物理の新展開「メゾスコピック系の物理」丸善，1996. 〈2章，3.3節，4.2節，5章，6.2節，8.4節〉
[A17] (←[496], 2nd ed.) モット，小野嘉之・大槻東巳訳：「金属と非金属の物理」丸善，1996. 〈2章，5.1節，付録B，付録D〉
[A18] モット，小島忠宣・小島和子訳：「非晶質材料の電気伝導」現代工学社，1988. 〈2章，5.1節，付録B〉
[A19] 吉岡大二郎：新物理学選書「量子ホール効果」，岩波書店，1998. 〈6章〉
[A20] (←[555]) ライフ，中山寿夫・小林祐次訳：「統計熱物理学の基礎」上／中／下，吉岡書店，1977/1978. 〈8章，付録A〉
[A21] (←[401]) ランダウ・リフシッツ，小林秋男他訳：「統計物理学 第3版」上／下，岩波書店，1980. 〈4.1節，5.2節，7.2節，8.2節，8.3節，付録A〉
[A22] (←[453]) リフシッツ・ピタエフスキー，碓井恒丸訳：「量子統計物理学」岩波書店，1982. 〈付録A〉

記号一覧（訳者補遺）

読者の便宜のため本書の中で用いられている主な記号をまとめておく。基本的に本書で採用されている定義を示しており、他の文献では定義が異なるものもある。

- a 微視的な長さ (原子間距離，電子間距離など) [p.16, p.32]，GL 方程式の第 1 係数 [p.183]
- A 面積，ベクトルポテンシャル
- b GL 方程式の第 2 係数 [p.183]
- B 磁場 (磁束密度)
- c 光速 $c \approx 2.998 \times 10^8$ m/s
- d 系の次元，薄膜の厚さ，金属微粒子の径，リングの太さ
- D 拡散係数 $D = v_F^2 \tau/d = v_F l/d$ (d：系の次元) [p.20]
  （参考：拡散電流密度 $\mathbf{j}_{\mathrm{dif}} = eD\nabla n$）
- e 電荷素量 $e \approx 1.602 \times 10^{-19}$ C $\approx 4.803 \times 10^{-10}$ esu
- E エネルギー，電場
- E_c Thouless エネルギー $E_c = \hbar D/L^2$ [p.65] ($E_c = V_L/\pi$ [p.246])，ポテンシャル場の鞍点のエネルギー [p.166]
- E_F Fermi エネルギー $E_F = \hbar^2 k_F^2 / 2m$
- E_k 超伝導体中の準粒子のエネルギー $E_k = \sqrt{\Delta_s^2 + \xi_k^2}$ [p.206]，波数 k の 1 電子のエネルギー [p.108]
- E_m 移動度端のエネルギー [p.18]
- f Fermi 分布もしくは Bose 分布関数，自由エネルギー密度，Jastrow 因子 [p.172]，周波数・振動数
- F 系の自由エネルギー
- g 無次元コンダクタンス $g = G/(e^2/\pi\hbar)$ [p.130]
  ($g = \pi E_c/\Delta$ [ref. p.246(B.8)])
- g_0 微視的臨界寸法 L_0 における無次元コンダクタンス [p.33]
- g_c M-I 転移点 ($d > 2$) の無次元コンダクタンス ($\beta(g_c) = 0$) [p.35]

g_L	寸法 L のブロックの無次元コンダクタンス ($g(L)$ とも書く) $g_L = V_L/\Delta_L$ [p.26]
G	コンダクタンス (4 端子コンダクタンス [p.121])
G_c	2 端子コンダクタンス [p.119]
G_n	Josephson 接合の常伝導コンダクタンス [p.201]
h	Planck 定数 $h \approx 6.626 \times 10^{-34}$ Js
$\hbar$	Dirac 定数 $\hbar = h/2\pi \approx 1.055 \times 10^{-34}$ Js
H	磁場
I	電流, 局在状態間の結合係数因子 [p.22], 単位行列
I_J	Josephson 接合の超伝導臨界電流 [p.203]
j	電流密度, 整数
J	電流 [p.127]
J_c	超伝導弱結合の臨界電流密度 [p.201]
k	波数, 整数
k_B	Boltzmann 定数 $k_B \approx 1.381 \times 10^{-23}$ JK^{-1}
k_F	Fermi 波数 $k_F = (3\pi^2 n)^{1/3}$ (参考: $k_{F,2D} = (2\pi n_{2D})^{1/2}$, $k_{F,1D} = \pi n_{1D}/2$)
$K(E,\epsilon)$	状態密度のスペクトル相関関数 $K(E,\epsilon) = \langle \delta n(E - \frac{\epsilon}{2})\delta n(E + \frac{\epsilon}{2}) \rangle$ [p.96]
l	平均自由行程 (主として弾性散乱長) $l = v_F \tau$ [p.13], 半円径路 (左側) を辿る 1 電子の波動関数 [p.46], 波数, 整数
l_c	サイクロトロン半径 $l_c = v/\omega_c$ (v: 電子の速度) [p.164]
l_H	磁気長 (磁束量子間距離) [p.42] $l_H = \sqrt{\hbar/eB}$ (SI 単位系); $l_H = \sqrt{\hbar c/eB}$ (cgs-gauss 単位系)
L	試料寸法, 仮想ブロックの一辺の長さ [p.26], リングの周の長さ [p.77]
L_0	スケーリング理論の適用下限となる微視的臨界寸法 $L_0 \sim l$ [p.33, p.34]
L_M	ホッピング距離 [p.22]
L_T	熱拡散長 $L_T = \sqrt{D\hbar/k_B T}$ [p.63]
L_ϕ	位相干渉長 $L_\phi = \sqrt{D\tau_\phi}$ [p.29]
m	電子の有効質量, 整数, 分数量子 Hall 状態を表す奇数もしくは整数 ($\nu = 1/m$ [p.174], $\nu = m/(2m \pm 1)$ [p.177]) など
n	電子密度 $n = k_F^3/3\pi^2$ [p.14] (参考: $n_{2D} = k_{F,2D}^2/2\pi$, $n_{1D} = 2k_{F,1D}/\pi$), ゼロ以上の整数, 超伝導リング内の GL 波動関数の量子数

記号一覧（訳者補遺）

$n(0)$ Fermi 準位における電子の単位体積の状態密度 $n(0) = N(E_F)/L^d$

$N(E_F)$ Fermi 準位における状態密度 ($N(0)$ とも書く)
$N(E_F) = (L^3/2\pi^2)\{(2m)^{3/2}/\hbar^3\}\sqrt{E_F} = 3n/2E_F$ (3 次元系でスピン縮退を数えた場合. L はブロックの寸法. ただしスピンの扱い方は統一されていない)

N 電子数，原子数，チャネル数

p 位相緩和時間の温度依存性を表す指数 ($\tau_\phi \propto T^{-p}$) [p.29]，運動量，Landau 準位の縮退度 $p = A/2\pi l_H^2$ (A：面積) [p.154]

P 多電子系の状態が径路 $\mathbf{x}(t)$ を辿る 1 電子によって変更される確率 [p.55]

q 波数

r 複素反射振幅 [p.117]，半円径路 (右側) を辿る 1 電子の波動関数 [p.46]

R 反射率 (反射係数) $R = |r|^2$ [p.117]，抵抗，距離

$R_\square$ 面抵抗 (2 次元系の正方形領域の抵抗) [p.35]

s スケーリング関数 $\beta(g)$ の $\beta = 0$ における傾き ($\nu = 1/s$) [p.36]

S 散乱行列 [p.117]，超伝導系のゆらぎによる抵抗を決める数値因子 [p.195]

$S(\omega)$ 雑音パワースペクトル ($S_I(\omega)$：電流雑音パワースペクトル) [p.217]

$S(q,\omega)$ 動的構造因子 [p.243]

t (ブロック間の) 遷移行列要素 [p.25]，複素透過振幅 [p.117]，時間・時刻

T 絶対温度，透過率 (透過係数) $T = |t|^2$ [p.117]，伝送行列 [p.256]

T_0 ホッピング伝導の特性温度 ($k_B T_0 \sim \Delta_\xi$) [p.22, p.30]

T_c 超伝導臨界温度 [p.184]

U_W 異相領域間のエネルギー障壁 [p.71]

v 電子の速度，静電ポテンシャル [p.103]

v_F Fermi 速度 $v_F = \hbar k_F/m$

V バンド幅 $V = t_{ij}$ [p.17]，ハミルトニアンの相互作用項 [p.49]，電圧

$V(r)$ 静電ポテンシャル

V_H Hall 電圧 [p.152]

V_L 寸法 L のブロックのエネルギー準位幅 $V_L = \pi\hbar/\tau_L$ [p.26]

Vol   系の体積

W 各格子点の電子エネルギーのばらつき [p.17], (低周波雑音源の) 活性化エネルギー [p.228]，試料の幅

z 分数量子 Hall 系の面内複素座標 $z = x + iy$ [p.172]

記号一覧（訳者補遺）

α	微細構造定数 $\alpha = e^2/\hbar c \approx 1/137$，多端子系のコンダクタンス成分 [p.127]
$\beta, \beta(g)$	スケーリング関数 $\beta(g) = d\ln g/d\ln L$ [p.32]，温度因子 $\beta = 1/k_B T$
γ	Hooge のパラメーター [p.227, p.232]，低エネルギーの切断 [p.253]
Δ, Δ_L	電子準位の間隔 (もしくはその 1/2. スピンの扱い方による) $\Delta_L = 1/N(E_F)$ (L：試料もしくはブロックの寸法) [p.26, p.245]
$\Delta(\phi)$	磁束 ϕ による Fermi 準位の変化 [p.93]
Δ_s	超伝導エネルギーギャップ [p.184]
ϵ	臨界寸法コンダクタンス g_0 の相対値を表すパラメーター $\epsilon = |\ln(g_0/g_c)| \simeq |g_0 - g_c|/g_c$ [p.36]，1 電子のエネルギー，誘電率
η	熱浴との結合による電子準位の拡がりを表すパラメーター [p.108]
θ	量子抵抗の直列結合を特徴づける位相角 [p.130]，量子抵抗体の並列接合において AB 効果に伴って現れる位相因子 $\theta = \pi\Phi/\Phi_0$ [p.134]，超伝導体中の磁束のまわりの位相の相対変化 $\theta = \Phi/\Phi_s$ [p.187]
κ	GL パラメーター $\kappa = \lambda_L/\xi$ [p.186]
λ_F	Fermi 波長 $\lambda_F = 2\pi/k_F$ [p.13]
λ_L	London 侵入長 [p.186]
Λ	遮蔽距離 $\Lambda = \{4\pi e^2 n(0)\}^{-1/2}$ ($n(0)$ はスピン縮退を数えた単位体積状態密度) [p.251]
μ	化学ポテンシャル (もしくは化学ポテンシャルを電荷素量 e で割った量 [p.113])
ν	M-I 転移の臨界指数 ($\xi \propto \epsilon^{-\nu}$) [p.36]，Landau 準位の占有率 $\nu = N/p$ [p.177]，熱浴からの粒子の"放出頻度" [p.220]
ξ	絶縁相における局在長 [p.19] (金属相で"異常拡散"が現れる微小寸法 [p.37])，超伝導コヒーレンス長 [p.184]
ξ_0	BCS のコヒーレンス長 $\xi_0 = \hbar v_F/\pi\Delta_s$ [p.184]
ξ_k	Fermi 準位を基準とした常伝導電子の運動エネルギー $\xi_k = \epsilon_k - E_F$ [p.206]
ξ_N	超伝導近接効果による常伝導金属中のコヒーレンス長 [p.181] $\xi_N^{\rm dirty} = \sqrt{\hbar D_N/2\pi k_B T} = (1/\sqrt{2\pi})L_T$, $\xi_N^{\rm pure} = \hbar v_F/2\pi k_B T$
ρ	抵抗率 $\rho = 1/\sigma$
σ	導電率 (SI 単位：Sm^{2-d}. Drude モデルでは $\sigma_0 = ne^2\tau/m$ [p.13])
σ_{min}	"最小金属導電率" $\sigma_{min} = C(e^2/\hbar)k_F$ (3 次元．C：0.01-0.05 程度の定係数) [p.21]
τ	電子の散乱時間 (主として弾性散乱時間) [p.13]

τ_0	電子波干渉を検出する時刻 [p.46]，超伝導リングにおける遷移試行時間 [p.195]，低周波雑音源の活性化時間 [p.228]
τ_H	超伝導リングにおける n 状態間遷移時間 [p.194]
τ_{ee}	電子－電子散乱時間 [p.66]
τ_J	Josephson 周波数の逆数 $\tau_J = 2\pi/\omega_J = h/2eV$ [p.196]
τ_L	寸法 L のブロック内状態の寿命 $\tau_L = L^2/D$ [p.26]
τ_r	超伝導リングにおける n 状態内緩和時間 [p.194]
τ_ϕ	位相緩和時間 [第 3 章]
ϕ	波動関数の位相，Josephson 接合の位相差 [p.201]，磁束の周りの位相変化 $\phi = 2\pi\Phi/\Phi_0$(常伝導 [p.79])；$\phi = 2\pi\Phi/\Phi_s$(超伝導 [p.187])
φ_{eff}	分数 Hall 系においてひとつの複合 Fermi 粒子に割り当てられる"外部磁束"の本数 [p.177]
Φ	磁束
Φ_0	単一電子に対応する磁束量子 [p.42] $\Phi_0 = h/e \approx 4.136 \times 10^{-15}$ Wb (SI 単位系)； $\Phi_0 = hc/e \approx 4.136 \times 10^{-7}$ gauss-cm^2 (cgs-gauss 単位系)
Φ_s	超伝導磁束量子 $\Phi_s = \Phi_0/2 \approx 2.068 \times 10^{-15}$ Wb [p.187]
χ	"外界"の波動関数 [p.46]，超伝導体の秩序パラメーターの位相 [p.206]
ω	角振動数 $\omega = 2\pi f$
ω_c	電子のサイクロトロン角振動数 [p.158] $\omega_c = eB/m$ (SI 単位系)；$\omega_c = eB/mc$ (cgs-gauss 単位系)
ω_J	交流 Josephson 角周波数 $\omega_J = 2eV/\hbar$ (V：電圧) [p.198]
Ω	大正準系の熱力学ポテンシャル，系の体積，位相空間内の体積

訳者あとがき

　国内で本格的な洋書売場を設けている書店の店舗数は限られており，多くの学生や研究者は洋書を手に取って品定めができるような環境をあまり経験せずに過ごしている．優れた物理関係の洋書が刊行されたとしても，その筋の専門家のごく一部の目に触れる程度で済んでしまい，その本の存在が一般の学生にまで普く認知されることはほとんどない．物理学会誌の新著紹介欄やインターネットから得られる洋書の出版情報もそれなりに有用ではあろうが，本そのものを見ないで本の魅力を的確に把握することは難しい．優れた洋書の内容が国内で広く共有され得る知的財産となるためには，やはり翻訳書の形で出版されて，全国の書店や大学生協で容易に（かつ原著よりも安価な値段で）入手できる状態になることが不可欠ではなかろうか．訳者はお茶の水にある会社のオフィスに2年半ほど在籍したことがあるが，そのとき毎日のように神田の書店街まで足を運び，和書と同様に洋書を日常的に店頭で見るという特殊な経験をした結果，このような問題を強く意識するようになった．

　毎年多数の物理関係の洋書が刊行されるが，国内の出版社は洋書の新刊をすべて万遍なく査定してそれらが翻訳出版に値するかどうかを検討しているわけではない．また専門書の翻訳という仕事は厖大な時間を要する苛酷な精神労働であるが，それ自体が研究業績と見なされるものでもないし，専門書の販売部数は一般向けの書籍とは比較にならないくらい少ないので，訳者が受ける報酬も大したものではない．したがって専門書の翻訳の企画を熱心に出版社に持ちかけるような物好きな研究者も稀であり，優れた洋書がどんどん放置されてゆくことになる．出版年が古い原著は内容

如何にかかわらず出版社から敬遠される傾向があるので，名著という評価が与えられていながら訳出されずに終わっている本も随分ある．

　本書は Y. Imry, "Introduction to Mesoscopic Physics", Oxford University Press, 1997 の全訳である．この原著が名著と言えるほどのものかどうかの判断はひとまず措くとしても，メソスコピック物理という分野の今日的な重要性と，この分野における原著者の知名度を考えると，訳出されて然るべき物理書のように思われる．内容的には必ずしも狭義のメソスコピック物理の枠だけにとらわれずに，主にこの 20 年ほどの間に現れてきた新しい電子物性の話題を独自の観点から取捨選択してまとめた構成になっており，さながら Imry 教授による「現代固体電子論」の特別講義のような趣がある．舌足らずと感じられる点も無くはないが，著者一流の見識に裏付けられたその内容は，初学者のみならず第一線の研究者にとっても参考になるのではなかろうか．

　訳者が原著に目をつけて出版社に打診を始めた時には，すでに原著が出版されてから一年以上が経過していたが，その時点で翻訳権を抑えている国内の出版社はなかった．物好きな一介の会社員の企図に応じてくれる出版社がたまたま見つかったことにより，放置しておれば訳出されずに終わったかも知れない本が，このように翻訳書の形で残ることになる．原著の叙述の形式はいわゆる「教科書」型の平明なスタイルとは趣を異にしており，翻訳の対象としてなかなかの難物であったが，訳文はできるだけ読みやすく仕上げるようにしたつもりである．また訳者の目についた数式の誤りは修正し，原著では随所で省略されている $\hbar$ や $e^2/\pi\hbar$ など（後者はむしろ脱落と言うべきか）も訳稿ではなるべく明示しておいた．参考文献のリストにもタイプミスが散見されたので，スペルミスが疑われるものや，出版年と volume 番号の対応が明らかに誤っている論文誌の引用などについて調査を行って必要な修正を施した（62 件）．しかし 700 件に及ぶ文献をすべて確認する余裕もなかったので，間違いがまだ残っている可能性も無いではないが，この点は御容赦いただきたい．先にも述べたように専門書の翻訳という仕事自体はあまり労を報われることのない地味な仕事であるが，この訳書が少しでも物理の研究や教育に役立ち，何らかの形で物理学の進展に資するものとなるならば幸いに思う．物理学に関心を持つ多く

の学生や研究者に本書を利用していただきたいと願っている．

　最後に本書の出版にあたり世話になった（株）吉岡書店の関係者の方々と，書林かみかわの上川正二氏に御礼を申し上げたい．訳者が所属する（株）日立製作所 計測器グループの職場の方々にも感謝の意を表する．

2000 年 6 月
茨城県ひたちなか市にて

樺 沢 宇 紀

索引

Einstein の関係式, 19
Anderson 局在, 17
Andreev 反射, 89, 206
異常な拡散, 37, 44
位相干渉長, 29, 38
位相緩和, 45
　　　電子間相互作用による—, 54
位相緩和時間, 38, 61, 62
位相ずれの中心, 199, 200
位相の不確定性, 48
位相ゆらぎ, 191
移動度端, 18
Wiener-Khintchin の定理, 233
渦糸, 204
永久電流, 77, 80, 188
AAS 効果, 136
AB(Aharonov-Bohm) 効果, 133, 246
SNS 接合, 213
エッジ状態, 160
NS 接合, 206
エネルギーギャップ, 18, 59, 80
　　　超伝導—, 184
　　　分数量子 Hall 系の—, 171
エネルギー準位の幅, 64, 108
エネルギー準位の反発, 98, 257, 258
エネルギー障壁 (異相領域間の), 71
$1/f$ 雑音, 227
Onsager の対称性, 128

回転中心, 163
拡散係数, 19, 20, 29, 37
可変領域ホッピング, 22
軌道磁気応答, 100
共鳴トンネル, 149, 212
局在長, 19
　　　—と熱励起 (ホッピング) 伝導, 21, 22

仮想ブロックコンダクタンスと—, 27
擬 1 次元細線の—, 28
2 次元系の—, 33
巨視的波動関数, 183, 200
近接効果, 181, 202, 238
金属−絶縁体 (M-I) 転移, 20, 35, 37
Cooper チャネルの繰り込み, 101
Coulomb ブロッケイド, 149
久保−Greenwood の公式, 109, 245
久保公式, 242
久保導電率, 108, 110
ゲージ変換, 158, 246
Kohn の関係, 73, 89
固定点 (繰り込みの), 36, 169
コヒーレンス長
　　　常伝導金属中の—, 181
　　　超伝導—, 184
　　　BCS の—, 184
コンダクタンスの量子化, 120
コンタクト抵抗, 114

サイクロトロン運動, 164
サイクロトロン角振動数, 154, 158
最小金属導電率, 21, 37
Thouless エネルギー, 65, 148, 246
Thouless 数, 27
散弾雑音, 218, 219
散乱行列, 117, 134, 210
GL パラメーター, 186
GL 方程式, 185
GL(Ginzburg-Landau) 理論, 183
磁気長, 42, 164
磁気抵抗
　　　局在系の—, 24, 39, 42
　　　微細なリングの—, 137
　　　分数量子 Hall 系の—, 170
自己平均化, 139

磁束の量子化, 187, 190, 197
磁束量子, 42, 79, 154, 177, 187
指紋 (磁気指紋), 142, 230
弱局在, 34, 41
弱結合, 181, 200
Jastrow 因子, 172
集団平均 (の効果)
　　―と温度の効果, 139
　　永久電流の―, 84, 95
　　SNS 接合の―, 215
　　NS 接合の―, 211
　　コンダクタンスゆらぎの―, 146
　　状態密度の―, 92
　　リングのコンダクタンスの―, 138
準安定状態 (超伝導リングの), 185
準位間隔, 26, 84, 98, 109
準粒子 (超伝導体中の), 206
状態密度, 18, 249
常伝導金属中のコヒーレンス長, 203, 209
Josephson 効果, 197, 200
　　交流―, 83, 159, 198
　　直流―, 198
Josephson 周波数, 198
スケーリング
　　1 次元抵抗の―, 131
　　局在の―, 31
　　2 次相転移の―, 73
　　量子 Hall 効果の―, 168
スケーリング関数, 32
スケーリング理論, 31
スペクトル相関関数, 96
スペクトルの剛性, 98
線形応答理論, 108, 241
走査型トンネル顕微鏡, 10

大正準集団, 85
超伝導電流の量子化, 182
直列結合 (量子抵抗体の), 129
低周波雑音, 227
Debye 緩和, 110
電荷中性の条件, 102, 121
電子間相互作用, 55, 100
電子-電子散乱時間, 66
動的構造因子, 56, 243
導電率
　　―の振動数依存性, 24, 149
　　久保―, 108, 110
　　久保-Greenwood の―, 109, 245

Drude の―, 13
Drude のモデル, 13

Nyquist-Johnson 雑音, 226
2 端子コンダクタンス, 120
熱拡散長, 63, 141
熱平衡雑音, 226
熱ゆらぎ, 73, 223

パーコレーション, 24, 39, 166
Byers-Yang の定理, 79, 135, 159, 190, 199, 246
パワースペクトル (スペクトル密度), 218, 233, 244
微細構造定数, 14, 155, 189
微粒子膜, 38
複合 Fermi 粒子, 177
不純な統計集団 (集団平均), 2, 84, 91, 104, 145
普遍コンダクタンスゆらぎ (UCF), 91, 145, 256
分子線エピタキシー (MBE), 5
分数量子 Hall 効果 (FQHE), 160, 170
並列結合 (量子抵抗体の), 133
Hall 効果, 151
ホッピング距離, 22

Meissner 効果, 185
無次元コンダクタンス, 26, 36, 130, 145, 246
無反射トンネリング, 212
メソスコピック領域, 1

ゆらぎ
　　磁気コンダクタンスの-, 142
　　超伝導電流の―, 213
　　超伝導の―, 190
　　熱―, 73, 223
　　普遍コンダクタンス―, 91, 145, 256
揺動散逸定理, 56, 218, 243
Yoffe-Regel の判定条件, 14
4 端子系, 126, 255
4 端子コンダクタンス, 112
4 端子測定, 121

Laughlin の準粒子, 175
Laughlin の波動関数, 173
Landauer 形式, 107

　　　　多チャネル系に対する—, 116
　　　　単一チャネルに対する—, 112
Landauer 公式, 112, 113
Landau 準位, 153
ランダム行列理論, 98, 148, 254, 257
リソグラフィー, 7
量子ドット, 65, 100
量子ポイントコンタクト, 120, 215, 258
量子 Hall 効果 (QHE), 151, 155
　　　　—を扱う Halperin のモデル, 160
　　　　—を扱う Laughlin のモデル, 157
　　　　分数—, 170
臨界指数 (M-I 転移の), 36
London 侵入長, 186

ISBN 4-8427-0000-9

訳者略歴
樺沢　宇紀（かばさわ　うき）
1990年：大阪大学大学院基礎工学研究科物理系専攻
　　　　前期課程修了
　〃　年：(株) 日立製作所中央研究所研究員
1996年：(株) 日立製作所電子デバイス製造システ
　　　　ム推進本部技師
1999年：(株) 日立製作所計測器グループエレクト
　　　　ロニクスシステム本部技師
現在に至る

物理学叢書
＊編　集＊
小　林　　　稔
（京都大学名誉教授）
井　上　　　健
（京都大学名誉教授）
山　本　常　信
（京都大学名誉教授）
高　木　修　二
（大阪大学名誉教授）

Ⓡ 本書の全部または一部を無断で複写複製（コピー）することは，著作権法上での例外を除き，禁じられています。本書からの複写を希望される場合は，日本複写権センター(03-3401-2382)にご連絡ください。

Y. Imry：メソスコピック物理入門　　　　2000 ©
2000 年 9 月 20 日　　第 1 刷発行
　　　　　　　　　訳　者　　樺　沢　宇　紀
　　　　　　　　　発 行 者　　吉　岡　　　誠

〒 606-8225 京都市左京区田中門前町 87
　　　株式
　　　会社　吉　岡　書　店
　　　電話(075)781-4747/振替　01030-8-4624

印刷・製本㈱太洋社

ISBN 4-8427-0290-7

「物理学叢書」刊行に際して

　二十世紀の物理学の進歩は，物質の極微の構造の暴露に，物質の精妙な機構の解明に，驚異的な発展，飛躍をもたらした．その結果，新しい自然力の解放，支配を実現化したばかりでなく，新しい物質の創造，生命の謎への挑戦をも企画せしめつつある．更に，既知の自然力の未曾有の強力な駆使さえ可能にしつつある．二十世紀後半に至って，原子力に，あるいはオートメーションに今や第二の産業革命を喚起せんとするに至った原動力は，物理学の開拓的な創造性によることは言をまたない．更に，現在の物理学は，かつての相対論，量子論の出現にも比すべき革命の前夜にあるといわれているこの時に当たり，物理学の新領域の単なる解説，あるいは時局的な技術書ではなく，真にわが国物理学の発展の糧となるべき良書の出版は緊急の必要事といわねばならぬ．ここに「物理学叢書」を編んで世に送る所以である．

　この叢書に収められる原著は，いずれもそれぞれの分野の世界的権威者による定評ある名著に限られるが，前述の精神に鑑みその性格，スタイルに特徴あるものを選ぶと共に，その本質において創造的価値高きものを目標とした．

　この叢書が，物理学またはその関連分野へ進む学徒に，よき伴侶として用いられ，真にその血肉となり得ることがわれわれの念願であり，更にこの叢書によって伝えられる海外の学風が，広くわが国の教育，研究へのよき刺戟となり，わが国の明日の科学を築く基礎に貢献するところがあれば幸いである．

(1954年12月)

物　理　学　叢　書

編集・小谷正雄／小林　稔／井上　健／山本常信／高木修二

シッフ　　　　　　　　　　　井上　健訳 新版 **量　子　力　学** 上下 　　　　　上 368頁　下 320頁	刊行以来無比の標準的教科書として絶賛を博してきた本書が，原著第3版刊行にともない全面的に版を改めた．基本的な概念やその数学的形式を丁寧に解説されている量子力学の入門書である．
ゴールドスタイン　　　　　瀬川富士他訳 新版 **古　典　力　学** 上下 　　　　　上 528頁　下416頁	最近，物性物理や素粒子物理を学ぶ人の間に，古典力学はきちんと学ぶべきだという気持が強い．本書は，場の理論から，多体系の物理学を研究する上で，基本的な入門書であり，古典力学を新しい見地から解説．
モット，マッセイ　　　　　高柳和夫他訳 新版 **衝　突　の　理　論** （全4巻）上Ⅰ　　上・Ⅱ328頁 　　　　　下Ⅰ　　下・Ⅱ232頁	量子力学の重要な適用対象である衝突理論を丁寧に述べた代表的教科書である．衝突の一般論と，電子衝突，原子と原子の衝突，さらに原子核による核子の散乱など多くの実際問題を扱っている．
ライフ　　　　　中山寿夫・小林祐次訳 **統計熱物理学の基礎** 上下 　　上 388頁　中 352頁　下	統計力学の基礎概念から応用まで体系的に取扱い，初心者が容易に理解できるよう豊富な例題を駆使して懇切丁寧に解説した学部学生向き教科書の決定版．化学・生物の学生にも理解し易い記述である．
キャレン　　　　　山本常信・小田垣孝訳 **熱　　力　　学** 上下 　　　　　上　　　下 216頁	この教科書は従来の歴史的発展に沿った記述を取らず，いくつかの公理に基づいて熱力学を再構築し，論理構造を明確にした．今後の熱力学の発展と飛躍のためにこのような安定化のもつ意義は深い．

頁数記載なきは品切もしくは未刊

ハーケン　松原武生・村尾 剛訳	**固体の場の量子論** 上下 ――素励起物理学入門―― 上 168頁 下 232頁	教養程度の知識のみで，短期間に系統的に場の量子論の方法と固体論への応用を完全に習得できる．上巻では多くの演習問題で理解を早め，下巻では現在の考え方・モデル・方法などが整然と解説されている．
アシュクロフト，マーミン　松原武生・町田一成訳	**固体物理の基礎** （全4巻）上・I 304頁 下・I 288頁 　　　　上・II 272頁 下・II 280頁	学部生にも大学院生にも使えるよう工夫され，内容の取捨選択がしやすく，種々の目的，異なる水準でもうまく使い分けられる．固体物理学の現象の記述と理論的解析による統一という著者の目標は完全に達成されている．
ド・ジャン　久保亮五監修・高野・中西訳	**高分子の物理学** ――スケーリングを中心にして―― 360頁	全く刷新された最近の高分子物理学の成果を，ド・ジャン自らが平明なスケーリング則の解説と共にまとめた労作である．むつかしい理論に立入らず，スケーリング則とその実験的検証を理解させるという立場を貫いている．
シュッツ　家・二間瀬・観山訳	**物理学における幾何学的方法** 328頁	本書は近年理論物理学において，極めて基礎的でかつ有効な数学的手法である微分幾何についての教科書である．概念を中心に分かり易く解説してあり，物理学への応用も示してある．
J.J.Sakurai　桜井明夫訳	**現代の量子力学** 上下 上 392頁 下 320頁	素粒子物理学の独創的理論家であった著者が，UCLAでの多年の講義に基づき書き遺した現代的教科書．非相対論的量子力学の核心が，最近の理論・実験の発展に則し，新しい視点から明快かつ具体的に記述されている．
ジョージアイ　九後汰一郎訳	**物理学におけるリー代数** ――アイソスピンから統一理論へ―― 224頁	Glashowと共に$SU(5)$に基づく素粒子の大統一理論を初めて提唱した著者が，その研究の苦闘の中で体得した豊富な実践的知識を込めて書いた，リー代数とその表現論のわかり易い解説書．
フォスター・ナイチンゲール　原 哲也訳	**一般相対論入門** 284頁	初学者には難解とも思える一般相対論の内容を，分り易く解き明かしてある．物質の存在が時空を歪め，その曲がりにより重力的現象が起因するという概念を平易，明快に解説．
ジーガー　山本恵一・林 真至・青木和徳訳	**セミコンダクターの物理学** 上・320頁 下・340頁	電子輸送現象にかなりの頁数を費やしており，企業の研究者にとっても最適である．さらに多くの図面により，物理現象の把握に役立つ．
ゲプハルト・クライ　好村滋洋訳	**相転移と臨界現象** 378頁	ランダウの相転移論から始まり，先年ノーベル賞の対象となったウイルソンのくりこみ群までを，あまり数式を用いず実験例との対応を明らかにするため，豊富な図表を用いて親しみ易く解説した現代的入門書．
ストルコフ・レヴァニューク　疋田朋幸訳	**強誘電体物理入門** 248頁	強誘電体の相転移を構造相転移の一つとみなし，統一的に基礎的な立場から記述．物質の各論や応用などには殆どふれず，物理的なエッセンスのみを抽出して解説する．両著者ともにこの分野の世界的権威である．

パリージ　　　　　青木 薫・青山秀明訳 **場　の　理　論** ——統計論的アプローチ——　438頁		第一線の研究者の手になる量子場理論の最新の教科書．イジング模型，ランダウ・ギンツブルグ模型等を導入し，相転移の物理を基礎から説き起こす．素粒子論や統計物理を志す学生・院生のための教科書として最適．
キューサック　　　　遠藤裕久・八尾 誠訳 **構 造 不 規 則 系 の 物 理**　上下 　　　　　　上 286頁　下 282頁		構造不規則系の研究は物理学の魅力ある分野である．本書は構造不規則系の静的・動的構造，電子状態，またその応用について，実験，理論両面にわたる初めての総合的な教科書．
J.D.Jackson　　　　　　西田 稔訳 **ジャクソン電磁気学**　上下 （原書第2版）　　　上 648頁　下 480頁		標準的教科書として世界的に著名なジャクソンの原書第2版の翻訳．理論物理学，実験物理学，天体物理学，プラズマ物理学に関心をもつ学生，研究者に必携の書．第2版において更に最新の内容に充実，完成された．
アブリコソフ　　東辻千枝子・松原武生訳 **金 属 物 理 学 の 基 礎**　上下 　　　　　　上 376頁　下 332頁		この分野で世界をリードしてきた著者が固体電子論の立場から集大成した．メソスコピック系や高温超伝導・セラミックスなども明快に解説されており，特に量子効果がマクロに観測される領域の部分は圧巻である．
メンスキー　　　　　　　町田 茂訳 **量子連続測定と径路積分** 　　　　　　　　　　　　　272頁		量子論の基本問題を連続測定の観点から径路積分を使ってとらえ直し，初期宇宙での時間の出現なども論じている．日本語版では多くの追加がされており，読みやすい入門書となっている．
チャンドラセカール　木村初男・山下 護訳 **液　晶　の　物　理　学** 原書第2版　　　　　　　　　544頁		最近20年の新成果を取り入れて全面的に改訂増補された．豊富な実験データの図版を用いて簡潔・明快であり，文献リストも非常に充実したアップツーデートな入門書である．
スティックス　　　　田中茂利・長 照二訳 **プ ラ ズ マ の 波 動**　上下 　　　　　　上 344頁　下 364頁		冷たいプラズマの波動の分類と特徴から始まり，プラズマの最も魅力的かつ特徴的なプラズマ粒子の集団的相互作用に基づく無衝突減衰（ランダウおよびサイクロトロン減衰）から弱乱流プラズマの準線形理論へと展開する．
スワンソン　　　　　　青山秀明他訳 **経　路　積　分　法** ——量子力学から場の理論へ——　502頁		汎関数空間やグラスマン数など，初学者がとまどいやすい部分についても非常に丁寧な導入を行なっており，場の理論およびその素粒子物理への応用について概観するのにも適している．
ワインバーグ　　　青山秀明・有末宏明訳 **粒　子　と　量　子　場** 場の電子論シリーズ①　　　　432頁		簡単な歴史的記述から入り，相対性原理と量子力学の理論を用いて素粒子の性質を論じることにより「場の量子論」が自然の帰結として現れてくる．貴重な参考文献であると同時に，教科書として適切である．
アグラワール　　　小田垣 孝・山田興一訳 **非線形ファイバー光学** 原書第2版　　　　　　　　　688頁		光ファイバーにおける非線形効果の理論と応用の集大成．光ファイバー内で起こるあらゆる非線形現象の背後にある物理を判りやすく解説し，さらに最先端の話題まで完全に網羅した類のない最新の名著．学生，研究者に必携．

量子場の理論形式 場の量子論シリーズ② 446頁	ワインバーグ 青山秀明・有末宏明訳	本書はS.Weinbergによる「場の量子論」全4巻の第2巻である．正準形式，ファイマン則，量子電磁理論，経路積分，くりこみ，などの理論形式の核となる部分が論じられる．
非可換ゲージ理論 場の量子論シリーズ③ 376頁	ワインバーグ 青山秀明・有末宏明訳	現代の素粒子論における標準理論の基礎をなす非可換ゲージ理論が導入され，また場の理論の現代的手法である有効場の理論，くりこみ群，大域的対称性の自発的破れの一般論が展開される．
熱力学および統計物理入門 上下 第2版 上330頁 下368頁	キャレン 小田垣 孝訳	世界的に高い評価を得ている熱力学の代表的な教科書である．公理に基づく熱力学体系の構築は他に類をみない．上巻では平衡状態を定める条件が論じられ，下巻では相転移の熱力学への導入が詳しく論じられる．
場の量子論の現代的諸相 場の量子論シリーズ④ 342頁	ワインバーグ 青山秀明・有末宏明訳	くりこみ群や対称性の破れにとって重要な演算子積展開，電弱理論のゲージ対称性の自発的破れが論じられる．これとは対称的に量子力効果として対称性を破るアノマリーと，それによる物理的結論が述べられる．
現代の凝縮系物理学 上396頁 下376頁	チエイキン, ルベンスキー 松原武生・東辻千枝子他訳	凝縮系の物理学を現代的な視点で扱った待望の書．臨界現象とくりこみ群の方法に特に注目し，扱う対象は液体・結晶・不整合結晶・準結晶・非晶質系に及ぶ．250以上の図，多くの演習問題，文献リストを含む．

別巻

量子力学演習 ——シッフの問題解説—— 392頁	井上 健監修・三枝寿勝・瀬藤憲昭著	理論的基礎に重点をおきながら，実験・技術を志ざす学生にも容易に理解できる演習書たるべく，代表的教科書として定評あるシッフの同書より，章末の各問題を詳細に解説した．
古典力学の問題と解説 ——ゴールドスタイン(第2版)に基づいて—— 434頁	井上 健監修・瀬藤憲昭・吉田俊博著	近代的な量子力学・場の理論・物性論を学ぶ際の踏み台として，古典力学を新しい見地から解説された，一般力学の標準的教科書と，誉れの高いゴールドスタイン(第2版)の章末の問題を詳細に解説した最新の演習書．
演習現代の量子力学 ——J.J.サクライの問題解説—— 336頁	大槻義彦監修・飯高敏晃他著	本書は，J.J.サクライの教科書「現代の量子力学」の章末問題の解説である．この解説は1991年度，早稲田大学の物理学科，応用物理学科のはじめて量子力学を学ぶ学部3年生を対象に行った演習に基づいている．

木村利栄・菅野礼司著 改訂増補 **微分形式による解析力学** 272頁	「マグロヒル出版」より刊行されていた前著にその後の拘束力学系の理論の発展を取り入れた．物理学理論で強力かつ不可欠な武器となる外微分形式を用いて，解析力学を詳しく紹介した．
F.クローズ　井上　健訳・九後汰一郎補遺 訂正増補 **宇宙という名の玉ねぎ** ——クォーク達と宇宙の素性　268頁	物質の根源の姿を追求してきた今世紀の素粒子物理学の，心躍る発見と認識の深化のプロセスを読者に追体験させてくれる．数式を用いずに一般向けに解説．前著に「その後の発展と歴史的経緯に対する補遺」追加．
生物物理から見た生命像 1． **蛋白質——この絶妙なる設計物** 赤坂一之編　146頁	わかりやすさ・親しみやすさを重視して，これから学問を始めようとする人に，蛋白質の「自然による絶妙な設計物」としてのおもしろさを伝える．
生物物理から見た生命像 2． **生体膜——生命の基本形を形づくるもの** 葛西道生・田口隆久編　180頁	20世紀後半の生体膜モデルの確立，単一分子解析から単一細胞での解析，再構成膜系での解析へと進み，「脳研究の世紀」といわれる21世紀へつながる生き生きとした研究展開を感覚的に理解できるよう工夫されている．
生物物理から見た生命像 3 **ナノピコスペースのイメージング** 柳田敏雄・石渡信一編　172頁	生体分子1個を見て操作するという斬新な技術を中心に紹介し，それらを使って分子モーターの働くしくみがどの程度までわかってきたかが解説され，分子機械のあいまいさに柔軟な生物システムの原点を探る．
生物物理から見た生命像 4 **知覚のセンサー** 津田基之編　138頁	知覚のセンサーの巧みなシグナルの獲得と情報処理のメカニズムに焦点を合わせ第一線の研究者がわかりやすく解説．脳で最も研究の進んでいる知覚のセンサーの理解は「脳科学の世紀」である21世紀に必須である．
メディーフンス　早田次郎訳 現代物理を学ぶための **理論物理学** 292頁	予備知識はほとんど仮定されておらず，必要とされる数学的知識は最初の章にまとめて解説されている．式の導出は非常に丁寧で，物理を学ぼうとする人が現代物理の基礎を学ぶためには絶好の書である．
高橋光一著 **宇宙・物質・生命** ——進化への物理的アプローチ——　224頁	著者の長年にわたる教養教育課程の講義の中から生まれた．宇宙誕生から生物進化までの解明に物理学が果たした役割と，進化に科学がどのようにかかわってきたのかを物理的視点から眺める．文系教養教科書として最適．
日置善郎著 **場の量子論** ——摂動計算の基礎——　176頁	相対論的な場の量子論の基本的な構成がスケッチされるとともに，主要な計算方法である共変的な摂動論の基礎が，幾つかの具体的な計算例とともに丁寧に解説される．場の量子論・摂動計算の公式集の価値がある．